QUANTUM COMPUTING
FOR PROGRAMMERS

给程序员讲透
量子计算

[美] 罗伯特·亨特 (Robert Hundt)　著

邱道文　华希铭　李灏　黄淮靖　译

机械工业出版社
CHINA MACHINE PRESS

图书在版编目（CIP）数据

给程序员讲透量子计算 /（美）罗伯特・亨特（Robert Hundt）著；邱道文等译 . -- 北京：机械工业出版社，2024. 10. -- ISBN 978-7-111-76666-7

I. TP385

中国国家版本馆 CIP 数据核字第 20245KJ666 号

机械工业出版社（北京市百万庄大街 22 号　邮政编码 100037）

策划编辑：刘　锋　　　　　　　　责任编辑：刘　锋　　王华庆
责任校对：王小童　张雨霏　景　飞　责任印制：任维东
北京瑞禾彩色印刷有限公司印刷
2024 年 12 月第 1 版第 1 次印刷
186mm × 240mm · 19.25 印张 · 418 千字
标准书号：ISBN 978-7-111-76666-7
定价：119.00 元

电话服务　　　　　　　　　　网络服务
客服电话：010-88361066　　　机 工 官 网：www.cmpbook.com
　　　　　010-88379833　　　机 工 官 博：weibo.com/cmp1952
　　　　　010-68326294　　　金 书 网：www.golden-book.com
封底无防伪标均为盗版　　　机工教育服务网：www.cmpedu.com

自 20 世纪 80 年代初 Feynman 和 Benioff 等人提出量子计算的概念至今，量子计算的发展已经有 40 余年。由于量子计算相比经典计算的优势在理论与实践的发展中得到了证明，因此世界各国和许多 IT 公司都在大力支持发展量子计算。实际上，量子计算已经成为全球许多科研机构和企业的重点研究领域。本书的翻译出版旨在为国内读者（特别是程序员）提供一个掌握量子计算基础知识的途径，推动我国在量子计算领域的研究。

感谢机械工业出版社和作者 Robert Hundt 的信任与支持，让我们能将这本有趣的书以中文的形式带给大家。本书从程序员的角度介绍量子计算，通过代码讲述大部分的概念，减少了复杂的数学叙述，让读者更加容易入门。本书共有 8 章，首先介绍了量子计算的核心概念，例如量子态、算子、纠缠、量子测量等。然后，对量子计算的各种算法进行了介绍，在这个过程中穿插了加速门作用的相关介绍，阐述了为何量子计算机具有超越经典计算机的能力。最后，针对程序员在实际实现过程中的问题，介绍了量子纠错，并讨论了如何进一步提高程序员的生产力。通过本书，读者（无论是否有扎实的数学基础）能对量子计算的概念和应用有较好的理解。在翻译过程中，我们尽可能保持原作的风格，让一些量的符号格式与原书保持一致，同时根据国内读者的阅读习惯进行了一定的语言润色。

量子计算的理论模型和量子算法一直在蓬勃发展。同时，量子计算的硬件研发也在不断地向前推进，可操控的量子比特数规模得到了显著提升。通过不同学科背景的科学家（如物理学家、计算机科学家和数学家等）的不断创新以及研究方面的相互融合，我们相信量子计算发挥更多实质性应用价值的时期越来越近。

最后，感谢所有为本书翻译出版做出贡献的人员，希望本书中文版的出版能进一步促进我国量子计算领域的发展，帮助对编程感兴趣的读者更快地掌握量子计算的基本知识和技术，并吸引更多的人才投身于量子计算的研究。

邱道文

中山大学

2023 年 12 月，广州

前　　言 *Preface*

我认为可以毫不夸张地说，没有人完全理解量子力学。

——Feynman（1965）

许多数学理论给我留下了深刻的印象，这些理论实际上是关于特定算法的。这些理论通常用比今天的计算机科学家使用的等效表达更为冗长和不够自然的数学术语来表述。

——Knuth（1974）

本书是从程序员的角度介绍量子计算的入门指南。大部分概念都通过代码进行解释，因为量子计算中常见的看起来复杂的数学知识在代码中可能会变得非常简单。对于许多程序员来说，阅读代码比阅读复杂的数学符号更容易。代码还可以进行实验，有助于让程序员建立对量子计算基本机制的直觉和理解。我相信这种方法会使入门过程变得高效而有趣。

与其他学习资源不同，本书不会使用现有的软件框架，例如 IBM 的成熟的 Qiskit 工具包或 Google 的 Cirq。相反，我们将从头开始建立自己的基础设施——最初基于 Python 的 numpy 库。事实证明，学习基础知识只需要几百行代码。这些初始代码虽然速度较慢，但十分明确，易于调试和实验，是学习的绝佳工具。

其次，我们将改进基础设施，使用 C++ 进行加速，并详细介绍一种优雅的稀疏表示方式。我们将引入基本的编译器概念，把电路转译到其他平台（如 Qiskit、Cirq 等）上。这使得我们能够使用这些系统的高级功能，比如可扩展性能和先进的错误模型。

通常，在介绍量子计算之前会先对复杂的线性代数进行介绍。但是，本书不会按照这个模式来做。许多程序员有坚实的线性代数基础，但是其他人可能缺乏这方面的背景或兴趣。本书的目标是成为一个吸引人的学习资源，而不深入讨论线性代数的细节，因此对上述两个群体都适用。本书假设读者对复数、向量和矩阵有基本的了解。

❑ 在第 1 章中，我们将回顾一些核心概念。随着内容的深入，我们会介绍少量额外的数学概念，这些概念对于理解算法是必要的。我们希望这种格式对线性代数知识薄弱的读者有所帮助，同时对专业人士来说又不会过于浅显。在介绍基本数学概念之后，本书后续内容将按以下方式组织。

❑ 在第 2 章中，我们将介绍量子计算的核心概念，并在 Python 中使用完整的矩阵和向量实现它们。我们将讨论量子态、算子、纠缠和测量，展示构造、描述和分析量子比特与量子电路的多种方法。量子力学、叠加态、纠缠和测量都是复杂而深奥的话题。但是，在本章中，我们只关注理论计算方面。

❑ 在第 3 章中，我们将介绍基础算法，并利用到目前为止所开发的基础设施。这部分内容以详尽的方式呈现，包括详细的数学推导。

❑ 到目前为止，我们所开发的基础设施无法扩展到需要更多量子比特的复杂算法上。在第 4 章中，我们将详细介绍门的快速作用，并使用 C++ 进行加速。我们将演示稀疏表示如何在某类算法中产生最佳性能结果。本章将引导我们构建高性能的量子模拟器。对基础设施不感兴趣的读者可以浏览或跳过这一章。

❑ 在第 5 章中，我们将阐述量子计算机确实具有超越经典计算机的能力。

❑ 第 6 章将详细介绍量子计算的若干核心算法，例如 Grover 搜索、量子傅里叶变换、相位估计、量子随机游走、Shor 整数分解算法以及变分量子本征求解器等。本章还将详细介绍具有里程碑意义的 Solovay–Kitaev 算法，该算法可以用小型通用门集中的门来近似构造出任意酉门。前几章所构建的基础足以让我们实现和理解这些神奇的算法。

❑ 第 7 章和第 8 章则涉及程序员生产力方面的实际问题。我们将讨论量子纠错，这对于量子计算的可行性是至关重要的。我们还将讨论量子编程语言设计、编译器和工具，以进一步提高程序员的生产力。

❑ 附录包含正文中没有涉及的有趣材料。具体而言，它包含对稀疏模拟基础设施的详细描述。

源代码

本书中的大部分内容都将同时通过数学和代码进行解释。为了避免将本书变成一个庞大的代码清单，我们使用诸如 [...] 之类的结构来替代枯燥或重复的代码片段。我们通常会省略掉诸如 Python 的 import 语句或 C++ 的 #include 指令之类的代码。完整的源代码按宽松的 Apache 许可证托管在 GitHub（https://github.com/qcc4cp/qcc）上并附有下载、构建和运行的说明。

欢迎大家提出评论和建议。代码排版可能会产生错误，真实的源代码可参见在线存储库。代码也可能不断发展，导致超过此处所发布的内容。

致　谢 *Acknowledgements*

本书的出版离不开许多人的帮助。Vincent Russo 和 Timofey Golubev 在数学公式、代码和写作方面提出了许多建议。Gabriel Hannon 提供了物理学相关概念的宝贵指导。量子计算堆栈交换（Quantum Computing StackExchange）平台是一个非常有帮助的资源和社区，我的一些问题在那里得到了解答。Wes Cowley 和 Sarah Schedler 提供了行文编辑服务，Sue Klefstad 制作了令人印象深刻的索引，Eleanor Bolton 提供了出色的文本编辑服务。非常感激 Tiago Leao 向我推荐了 Beauregard（2003），这对我实现 Shor 算法的重构至关重要。Tiago 与 Rui Maia 一起为社区提供了备受赞赏的参考实施方案（Leao, 2021）。

我也要感谢 Google 的许多同事。Dave Bennet 和 Michael Dorner 审阅了本书的初稿，我相信这对他们来说不是一次愉快的经历。他们的反馈意见有助于将本书转化为实际的学习资源。Fedor Kostritsa 在文字、数学公式、推导和代码方面提供了详细的评论，Ton Kalker 认真审查了整本书稿，并在数学表达上给予了极大的帮助，这两位同事对严谨性和细节的把控都非常严格。Sergio Boixo 和 Benjamin Villalonga 纠正了我对量子霸权实验的许多误解。Michael Broughton 和 Craig Gidney 帮助我改进了关于 Grover 算法的部分。Craig 还维护着优雅的在线模拟器 Quirk。感谢 Mark Heffernan、Chris Leary、Rob Springer 和 Mirko Rossini。最后，还要感谢 Aamer Mahmood 的大力支持。

毫无例外，我在剑桥大学出版社的联系人都非常优秀。特别感谢编辑 Lauren Cowles 在整个过程中给予了我极大的指导。

最后，非常感谢我的家人，包括我的爱犬 Charlie，感谢他们在我耗费心力写作时给予我的爱、耐心和支持。

Contents 目　　录

第 1 章 *Chapter 1*

数学基础

本章将简单地介绍全面理解本书所需要的最基础的数学背景知识。对相关内容熟悉的读者可以选择跳过本章，对基础数学等内容理解存在困难的读者可以选择先阅读一下第 2 章试试，稍后再返回本章。

1.1 复数

下面简要概述复数的相关内容。复数 z 为如下形式：

$$z = x + iy$$

其中，x 称为 z 的实部，y 称为 z 的虚部。虚数 i 由以下等式的解定义：

$$x^2 + 1 = 0$$

换言之，i 定义为 -1 的平方根。复数的共轭通过将虚部取相反数实现：$i \rightarrow -i$，通常可表示为 $\bar{z}$ 或 $z*$。例如，$z = 5 + 2i$ 的共轭为 $z* = 5 - 2i$。

此外，复数共轭的乘积与复数乘积的共轭相等，即：

$$(ab)* = a * b*$$

复数 z 的模（norm）可以表示为 $|z|$，$|z|^2$ 可以由复数 z 与它的共轭相乘得到：

$$|z|^2 = z * z$$
$$|z| = \sqrt{z * z}$$

根据定义，复数可以在带有 x 轴和 y 轴的二维平面中描绘。如果将复数视为起点在

$(0,0)$ 的向量，那么它的模是对应向量的长度，而且是一个可以通过勾股定理计算的实数：

$$|z|=|x+\mathrm{i}y|=\sqrt{(x-\mathrm{i}y)(x+\mathrm{i}y)}=\sqrt{x^2+y^2}$$

复数的模通常被称为模数（modulus）。注意复数的平方（square）与模方（squared norm）的区别。复数的平方的计算如下：

$$z^2=(x+\mathrm{i}y)^2=(x+\mathrm{i}y)(x+\mathrm{i}y)=x^2+2\mathrm{i}xy-y^2$$

复数的指数表示可由 Euler 公式定义：

$$r\mathrm{e}^{\mathrm{i}\phi}=r(\cos(\phi)+\mathrm{i}\sin(\phi))$$

对于 $|z|=r=1.0$ 的复数有：

$$z=\mathrm{e}^{\mathrm{i}\phi}=\cos(\phi)+\mathrm{i}\sin(\phi)$$

这个通过幂指数展开得到的复数在圆心为 $(0,0)$ 的单位圆上。

在 Python 中，复数可以简单作为语言的一部分。但需要注意的是，在电气工程领域，复数 i 通常会被写成 j，例如：

```
x = 1.0 + 0.5j
```

对于共轭的运算，可以使用内置的 conjugate() 函数或者 numpy 的 conj() 函数，例如：

```
x_conj = x.conjugate()    # or
x_conj = np.conj(x)
```

1.2 狄拉克符号、左矢和右矢

在量子计算中，我们用含 n 个复数的列向量表示量子比特和量子态，这里 n 的值一般为 2 的幂。含 n 个元素的向量被称为 n 维向量。在狄拉克（Dirac）符号中，右矢（ket）为列向量，记作 $|x\rangle$：

$$|x\rangle=\begin{bmatrix}x_0\\x_1\\\vdots\\x_{n-1}\end{bmatrix}$$

其中，$x_i\in\mathbb{C}$ 且 $|x\rangle\in\mathbb{C}^n$。

对矩阵 A 进行转置，就是将 A 中的第 i 列作为转置 A^T 的第 i 行，即 $A_{ij}^\mathrm{T}=A_{ji}$。向量 $|x\rangle$ 的埃尔米特共轭用 $|x\rangle^\dagger$ 表示，是将向量中各元素进行共轭并对向量进行转置。我们将这个向量写成 $\langle x|$：

$$|x\rangle^\dagger=\langle x|=[x_0^*\quad x_1^*\quad\cdots\quad x_{n-1}^*]$$

在狄拉克符号中，这样的行向量 $\langle x|$ 被称为左矢（bra）或者右矢的对偶向量。转置和共轭是双向的——做两次变换会得到原始向量，这种性质叫作对合性（involutivity）。

$$|x\rangle^\dagger = \langle x|$$

$$\langle x|^\dagger = |x\rangle$$

$$(|x\rangle^\dagger)^\dagger = |x\rangle$$

对于共轭，还存在潜在的不明确的问题：共轭的标记是否应该清晰，比如 $\langle x_0^* \ x_1^* \cdots x_{n-1}^*|$ 通过 a^* 或 $a^\dagger$ 来描述，或者说用向量描述从右矢到左矢的转变充分吗？显然，共轭的标记是不清晰的。

1.2.1　内积

内积也被称为标量积或点积，可以由左矢和右矢的矩阵积得到，还可以简化为行向量和列向量之间的乘积——向量与向量间的对应元素相乘并相加。它可以被写为以下形式：

$$\langle x|\cdot|y\rangle = \langle x\|y\rangle = \langle x|y\rangle$$

其中，点乘"·"代表内积。对于右矢 $|x\rangle$ 和 $|y\rangle$，它们的内积定义如下：

$$|x\rangle = \begin{bmatrix} x_0 \\ x_1 \\ \vdots \\ x_{n-1} \end{bmatrix}, \langle x| = [x_0^* \quad x_1^* \quad \cdots \quad x_{n-1}^*], |y\rangle = \begin{bmatrix} y_0 \\ y_1 \\ \vdots \\ y_{n-1} \end{bmatrix}$$

$$\langle x|y\rangle = x_0^* y_0 + x_1^* y_1 + \cdots + x_{n-1}^* y_{n-1}$$

内积的英文名称也由上述记号得到，被称为 bra(c)ket。命名通常是困难的，量子计算也不例外。

值得注意的是，$\langle x|y\rangle$ 通常不等于 $\langle y|x\rangle$。例如，考虑两个右矢 $|x\rangle$ 和 $|y\rangle$：

$$|x\rangle = \begin{bmatrix} -1 \\ 2i \\ 1 \end{bmatrix}, |y\rangle = \begin{bmatrix} 1 \\ 0 \\ i \end{bmatrix} \tag{1.1}$$

通过转置以及虚部取反，我们可以得到它们的左矢：

$$\langle x| = [-1 \quad -2i \quad 1], \langle y| = [1 \quad 0 \quad -i]$$

对它们的内积进行计算：

$$\langle x|y\rangle = -1\times1 + 2i\times0 + i\times1 = -1+i$$

$$\langle y|x\rangle = 1\times-1 + 0\times2i - i\times1 = -1-i$$

两个内积结果是不一样的，第二个结果是第一个结果的共轭。这也指出了一个重要的规则：

$$\langle x|y\rangle^* = \langle y|x\rangle$$

两个向量正交,当且仅当它们的内积为零。对于二维向量,我们把正交向量看成是彼此垂直的:

$$\langle x|y \rangle = 0 \Rightarrow x \text{与} y \text{正交}$$

与计算复数模的方法类似,向量的模是其与对偶向量的内积。若模为 1,则为归一化(normalized)向量:

$$\||x\rangle| = \langle x|x \rangle = 1 \Rightarrow |x\rangle \text{为归一化向量} \tag{1.2}$$

根据定义,量子计算中的量子态向量表示的概率分布之和必须为 1。因此,归一化向量在量子计算中扮演着重要的角色。

1.2.2 外积

与内积相对应,可以通过 $|x\rangle$ 和 $|y\rangle$ 构建外积(outer product),记为:

$$|x\rangle\langle y| = \begin{bmatrix} x_0 \\ x_1 \\ \vdots \\ x_{n-1} \end{bmatrix} \begin{bmatrix} y_0^* & y_1^* & \cdots & y_{n-1}^* \end{bmatrix} = \begin{bmatrix} x_0 y_0^* & x_0 y_1^* & \cdots & x_0 y_{n-1}^* \\ x_1 y_0^* & x_1 y_1^* & \cdots & x_1 y_{n-1}^* \\ \vdots & \vdots & & \vdots \\ x_{n-1} y_0^* & x_{n-1} y_1^* & \cdots & x_{n-1} y_{n-1}^* \end{bmatrix}$$

在式(1.1)的例子中,$|x\rangle$ 是一个 3×1 的向量,$|y\rangle$ 也是一个 1×3 的向量。根据矩阵乘法的规则,它们的外积是一个 3×3 的矩阵。同样,如果向量元素是复数,则将左矢转换为右矢时需对向量元素进行共轭处理,反之亦然。

1.3 张量积

为了计算两个向量(可以是左矢也可以是右矢)的张量积(tensor product)$^{\ominus}$,通常会使用下列符号中的一种:

$$|x\rangle \otimes |y\rangle = |x\rangle|y\rangle = |x,y\rangle = |xy\rangle \tag{1.3}$$

相应地,有:

$$\langle x| \otimes \langle y| = \langle x|\langle y| = \langle x,y| = \langle xy|$$

在张量积中,第一个矩阵的每个元素都会与第二个矩阵的整体相乘。因此,$n \times m$ 的矩阵与 $k \times l$ 的矩阵的张量积是 $nk \times ml$ 的矩阵。例如,计算以下两个右矢的张量积:

$$|0\rangle = \begin{bmatrix} 1 \\ 0 \end{bmatrix}, |1\rangle = \begin{bmatrix} 0 \\ 1 \end{bmatrix}$$

⊖ 这里忽略了张量积和克罗内克积之间的区别。

$$|0\rangle \otimes |1\rangle = |01\rangle = \begin{bmatrix} 1\begin{bmatrix}0\\1\end{bmatrix} \\ 0\begin{bmatrix}0\\1\end{bmatrix} \end{bmatrix} = \begin{bmatrix} 0\\1\\0\\0 \end{bmatrix}$$

可以看到，两个右矢的张量积仍是右矢。同样，两个左矢的张量积仍是左矢，两个对角矩阵的张量积仍是对角矩阵。当然，对于一般矩阵，张量积的定义如下：

$$\begin{bmatrix} a_{00} & a_{01} \\ a_{10} & a_{11} \end{bmatrix} \otimes \begin{bmatrix} b_{00} & b_{01} \\ b_{10} & b_{11} \end{bmatrix} = \begin{bmatrix} a_{00}\begin{bmatrix}b_{00}&b_{01}\\b_{10}&b_{11}\end{bmatrix} & a_{01}\begin{bmatrix}b_{00}&b_{01}\\b_{10}&b_{11}\end{bmatrix} \\ a_{10}\begin{bmatrix}b_{00}&b_{01}\\b_{10}&b_{11}\end{bmatrix} & a_{11}\begin{bmatrix}b_{00}&b_{01}\\b_{10}&b_{11}\end{bmatrix} \end{bmatrix}$$

$$= \begin{bmatrix} a_{00}b_{00} & a_{00}b_{01} & a_{01}b_{00} & a_{01}b_{01} \\ a_{00}b_{10} & a_{00}b_{11} & a_{01}b_{10} & a_{01}b_{11} \\ a_{10}b_{00} & a_{10}b_{01} & a_{11}b_{00} & a_{11}b_{01} \\ a_{10}b_{10} & a_{10}b_{11} & a_{11}b_{10} & a_{11}b_{11} \end{bmatrix}$$

对于标量 α 和 β 与张量积的乘积，有以下规则：

$$\alpha(x \otimes y) = (\alpha x) \otimes y = x \otimes (\alpha y) \tag{1.4}$$

$$(\alpha + \beta)(x \otimes y) = \alpha x \otimes y + \beta x \otimes y \tag{1.5}$$

关于张量积，有以下关键性质（会在后文许多推导中多次使用）：

$$(A \otimes B)(a \otimes b) = (Aa) \otimes (Bb) \tag{1.6}$$

此外，下述公式也会在本书后文中用到。给定两个复合右矢：

$$|\psi_1\rangle = |\phi_1\rangle \otimes |\chi_1\rangle \text{ 和 } |\psi_2\rangle = |\phi_2\rangle \otimes |\chi_2\rangle$$

$|\psi_1\rangle$ 与 $|\psi_2\rangle$ 的内积计算如下：

$$\begin{aligned} \langle\psi_1|\psi_2\rangle &= (|\phi_1\rangle \otimes |\chi_1\rangle)^\dagger(|\phi_2\rangle \otimes |\chi_2\rangle) \\ &= ((\langle\phi_1| \otimes \langle\chi_1|)(|\phi_2\rangle \otimes |\chi_2\rangle)) \\ &= \langle\phi_1|\phi_2\rangle\langle\chi_1|\chi_2\rangle \end{aligned} \tag{1.7}$$

1.4 酉矩阵和埃尔米特矩阵

若方阵 A 与它的共轭转置 $A^\dagger$ 相等，则称 A 为埃尔米特矩阵（Hermitian matrix）。因此，埃尔米特矩阵的对角线元素为实数，且沿对角线镜像对称的元素互为共轭。例如：

$$A = A^\dagger = \begin{bmatrix} 1 & 3+i\sqrt{2} \\ 3-i\sqrt{2} & 0 \end{bmatrix}$$

若方阵 A 的逆与它的共轭转置相等，则称 A 为酉矩阵（Unitary matrix），且 $A^\dagger A = I$。酉矩阵是保范的（norm preserving）——酉矩阵与向量相乘可能会改变向量的方向但不会改变其模。例如，对于：

$$Y = Y^\dagger = \begin{bmatrix} 0 & i \\ -i & 0 \end{bmatrix} 和 S = \begin{bmatrix} 1 & 0 \\ 0 & e^i \end{bmatrix} \neq \begin{bmatrix} 1 & 0 \\ 0 & e^{-i} \end{bmatrix} = S^\dagger$$

矩阵 Y 既是酉矩阵也是埃尔米特矩阵，矩阵 S 是酉矩阵但不是埃尔米特矩阵。

类似于 1.2 节中计算向量的埃尔米特共轭的方法，为了构造方阵的埃尔米特共轭，必须将矩阵转置并将其元素进行共轭处理。埃尔米特共轭（矩阵）也叫埃尔米特伴随（矩阵）或者伴随（矩阵）。伴随（矩阵）和埃尔米特共轭（矩阵）是同义词。

1.5　公式的埃尔米特伴随

本节将介绍矩阵和向量组成的公式的共轭。已知左矢和右矢可以如下转换：

$$|\psi\rangle^\dagger = \langle\psi|$$
$$\langle\psi|^\dagger = |\psi\rangle$$

可以如下计算复数与矩阵相乘的埃尔米特共轭：

$$(\alpha A)^\dagger = \alpha * A^\dagger \qquad (1.8)$$

对于矩阵与矩阵相乘的埃尔米特共轭，各矩阵的次序将会改变（这是一个重要规则）：

$$(AB)^\dagger = B^\dagger A^\dagger \qquad (1.9)$$

同样，可以如下计算矩阵与向量相乘的埃尔米特共轭：

$$(A|\psi\rangle)^\dagger = \langle\psi|A^\dagger \qquad (1.10)$$
$$(AB|\psi\rangle)^\dagger = \langle\psi|B^\dagger A^\dagger \qquad (1.11)$$

对于以外积表示的矩阵，容易推出：

$$A = |\psi\rangle\langle\phi| \implies A^\dagger = |\phi\rangle\langle\psi| \qquad (1.12)$$

最后，

$$(A+B)^\dagger = A^\dagger + B^\dagger \qquad (1.13)$$

1.6　特征值和特征向量

下面的等式是一种矩阵-向量乘法的特殊情况：

$$A|\psi\rangle = \lambda|\psi\rangle$$

其中，A 是方阵，$|\psi\rangle$ 是右矢，λ 是一个（复）标量。

将 A 作用于特定的向量 $|\psi\rangle$ 上只是用复数对该向量进行了缩放，并未改变向量方向，我们称 λ 是 A 的特征值（eigenvalue），$|\psi\rangle$ 是对应的特征向量（eigenvector）。在量子力学中，$|\psi\rangle$ 也被称为本征态（eigenstate）。对于给定的算子 A，可以有多个特征值。根据定义，特征值可以为 0，但是特征向量不能是零向量。

将矩阵简化为对角矩阵是一种简单的寻找特征值的方式。对于如下形式的对角矩阵：

$$\begin{bmatrix} \lambda_0 & & & \\ & \lambda_1 & & \\ & & \ddots & \\ & & & \lambda_{n-1} \end{bmatrix}$$

我们可以直接从对角线上得到该矩阵的特征值。对应的特征向量是计算基 $(1,0,0,\cdots)^T$，$(0,1,0,\cdots)^T\cdots$。对于埃尔米特矩阵，特征值必定是实数。

1.7 矩阵的迹

$n \times n$ 的矩阵 A 的迹（trace）定义为其对角线元素的和：

$$\mathrm{tr}(A) = \sum_{i=0}^{n-1} a_{ii} = a_{00} + a_{11} + \cdots + a_{n-1n-1}$$

关于矩阵的迹，有如下性质：

$$\mathrm{tr}(A+B) = \mathrm{tr}(A) + \mathrm{tr}(B) \tag{1.14}$$

$$\mathrm{tr}(cA) = c\,\mathrm{tr}(A) \tag{1.15}$$

$$\mathrm{tr}(AB) = \mathrm{tr}(BA) \tag{1.16}$$

其中，c 是标量，A 和 B 是方阵。

对于矩阵的张量积，它的迹有如下性质：

$$\mathrm{tr}(A \otimes B) = \mathrm{tr}(A)\mathrm{tr}(B) \tag{1.17}$$

由于埃尔米特矩阵的对角线元素是实数，因此它的迹也是实数。$n \times n$ 的埃尔米特矩阵 A 的迹等于它 n 个特征值 λ_i 的和：

$$\mathrm{tr}(A) = \sum_{i=0}^{n-1} \lambda_i \tag{1.18}$$

下面将介绍一个与测量有关的性质。假设有两个右矢 $|x\rangle$ 和 $|y\rangle$：

$$|x\rangle = \begin{bmatrix} x_0 \\ x_1 \\ \vdots \\ x_{n-1} \end{bmatrix}, |y\rangle = \begin{bmatrix} y_0 \\ y_1 \\ \vdots \\ y_{n-1} \end{bmatrix}$$

则 $|x\rangle$ 和 $\langle y|$ 的外积的迹等于它们的内积，即：

$$\mathrm{tr}(|x\rangle\langle y|) = \langle y|x\rangle \qquad\qquad (1.19)$$

这很容易从外积中看出：

$$\begin{bmatrix} x_0 \\ x_1 \\ \vdots \\ x_{n-1} \end{bmatrix} \begin{bmatrix} y_0^* & y_1^* & \cdots & y_{n-1}^* \end{bmatrix} = \begin{bmatrix} x_0 y_0^* & x_0 y_1^* & \cdots & x_0 y_{n-1}^* \\ x_1 y_0^* & x_1 y_1^* & \cdots & x_1 y_{n-1}^* \\ \vdots & \vdots & & \vdots \\ x_{n-1} y_0^* & x_{n-1} y_1^* & \cdots & x_{n-1} y_{n-1}^* \end{bmatrix}$$

$$\Rightarrow \mathrm{tr}(|x\rangle\langle y|) = \sum_{i=0}^{n-1} x_i y_i^* = \langle y|x\rangle$$

第 2 章　*Chapter 2*

量子计算基础

本章将描述量子计算的基本概念和规则，同时，开发一个初始的、易于理解的、易于调试的代码库，用于构建和模拟较小规模的算法。

本章的结构如下：首先介绍基本的底层数据类型——Python Tensor 类型（它由 numpy 的 ndarray 数据结构发展而来），通过 Tensor 类型构建单量子比特及多个量子比特的量子态，定义用于转换量子态的算子，描述一系列重要的单量子比特门；然后介绍受控门（其作用与经典计算中的控制流类似），并详细介绍如何通过 Bloch 球和量子电路符号来描述量子电路；接着讨论量子纠缠，这被 Einstein 称为迷人的"远距离幽灵操作"。在量子物理中，测量可能是一个比纠缠更困难的问题（Norsen，2017）。本章将尽量避免哲学内容，并通过一种简单的方法来模拟测量。

2.1　Tensor 类

量子力学和量子计算是用线性代数语言（如向量、矩阵，以及内积、外积和克罗内克积等运算）表达的。当对理论进行研究时，为了实验的需要我们会补充工作代码。

我们先来描述 Python 中的基本数据结构。Python 通常较为缓慢，但它具有支持科学计算中的向量化运算且高效的 numpy 数值库。本书将大量使用这个库，这样就不必自己去实现标准的数值线性代数运算了。总的来说，我们将遵循 Google 的 Python 编码风格指南（Google，2021b）以及 C++ 编码风格指南（Google，2021a）。

核心数据类型（如状态、算子和密度矩阵）都是复数域下的向量和矩阵。将它们都建立在一个常用的抽象概念上而隐藏底层的实现是一个好的方法。这种方法可以避免类型不匹配的潜在问题，并使分析、测试、调试、整齐打印以及其他常见功能更容易保持一致。所有后续研究的基本数据类型将是一个通用的 Tensor 类。

由于 Tensor 是从 numpy 的 ndarray 数组数据结构中衍生出来的，因此其具备与 numpy 数组相似的作用，但我们还可以通过额外的便捷函数来扩充它。

有几种复杂的方法来实例化 ndarray。从这种数据类型导出类的正确方法很复杂，但有很好的说明文档⊖。相关的实现在 lib/tensor.py 的开源存储库中：

```python
import numpy as np

class Tensor(np.ndarray):
    """Tensor is a numpy array representing a state or operator."""

    def __new__(cls, input_array) -> Tensor:
        return np.asarray(input_array, dtype=tensor_type()).view(cls)

    def __array_finalize__(self, obj) -> None:
        if obj is None: return

        # np.ndarray has complex construction patterns. Because of this,
        # if new attributes are needed, add them like this:
        #    self.info = getattr(obj, 'info', None)
```

注意这段代码对 tensor_type() 的使用：它抽象了复数的浮点表示。为什么要这样做？选择使用哪种复数数据类型是一个有趣的问题，毕竟每种数据类型都有自己的含义。它应该是基于 64 位双精度浮点数的复数、基于 32 位浮点数的复数，还是基于其他类型（例如 TPU 的 BF16 格式）的复数？较小的数据类型可以更快地模拟，因为内存带宽需求较低。但是，各种电路需要什么样的精度呢？由于 numpy 包支持 np.complex128 和 np.complex64，因此只需定义一个全局变量来保存该类型的宽度。将这些信息放在一个地方便于在后续实验中应用不同的数据类型。

```python
# Bit width of complex data type, 64 or 128.
tensor_width = 64

# All math in this package will use this base type.
# Valid values can be np.complex128 or np.complex64
def tensor_type():
    """Return complex type."""

    if tensor_width == 64:
        return np.complex64
    return np.complex128
```

在 2.3 节我们将看到，张量的克罗内克积（用 ⊗ 表示）是一个重要的运算，这个积也通常被称为张量积。克罗内克积描述了矩阵之间的积，是比较准确的术语。克罗内克积和张量积这两个术语可以互相替换使用。

⊖ https://numpy.org/doc/stable/user/basics.subclassing.html.

我们向 Tensor 类添加实现张量积的成员函数 kron，该函数简单地委托给 numpy 中的同名函数。由于需要大量使用这个运算，因此为了方便，额外重载 * 算子来调用这个函数。

对于 * 算子，可能会与简单的矩阵乘法混淆，但是在 Python 和 numpy 中，矩阵乘法是通过 @ 算子实现的，我们可以直接从 numpy 中找到这个算子，而不需要自己去实现。

```python
def kron(self, arg: Tensor) -> Tensor:
    """Return the Kronecker product of this object with arg."""

    return self.__class__(np.kron(self, arg))

def __mul__(self, arg: Tensor) -> Tensor:
    """Inline * operator maps to Kronecker product."""

    return self.kron(arg)
```

在最初的量子计算方法中，通常会通过将许多相同的矩阵进行张量积运算以构建更大的矩阵，这相当于多次调用 kron 函数。例如，对 n 个酉矩阵 U 进行张量积运算：

$$\underbrace{U \otimes U \otimes \cdots \otimes U}_{n} = U^{\otimes n}$$

这相当于幂函数，但进行的不是乘法运算而是克罗内克积运算。命名是困难的，但是这个函数的命名从其自身可以得到，我们应该称它为克罗内克幂函数，或 kpow（发音为 "Ka-Pow"）。将指数为 0 作为特殊情况处理：$x^0 = 1.0$。正如预期的那样，numpy 可以计算标量与矩阵的克罗内克积：

```python
def kpow(self, n: int) -> Tensor:
    """Return the tensor product with itself `n` times."""

    if n == 0:
        return 1.0
    t = self
    for _ in range(n - 1):
        t = np.kron(t, self)
    return self.__class__(t)   # Necessary to return a Tensor type
```

通常，特别是在测试过程中，我们希望将张量与给定值进行比较。处理基于 double 或 float 数据类型的复数时，由于浮点精度问题，直接比较这些类型的值是不好的做法。取而代之的是，检查两个数值之间的差是否小于给定的 ϵ。庆幸的是，numpy 提供了 allclose() 函数，可用于比较全张量，因此不需要再遍历各个维度并比较实部和虚部，差值阈值 ϵ 在大多数情况下都为 10^{-6}。将此方法添加到 Tensor 类型⊖：

```python
def is_close(self, arg) -> bool:
    """Check that a 1D or 2D tensor is numerically close to arg."""

    return np.allclose(self, arg, atol=1e-6)
```

⊖ 注意，对于标量，math.isclose 明显比 np.allclose 快。我们将在性能关键型代码中使用它。

Python 的 math 模块有一个 isclose 函数。然而，为了遵循 Google 的编码风格，我们需要在 is 后面增加下划线，以保持整个代码样式与指南一致。

读者已经在 1.4 节中学习了埃尔米特矩阵和酉矩阵，而埃尔米特矩阵和酉矩阵的条件可以用下面的两个辅助函数检查：

```python
def is_hermitian(self) -> bool:
    """Check if this tensor is Hermitian - Udag = U."""

    if len(self.shape) != 2:
        return False
    if self.shape[0] != self.shape[1]:
        return False
    return self.is_close(np.conj(self.transpose()))

def is_unitary(self) -> bool:
    """Check if this tensor is unitary - Udag*U = I."""

    return Tensor(np.conj(self.transpose()) @ self).is_close(
            Tensor(np.eye(self.shape[0])))
```

后文中还会遇到一些置换矩阵（permutation matrix），这种矩阵的每一行和每一列中只有一个 1，这种属性可以由以下程序验证：

```python
def is_permutation(self) -> bool:
    x = self
    return (x.ndim == 2 and x.shape[0] == x.shape[1] and
            (x.sum(axis=0) == 1).all() and
            (x.sum(axis=1) == 1).all() and
            ((x == 1) or (x == 0)).all())
```

2.2 量子比特

在经典计算中，比特的值可以是 0，也可以是 1。如果把比特想象成开关，那么它要么是关的，要么是开的。我们可以说它处于关闭状态（0 态）或开启状态（1 态）。同样，量子比特（quantum-bit，同 qubit）可以处于 0 态，也可以处于 1 态，但能体现其量子特性的是它们可以处于这些状态的叠加态：它们可以同时处于 0 态和 1 态。这到底是什么意思？

首先，必须区分量子比特和量子比特的状态。用于真正的量子计算机的物理量子比特是真正的物理实体，例如在电场中捕获的离子、ASIC 上的 Josephson 结等。量子比特的状态（即量子态）描述了该量子比特的一些可测量属性，例如电子的能级。在量子计算中，对于编程这一抽象层面，物理实现并不重要，可测量状态更应该值得关注。与经典计算类似，很少有人会了解当晶体管实现逻辑门时的量子效应。因此，量子比特和量子比特的状态这两个术语可以互换使用，我们通常使用量子比特。

一个或多个量子比特构成的状态空间通常用希腊符号 $|\psi\rangle$ 表示。量子比特的 0 态用狄拉

克符号标准表示为 $|0\rangle$，相应地，1 态表示为 $|1\rangle$。你可以把它们想象成物理上可区分的状态，例如电子的自旋。$|0\rangle$ 和 $|1\rangle$ 两个状态被称为基态（basis state）。本书不会像许多书籍一样深入讨论线性代数和向量空间的理论。读者需要知道的是，基态代表 n 维向量 (有 n 个分量的向量) 的正交集合。所有相同维数的向量都可以由基态的线性组合构造。在本书中，我们还要求基向量归一化，形成基向量的标准正交（orthonormal）集。换言之，基向量是线性无关的并且模数是 1。

叠加态（superposition）目前仅意味着量子比特的状态是正交基态的线性组合，以基态 $|0\rangle$ 和 $|1\rangle$ 为例，有：

$$|\psi\rangle = \alpha|0\rangle + \beta|1\rangle$$

其中，α 和 β 是复数，称为概率振幅（probability amplitude），且 $|\alpha|^2 + |\beta|^2 = 1$。

值得注意的是，上式中使用的是模方而非复数的平方。这是从量子力学的一个基本假设中得到的：当测量时，状态要么以（实）概率 $|\alpha|^2$ 坍缩至 $|0\rangle$，要么以（实）概率 $|\beta|^2$ 坍缩至 $|1\rangle$。状态必定会坍缩至其中一个状态，因此两个概率的和为 1.0。如果 α 和 β 在这里都是 $\sqrt{1/2}$，那么测量时状态坍缩至 $|0\rangle$ 或 $|1\rangle$ 的概率都为 $\sqrt{1/2}^2 = 1/2$。如果 α 为 1.0，β 为 0.0，那么测量时状态必定会坍缩至 $|0\rangle$）。

下面是一个标准例子。给定如下量子比特：

$$|\phi\rangle = \frac{\sqrt{3}}{2}|0\rangle + \frac{i}{2}|1\rangle$$

测量得到状态 $|0\rangle$ 的概率是：

$$Pr_{|0\rangle}(|\phi\rangle) = \left(\frac{\sqrt{3}}{2}\right)\left(\frac{\sqrt{3}}{2}\right) = \frac{3}{4}$$

测量得到状态 $|1\rangle$ 的概率可以通过计算因子 $i/2$ 的模方得到：

$$Pr_{|1\rangle}(|\phi\rangle) = \left|\frac{i}{2}\right|^2 = \left(\frac{-i}{2}\right)\left(\frac{i}{2}\right) = \frac{1}{4}$$

下面的代码将把这些概念转换成直接的实现。此处使用 State 类型，这将在 2.3 节中讨论。简单地说，State 是使用 Tensor 实现的复数向量。

为了建立一个量子比特，需要用到 α 或 β，也可能两者都需要用到。如果只提供了其中一个的值，我们也可以轻松计算出另一个的值，因为它们的模方和为 1.0。为了计算复数 α 和 β 的模，需将 α 和 β 与各自对应的复共轭相乘 (因此使用 np.conj()），得到的结果将是一个实数。为了使代码不从 numpy 生成类型错误，必须使用 np.real() 显式转换结果。将结果与 1.0 进行比较，如果在差值阈值内，则构建并返回量子比特。

编程时应该用哪种数据结构来表示量子比特？简单地创建一个包含两个复数值的数组，填入 α 和 β，并返回一个由该数组构造的 State。

```
def qubit(alpha: Optional[np.complexfloating] = None,
          beta: Optional[np.complexfloating] = None) -> State:
    """Produce a given state for a single qubit."""

    if alpha is None and beta is None:
        raise ValueError('alpha, or beta, or both are required')

    if beta is None:
        beta = math.sqrt(1.0 - np.conj(alpha) * alpha)

    if alpha is None:
        alpha = math.sqrt(1.0 - np.conj(beta) * beta)

    if not math.isclose(np.conj(alpha) * alpha +
                        np.conj(beta) * beta, 1.0):
        raise ValueError('Qubit probabilities do not add to 1.')

    qb = np.zeros(2, dtype=tensor.tensor_type())
    qb[0] = alpha
    qb[1] = beta
    return State(qb)
```

从这段代码中，我们可以推断出基态可能是什么样的——它们是复数向量：$|0\rangle$ 态是 $[1,0]^T$，$|1\rangle$ 态是 $[0,1]^T$。因此，量子比特的状态可以写成如下形式：

$$
\begin{aligned}
|\psi\rangle &= \alpha|0\rangle + \beta|1\rangle \\
&= \alpha\begin{bmatrix}1\\0\end{bmatrix} + \beta\begin{bmatrix}0\\1\end{bmatrix} \\
&= \begin{bmatrix}\alpha\\\beta\end{bmatrix}
\end{aligned}
$$

将 $|0\rangle = [1,0]^T$ 和 $|1\rangle = [0,1]^T$ 作为基态并不是唯一的选择，主要是这些向量是标准正交的。由于它们正交，因此标量积 $\langle 0|1\rangle = 0.0$。由于它们是归一化的，因此 $\langle 0|0\rangle = 1.0$，$\langle 1|1\rangle = 1.0$。

由量子比特向量空间中的标准正交基 $[1,0]^T$ 和 $[0,1]^T$ 构成的集合也称为计算基（computational basis），它们直观且简单。但其他基也是存在的，尤其是通过旋转产生的基。这在量子计算中非常常见，在后文很快就会见到。

2.3　量子态

正如在上一节中看到的，量子比特是一种状态，复数向量代表着概率振幅。接下来，通过 Tensor 类在代码中表示状态。从 Tensor 中继承一个 State 类，并添加一个适度改进的 print 函数。源代码在 lib/state.py 的开源存储库中：

```
class State(tensor.Tensor):
    """class State represents single and multi-qubit states."""
```

```
    def __repr__(self) -> str:
        s = 'State('
        s += super().__str__().replace('\n', '\n' + ' ' * len(s))
        s += ')'
        return s

    def __str__(self) -> str:
        s = f'{self.nbits}-qubit state.'
        s += ' Tensor:\n'
        s += super().__str__()
        return s
```

两个或多个量子比特的状态被定义为它们的张量积。为了计算它们的张量积，前文向底层 Tensor 类添加了 * 算子 (作为相应的 Python __mul__ 成员函数实现)。注意，两个状态的模都是 1.0，它们张量积的模也是 1.0。

对于两个量子比特 $|\phi\rangle$ 和 $|\chi\rangle$，组合状态可以写成式（1.3）的形式，其中 $\otimes$ 为克罗内克积符号：

$$|\psi\rangle = |\phi\rangle \otimes |\chi\rangle = |\phi\rangle|\chi\rangle = |\phi, \chi\rangle = |\phi\chi\rangle$$

根据这个定义，n 个量子比特的状态是包含 2^n 个复数（即概率振幅）的 Tensor。可以将这个长度作为 State 的额外成员变量来维护，它也很容易从状态向量的长度 (已经由 numpy 维护) 中计算出来。我们选择把它定义为一个属性，因为从 Tensor 派生的所有类 (例如 State 和 Operator) 都需要这个属性，所以将 nbits 属性添加到 Tensor 基类中，以便派生类可以继承它：

```
@property
def nbits(self) -> int:
    """Compute the number of qubits in the state."""

    return int(math.log2(self.shape[0]))
```

Python 确实有一个 bit_length() 函数，可用来确定需要多少位来表示一个数字。但在这里使用这个函数是错误的。对于包含 2^n 个复数的 state，当 $n=3$ 时，共有 8 种状态，需要 4 个经典二进制位来表示数字 8。当输入值为 0 时，使用 $n-1$ 的值将不起作用。此外，bit_length() 返回负数的值，对于量子态而言没有意义。因此，我们决定使用 log2 函数。作为一个代码示例，我们考虑两个量子比特的情况，有：

```
psi = state.qubit(alpha=1.0)    # corresponds to |0>
phi = state.qubit(beta=1.0)     # corresponds to |1>
combo = psi * phi
print(combo)
>>
2-qubit state. Tensor:
[0.+0.j 1.+0.j 0.+0.j 0.+0.j]
```

得到的状态是一个具有复数值 [0.0,1.0,0.0,0.0] 的 Tensor，这也是 $[1,0]^T$ 与 $[0,1]^T$ 的张量积期望

得到的值。值 1.0 的索引是 1，表示 $|0\rangle$ 态和 $|1\rangle$ 态的组合对应二进制 0b01。阅读 2.3.1 节关于量子比特顺序问题的讨论后，读者会对这部分内容有更清晰的认识。

在下面的所有代码示例中，状态是从高位比特到低位比特构造的。这种选择是任意的，事实上，不同的文献可能会有不同的选择，重要的是保持一致。

量子态的概率振幅表示概率——所有振幅的模方加起来必须等于 1.0，即基态必须归一化。2 个量子比特有 4 个基态（可推广到 n 个量子比特），我们可以将量子态 $|\psi\rangle$ 写成一个叠加态：

$$|\psi\rangle = c_0 \begin{bmatrix} 1 \\ 0 \\ 0 \\ 0 \end{bmatrix} + c_1 \begin{bmatrix} 0 \\ 1 \\ 0 \\ 0 \end{bmatrix} + c_2 \begin{bmatrix} 0 \\ 0 \\ 1 \\ 0 \end{bmatrix} + c_3 \begin{bmatrix} 0 \\ 0 \\ 0 \\ 1 \end{bmatrix}$$

$$= c_0 |\psi_0\rangle + c_1 |\psi_1\rangle + c_2 |\psi_2\rangle + c_3 |\psi_3\rangle = \sum_{i=0}^{3} c_i |\psi_i\rangle$$

由于振幅是复数，因此为了计算模方，需要乘以相应的复共轭：

$$\langle\psi|\psi\rangle = c_0^* \langle\psi_0| c_0 |\psi_0\rangle + c_1^* \langle\psi_1| c_1 |\psi_1\rangle + \cdots + c_n^* \langle\psi_{n-1}| c_n |\psi_{n-1}\rangle$$
$$= c_0^* c_0 \langle\psi_0|\psi_0\rangle + c_1^* c_1 \langle\psi_1|\psi_1\rangle + \cdots + c_n^* c_n \langle\psi_{n-1}|\psi_{n-1}\rangle$$
$$= c_0^* c_0 + c_1^* c_1 + \cdots + c_{n-1}^* c_{n-1}$$
$$= 1.0$$

对于状态乘积得到的状态，应用式 (1.7)（注意，左矢中的元素是复共轭的）：

$$|\psi\rangle = |\phi\chi\rangle$$
$$\langle\psi| = |\phi\chi\rangle^{\dagger} = \langle\phi\chi|$$
$$\langle\psi|\psi\rangle = \langle\phi\chi|\phi\chi\rangle = \langle\phi|\phi\rangle\langle\chi|\chi\rangle$$

我们可以通过编写以下测试进行验证：

```
p1 = state.qubit(alpha=random.random())
x1 = state.qubit(alpha=random.random())
psi = p1 * x1  # Tensor product.

# inner product of full state
self.assertTrue(np.allclose(np.inner(psi.conj(), psi), 1.0))

# inner product of the constituents multiplied
self.assertTrue(np.allclose(np.inner(p1.conj(), p1) *
                np.inner(x1.conj(), x1), 1.0))
```

2.3.1　量子比特顺序

量子比特的顺序在算法构造过程中、对结果的访问中和二进制字符串的转换中都很重要，如果理解得不正确，可能会成为问题的根源。对于本书，需要重点深化的有以下几点：

❑ 当量子比特被放入量子电路中时，它们的顺序是从左到右（以二进制字符串的形式），从高位量子比特到低位量子比特。

❑ 在狄拉克符号中，两个量子态的张量积写作 $|x, y\rangle$，例如 $|0,1\rangle$。此外，在这种表示方法中，最高有效位在最前面，这样的状态也可以用十进制数来表示。在这里，若错误地从右向左读取状态，则状态会被错误地解析为 $|2\rangle$（二进制 10）而非 $|1\rangle$（二进制 01）：

$$\underbrace{|0\rangle}_{\text{最高有效位}} \otimes \quad \cdots \quad \otimes \quad \underbrace{|0\rangle}_{\text{最低有效位}}$$

❑ 在 2.8 节中，我们将看到量子电路被绘制为量子比特的垂直堆栈，顶部的量子比特是最高有效量子比特。

❑ 很快读者就会学习到从 $|0\rangle$ 态和 $|1\rangle$ 态构造组合状态的简单函数，在这些函数中，与量子电路符号类似，第一个出现的量子比特将是最高有效量子比特。例如，状态 $|\psi\rangle = |1\rangle \otimes |0\rangle \otimes |1\rangle \otimes |0\rangle$ 这样构造：

```
psi = state.bitstring(1, 0, 1, 0)
```

❑ 当状态被输出时，与二进制表示法一样，最高有效位也在左侧。

❑ 必须区分比特或量子比特的概念，以及它们在程序中的存储方式。在经典计算中，位 0 通常是最右边的位，也就是最低有效位。当比特被存储为比特构成的数组时，存储顺序按索引从低到高。这意味着数组的第一个存储位的索引为 0。对于量子比特，这是最高有效量子比特。

除了上述情况，任何必须在索引、类似数组的数据结构中表示比特或量子比特的情况，比特的顺序都容易引起混乱，因此需要非常谨慎。

2.3.2 二进制表示

以下是多个 $|0\rangle$ 态和 $|1\rangle$ 态的张量积：

$$|0\rangle \otimes |1\rangle \otimes |1\rangle = |011\rangle$$

为简洁起见，当将比特串表示为二进制数并以十进制对其进行编号时，状态通常写成如下形式：

$$|011\rangle = |3\rangle$$

值得注意的是，状态 $|000\rangle$ 及对应的十进制状态 $|0\rangle$ 以及单量子比特的状态 $|0\rangle$ 容易发生混淆。

下面解释状态的十进制表示如何与状态向量建立联系：

❑ 状态 $|00\rangle$ 的计算结果为 $\begin{bmatrix} 1 \\ 0 \end{bmatrix} \otimes \begin{bmatrix} 1 \\ 0 \end{bmatrix} = \begin{bmatrix} 1 \\ 0 \\ 0 \\ 0 \end{bmatrix}$，十进制表示为 $|0\rangle$。

- 状态 $|01\rangle$ 的计算结果为 $\begin{bmatrix} 1 \\ 0 \end{bmatrix} \otimes \begin{bmatrix} 0 \\ 1 \end{bmatrix} = \begin{bmatrix} 0 \\ 1 \\ 0 \\ 0 \end{bmatrix}$，十进制表示为 $|1\rangle$。

- 状态 $|10\rangle$ 的计算结果为 $\begin{bmatrix} 0 \\ 1 \end{bmatrix} \otimes \begin{bmatrix} 1 \\ 0 \end{bmatrix} = \begin{bmatrix} 0 \\ 0 \\ 1 \\ 0 \end{bmatrix}$，十进制表示为 $|2\rangle$。

- 状态 $|11\rangle$ 的计算结果为 $\begin{bmatrix} 0 \\ 1 \end{bmatrix} \otimes \begin{bmatrix} 0 \\ 1 \end{bmatrix} = \begin{bmatrix} 0 \\ 0 \\ 0 \\ 1 \end{bmatrix}$，十进制表示为 $|3\rangle$。

为了找到给定量子态的概率振幅，可以使用二进制寻址。3 量子比特的状态 $|011\rangle$ 的状态向量为：

$$[0,0,0,1,0,0,0,0]^T$$

$|011\rangle$ 最右边的量子比特位解释为最低有效位——第 0 位，比特值为 1。中间的量子比特位解释为第 1 位，比特值为 1。最左边的量子比特位解释为第 2 位，比特值为 0。状态 $|011\rangle$ 的十进制计算结果为 3，即十进制状态 $|3\rangle$。如上文所述，状态向量的索引类似数组，从右往左，从 0 到 n。用这种简单的二进制寻址方案可以找到状态向量的每个状态的振幅。

值得注意的是，3 量子比特量子态的张量积的表示包含所有 8 种可能状态的振幅。其中，7 个状态的振幅为 0.0。这实际上暗含了一种潜在的、更有效的稀疏表示。

2.3.3　成员函数

下面介绍 State 类的几个重要成员函数。这段代码使用了 helper 模块中的函数，它们将在 2.4 节中描述。

前文已经介绍了量子比特的顺序和状态向量索引，我们可以向 State 添加函数，以返回给定量子态的振幅和概率。概率是一个实数，但是我们仍然需要通过 np.real 把它转换成实数，以避免类型冲突的警告消息。

```python
def ampl(self, *bits) -> np.complexfloating:
    """Return amplitude for state indexed by 'bits'."""

    idx = helper.bits2val(bits)  # in helper.py
    return self[idx]

def prob(self, *bits) -> float:
    """Return probability for state indexed by 'bits'."""

    amplitude = self.ampl(*bits)
    return np.real(amplitude.conj() * amplitude)
```

上述代码使用了带 * 的 Python 参数，这意味着允许有可变数量的参数，且参数会被打包为元组。要解包元组，必须再次在访问的参数前加上 *，如上面的函数定义所示。

对于 4 量子比特量子态，可以通过以下方式得到状态 $|1011\rangle$ 的振幅和概率：

```
psi.ampl(1, 0, 1, 1)
psi.prob(1, 0, 1, 1)
```

下面的代码迭代所有可能的量子态，并输出每种状态的概率：

```
for bits in helper.bitprod(4):
    print(psi.prob(*bits))
```

在算法开发过程中，我们总希望找到概率最高的状态。为此，我们添加了以下便捷函数，它会迭代所有可能的状态并返回概率最高的状态 / 概率对：

```
def maxprob(self) -> (List[float], float):
    """Find state with highest probability."""

    maxbits, maxprob = [], 0.0
    for bits in helper.bitprod(self.nbits):
        cur_prob = self.prob(*bits)
        if cur_prob > maxprob:
            maxbits, maxprob = bits, cur_prob
    return maxbits, maxprob
```

我们将从后文看到，重新对状态向量进行归一化是有必要的，归一化是通过 normalize 成员函数完成的。值得注意的是，这个函数假设内积不为 0.0，否则，这段代码将导致除以零的异常情况。

```
def normalize(self) -> None:
    """Renormalize the state. Sum of norms==1.0."""

    dprod = np.conj(self) @ self
    if (dprod.is_close(0.0)):
        raise AssertionError('Normalizing to zero-probability state.')
    self /= np.sqrt(np.real(dprod))
```

量子比特的相位是将量子比特的复振幅转换为极坐标时得到的角度。由于只在输出时用到它，因此这里把相位转换成了度数。

```
def phase(self, *bits) -> float:
    """Compute phase of a state from the complex amplitude."""

    amplitude = self.ampl(*bits)
    return math.degrees(cmath.phase(amplitude))
```

最后，一个列出所有状态相关信息的转储函数对程序调试而言总是有帮助的。默认情况下，此函数只输出非零概率的状态（将参数 prob_only 设置为 False 可以查看所有状态）。此外，还可以传入一个可选的描述字符串。

```
def state_to_string(bits) -> str:
    """Convert state to string like |010>."""
```

```python
    s = ''.join(str(i) for i in bits)
    return '|{:s}> (|{:d}>)'.format(s, int(s, 2))

def dump_state(psi, desc: Optional[str]=None,
               prob_only: bool=True) -> None:
    """Dump probabilities for a state, as well as local qubit state."""

    if desc:
        print('|', end='')
        for i in range(psi.nbits-1, -1, -1):
            print(i % 10, end='')
        print(f'> \'{desc}\'')

    state_list: List[str] = []
    for bits in helper.bitprod(psi.nbits):
        if prob_only and (psi.prob(*bits) < 10e-6):
            continue
        state_list.append(
            '{:s}:  ampl: {:+.2f} prob: {:.2f} Phase: {:5.1f}'
            .format(state_to_string(bits),
                    psi.ampl(*bits),
                    psi.prob(*bits),
                    psi.phase(*bits)))

    state_list.sort()
    print(*state_list, sep='\n')

def dump(self, desc: Optional[str] = None,
         prob_only: bool = True) -> None:
    dump_state(self, desc, prob_only)
```

转储函数的输出可能如下所示，显示所有非零概率状态：

```
|001> (|1>):  ampl: +0.50+0.00j prob: 0.25 Phase:   0.0
|011> (|3>):  ampl: +0.35+0.35j prob: 0.25 Phase:  45.0
|101> (|5>):  ampl: +0.00+0.50j prob: 0.25 Phase:  90.0
|111> (|7>):  ampl: -0.35+0.35j prob: 0.25 Phase: 135.0
```

2.3.4 量子态构造函数

结合前文描述过的方法，下面通过定义标准构造函数来创建组合态。前两个函数适用于全部 $|0\rangle$ 态和 $|1\rangle$ 态构成的状态。

```python
# The functions zeros() and ones() produce the all-zero or all-one
# computational basis vector for `d` qubits, i.e.,
#     |000...0> or
#     |111...1>
#
# The result of this tensor product is
#     always [1, 0, 0, ..., 0]^T or [0, 0, 0, ..., 1]^T
#
```

```python
def zeros_or_ones(d: int = 1, idx: int = 0) -> State:
    """Produce the all-0/1 basis vector for `d` qubits."""

    if d < 1:
        raise ValueError('Rank must be at least 1.')
    shape = 2**d
    t = np.zeros(shape, dtype=tensor.tensor_type())
    t[idx] = 1
    return State(t)

def zeros(d: int = 1) -> State:
    """Produce state with 'd' |0>, eg., |0000>."""
    return zeros_or_ones(d, 0)

def ones(d: int = 1) -> State:
    """Produce state with 'd' |1>, eg., |1111>."""
    return zeros_or_ones(d, 2**d - 1)
```

函数 bitstring 允许通过一系列已定义的 $|0\rangle$ 态和 $|1\rangle$ 态构造量子态。如前所述，最高有效位在前：

```python
def bitstring(*bits) -> State:
    """Produce a state from a given bit sequence, eg., |0101>."""

    d = len(bits)
    if d == 0:
        raise ValueError('Rank must be at least 1.')
    t = np.zeros(1 << d, dtype=tensor.tensor_type())
    t[helper.bits2val(bits)] = 1
    return State(t)
```

有时，特别是在测试或进行基准测试的时候，我们希望生成由 n 个 $|0\rangle$ 态和 $|1\rangle$ 态随机组成的组合态：

```python
def rand(n: int) -> State:
    """Produce random combination of |0> and |1>."""

    bits = [0] * n
    for i in range(n):
        bits[i] = random.randint(0, 1)
    return bitstring(*bits)
```

最后，由于标准的单量子比特量子态 $|0\rangle$ 和 $|1\rangle$ 会被经常使用，因此为它们定义常量可能是有意义的。但是，要避免使用全局变量，因为添加 $|0\rangle$ 态和 $|1\rangle$ 态的常量只是为了与其他框架保持兼容性，并不使用它们。

```python
# These two are used so commonly, make them constants.
zero = zeros(1)
one = ones(1)
```

可以用给定的归一化向量初始化状态吗？这是可以的。这是一种模式，将在 6.4 节中介绍，届时我们会直接用西矩阵的特征向量初始化状态。

```
umat = scipy.stats.unitary_group.rvs(2**nbits)
eigvals, eigvecs = np.linalg.eig(umat)
psi = state.State(eigvecs[:, 0])
```

2.3.5 密度矩阵

对于给定状态 $|\psi\rangle$，可以通过计算其与自身的外积来构造密度矩阵（density matrix）。为方便起见，将函数 density() 添加到 State 类中来计算这个外积。通常，用希腊字母 ρ 表示密度矩阵：

$$\rho = |\psi\rangle\langle\psi|$$

它在代码中是这样实现的：

```
def density(self) -> tensor.Tensor:
    return tensor.Tensor(np.outer(self, self.conj()))
```

量子计算理论可以用密度矩阵来表示，一些重要的概念只能借助这些矩阵来表达。然而，本书不会详细讲解这部分理论，之所以在这里提到密度矩阵，是因为它们将会在 2.15 节中出现。

下面是密度矩阵的一个非常重要的性质。假设这些矩阵由外积构造，则对角线元素包含了测量 $|\psi\rangle = \alpha|0\rangle + \beta|1\rangle$ 的基态的概率。

$$|\psi\rangle\langle\psi| = \begin{bmatrix} \alpha \\ \beta \end{bmatrix} \begin{bmatrix} \alpha^* & \beta^* \end{bmatrix} = \begin{bmatrix} \boxed{\alpha\alpha^*} & \alpha\beta^* \\ \beta\alpha^* & \boxed{\beta\beta^*} \end{bmatrix}$$

由于上述构造密度矩阵的方式，它代表描述的是一个纯态，即它不与其他状态纠缠，也不与其他任何事物混合在一起。相应地，密度矩阵的迹为 1，等于所有状态概率的和。

2.4 辅助函数

在编程过程中，通常需要一小组辅助函数，它们将会在几个地方用到，但并不属于任何特定的核心模块。因此，将它们收集在 lib/helper.py 文件的开源存储库中。

2.4.1 比特转换

经常需要将十进制数和它的二进制表示（0 和 1 的元组）进行转换，下面两个辅助函数可以让它的实现更加简单：

```
def bits2val(bits: List[int]) -> int:
    """For a given enumerable 'bits', compute the decimal integer."""

    # We assume bits are given in high to low order. For example,
```

```
    # the bits [1, 1, 0] will produce the value 6.
    return sum(v * (1 << (len(bits)-i-1)) for i, v in enumerate(bits))

def val2bits(val: int, nbits: int) -> List[int]:
    """Convert decimal integer to list of {0, 1}."""

    # We return the bits in order high to low. For example,
    # the value 6 is being returned as [1, 1, 0].
    return [int(c) for c in format(val, '0{}b'.format(nbits))]
```

2.4.2 比特迭代

有时需要对 0 和 1 的所有可能组合进行迭代，即枚举长度为 nbits 的所有二进制数。请注意下面使用的 Python yield 构造，它可以允许 nbits 函数在 Python for 循环中使用。

```
def bitprod(nbits: int) -> Iterable[int]:
    """Produce the iterable cartesian of nbits {0, 1}."""

    for bits in itertools.product([0, 1], repeat=nbits):
        yield bits
```

2.5 算子

前文已经讨论过量子比特和量子态。在量子计算中，这些状态是如何被改变的？经典比特通过逻辑门进行操作，如与（AND）、或（OR）、异或（XOR）和与非（NAND）。在量子计算中，量子比特和量子态随算子（operator）而改变。在量子计算机中，算子可以看作指令集架构（Instruction Set Architecture，ISA）。虽然它不同于典型经典计算机的 ISA，但仍然是一个 ISA，并使计算在量子计算机中成为可能。

本节将讨论算子的结构、性质以及如何将它们作用于量子态上。所有源代码都在开源存储库中，在 lib/ops.py 文件中。

2.5.1 酉算子

任何维数为 2^n 的酉矩阵都可以看作量子算子。算子也被称为门（gate），类似于经典逻辑门。作用于状态向量的酉矩阵不改变状态向量的模，即它们是保范的。状态向量通过概率振幅来描述概率。以下证明对一个量子态应用算子可能会改变状态向量中个别的概率振幅，但所有概率加起来仍然必须等于 1.0。

为了证明 U 是保范的，需要证明 $\langle Uv|Uw\rangle = \langle v|w\rangle$。这是为了证明如果 U 内积的结构不改变，它也必然保范：

$$\langle Uv|Uw\rangle = (v^\dagger U^\dagger)(Uw) = v^\dagger(U^\dagger U)w$$

因为 U 是酉算子，根据 $(U^\dagger U) = I$ 有 $v^\dagger(U^\dagger U)w = v^\dagger w = \langle v, w\rangle$。

同时，上述证明中若 $v^{\dagger}(U^{\dagger}U)w = v^{\dagger}w = \langle v, w \rangle$，则意味着 $(U^{\dagger}U) = I$，即任意保范算子必须是酉的。

单量子比特门的一个例子是单位门，当应用它时，它不会改变量子态：

$$\begin{bmatrix} 1 & 0 \\ 0 & 1 \end{bmatrix}\begin{bmatrix} \alpha \\ \beta \end{bmatrix} = \begin{bmatrix} \alpha \\ \beta \end{bmatrix}$$

另一个例子是 X 门（即 2.6.2 节描述的 Pauli X 门），它交换量子态的概率振幅：

$$\begin{bmatrix} 0 & 1 \\ 1 & 0 \end{bmatrix}\begin{bmatrix} \alpha \\ \beta \end{bmatrix} = \begin{bmatrix} \beta \\ \alpha \end{bmatrix}$$

本节后面将详细介绍许多标准门。值得注意的是，因为 $UU^{\dagger} = I$，所以酉矩阵必然是可逆的。因此，所有（酉）量子门都是可逆的，它们的逆即为它们的共轭转置。另一方面，埃尔米特矩阵不一定是酉的。在 2.15 节，读者将看到用于测量的埃尔米特算子既不是酉的也不是可逆的。

2.5.2 基类

由于算子是矩阵，因此从 Tensor 基类中衍生出它们，并提供常用的输出函数：

```python
class Operator(tensor.Tensor):
    """Operators are represented by square, unitary matrices."""

    def __repr__(self) -> str:
        s = 'Operator('
        s += super().__str__().replace('\n', '\n' + ' ' * len(s))
        s += ')'
        return s

    def __str__(self) -> str:
        s = f'Operator for {self.nbits}-qubit state space.'
        s += ' Tensor:\n'
        s += super().__str__()
        return s
```

可以简单地借助 numpy 计算伴随：

```python
def adjoint(self) -> Operator:
    return Operator(np.conj(self.transpose()))
```

numpy 包有输出数组的例程，但是添加了另一个 dump 函数，它产生更精简的输出，使得更容易看到矩阵结构，而不是一个高精度的值。这个功能可以被快速调整从而在具有挑战性的调试过程中提供帮助。

```python
def dump(self,
         description: Optional[str] = None,
         zeros: bool = False) -> None:
    res = ''
```

```
if description:
    res += f'{description} ({self.nbits}-qubits operator)\n'
for row in range(self.shape[0]):
    for col in range(self.shape[1]):
        val = self[row, col]
        res += f'{val.real:+.1f}{val.imag:+.1f}j  '
    res += '\n'
if not zeros:
    res = res.replace('+0.0j', '    ')
    res = res.replace('+0.0', ' - ')
    res = res.replace('-0.0', ' - ')
    res = res.replace('+', ' ')
print(res)
```

下面是一个 2 量子比特算子的例子，通过 dumper 函数和 numpy 自己的输出函数⊖共同进行输出：

```
# dump
0.5      0.5      0.5      0.5
0.5     -0.5      0.5     -0.5
0.5      0.5     -0.5     -0.5
0.5     -0.5     -0.5      0.5


# numpy print
Operator for 2-qubit state space. Tensor:
[[ 0.49999997+0.j  0.49999997+0.j  0.49999997+0.j  0.49999997+0.j]
 [ 0.49999997+0.j -0.49999997+0.j  0.49999997+0.j -0.49999997+0.j]
 [ 0.49999997+0.j  0.49999997+0.j -0.49999997+0.j -0.49999997+0.j]
 [ 0.49999997+0.j -0.49999997+0.j -0.49999997+0.j  0.49999997-0.j]]
```

2.5.3 算子的作用

酉算子作用在状态向量上是矩阵 – 向量乘法 (算子是矩阵，量子态是向量)。在 Python 中，为此定义了函数 operator()。如果有一个门 X 和一个态 psi，那么可以通过 new_psi = ops.X(psi) 来应用门 X。__call__ 函数本身只是包装了接下来定义的 apply 函数。值得注意的是，__call__ 函数可以接受一个状态和一个算子作为其参数。

```
def __call__(self,
             arg: Union[state.State, ops.Operator],
             idx: int = 0) -> state.State:
    return self.apply(arg, idx)
```

接下来，开始构建算子作用于量子态的函数。最初的版本相当不完整，使用 numpy 的矩阵乘法函数 np.matmul 对状态向量应用算子：

⊖ numpy 也有一个非常灵活的方式来设置输出，见 https://numpy.org/doc/stable/reference/generated/numpy.set_printoptions.html。

```
def apply(self,
          arg: Union[state.State, ops.Operator],
          idx: int) -> state.State:
    """Apply operator to a state or operator."""

    [...]
    if not isinstance(arg, state.State):
        raise AssertionError('Invalid parameter, expected State.')
    [...]
    return state.State(np.matmul(self, arg))
```

算子也能作用在另一个算子上，这种情况下是矩阵－矩阵乘法。那么当按顺序应用多个算子时，该如何实现呢？

假设有一个 X 门和一个 Y 门（稍后会介绍），如果希望它们按顺序执行，可以在 Python 中如下编写，其中门作用于量子态并返回更新后的量子态：

```
psi_1 = X(psi_0)
psi_2 = Y(psi_1)
```

上述是赋值的过程，注意不要与表示相等的数学符号（$x = y$）混淆。在 Python 中，可以省略索引并选择覆盖单个状态变量 psi。

接下来详细介绍量子电路的表示，如下所示，随着算法进行，电路的流程由左至右执行：

$$|0\rangle - \boxed{X} - \boxed{Y} - |\psi\rangle$$

在函数的调用中，也会从左至右书写符号。但值得注意的是，函数参数先求值意味着先作用：

```
# The function call should mirror this semantic
#   X(Y)
```

因此，如果要将算子组合作为矩阵乘积进行应用，必须颠倒它们的顺序（@ 是 Python 中的矩阵乘法算子）：

```
# But in a combined operator matrix, Y comes first:
#   (Y @ X)(psi)
```

这导致了 apply 仍然不能被完整实现，假设算子和状态向量的规模匹配：

```
def apply(self,
          arg: Union[state.State, ops.Operator],
          idx: int) -> Union[state.State, ops.Operator]:
    """Apply operator to a state or operator."""

    if isinstance(arg, Operator):
        if self.nbits != arg.nbits:
            raise AssertionError('Operator with mis-matched dimensions.')

        # Note: We reverse the order in this matmul. So:
        #   X(Y) == Y @ X
        #
```

```
# This is to mirror that for a circuit like this:
#    --- X --- Y --- psi
#
# Incrementally updating states we would write:
#   psi = X(psi)
#   psi = Y(psi)
#
# But in a combined operator matrix, Y comes first:
#   (YX)(psi)
#
# The function call should mirror this semantic, since parameters
# are typically evaluated first (and this mirrors the left to
# right in the circuit notation):
#   X(Y) = YX
#
return arg @ self

if not isinstance(arg, state.State):
  raise AssertionError('Invalid parameter, expected State.')

# Note the reversed order compared to above.
return state.State(np.matmul(self, arg))
```

2.5.4 多量子比特

上面的代码实现了在单量子比特上应用量子门。但如果是由 3 个量子比特组成的量子态，即包含 2^3 个复数的量子态，当把 2×2 的门作用到它们张量积中的 1 个量子比特上时，这又如何处理呢？这种情况需运用张量积的关键性质式（1.6）：

$$(A \otimes B)(a \otimes b) = (Aa) \otimes (Bb)$$

可以利用这个性质和单位门 I，也就是矩阵

$$I = \begin{bmatrix} 1 & 0 \\ 0 & 1 \end{bmatrix}$$

对任意量子比特应用 I 使量子比特保持不变。例如，将 X 门（前面讨论过）作用于 3 量子比特的量子态下的第 2 个量子比特，方法是求 I、X 门和另一个 I 的张量积，得到一个 8×8 矩阵：

```
psi = state.bitstring(0, 0, 0)
op = ops.Identity() * ops.PauliX() * ops.Identity()
psi = op(psi)
psi.dump()
```

初始状态用狄拉克符号表示为：

$$|\psi_0\rangle = |0\rangle \otimes |0\rangle \otimes |0\rangle$$

将 $|000\rangle$ 解释为 0 的二进制表示（最低有效位在右边），意味着状态向量中 8 个元素的第

0 个元素应该是 1.0，这可以通过转存这个量子态进行确定：

```
1.0  0.0  0.0  0.0  0.0  0.0  0.0  0.0
```

通过以下方式将 X 门作用在量子比特 1 上：

$$|\psi_1\rangle = (I \otimes X \otimes I)|\psi_0\rangle$$

根据式（1.6），该量子态会变为：

$$|\psi_1\rangle = I|0\rangle \otimes X|0\rangle \otimes I|0\rangle$$

X 门翻转了概率振幅。换言之，它将 $|0\rangle$ 翻转为 $|1\rangle$（或将 $|1\rangle$ 翻转为 $|0\rangle$）。因此，应用上述量子门后的 $|\psi_1\rangle$ 为：

$$|\psi_1\rangle = |0\rangle \otimes |1\rangle \otimes |0\rangle$$

这意味着原来的初始状态变为 2 的二进制表示 $|010\rangle$，状态向量第 2 个元素的值将变为 1.0：

```
0.0  0.0  1.0  0.0  0.0  0.0  0.0  0.0
```

为了按顺序应用多个算子，可以将它们各自的扩展算子相乘，以构建单个组合算子。例如，为了将 X 门作用于量子比特 1，Y 门作用于量子比特 2，可以这样写：

```
psi = state.bitstring(0, 0, 0)
opx = ops.Identity() * ops.PauliX() * ops.Identity()
opy = ops.Identity() * ops.Identity() * ops.PauliY()
big_op = opx(opy)
psi = big_op(psi)
```

值得注意的是，此处有一个快捷符号 A_i，用于表明量子门 A 作用于量子比特 i，这意味着该算子两侧需填充单位矩阵。对于上面的例子中，将 X 门作用于量子比特 1，Y 门作用于量子比特 2，将编写为 X_1Y_2。

当然，在性能方面，为 n 个量子比特构建完整的组合算子是最糟糕的情况，因为必须使用大小为 $(2^n)^2$ 的矩阵执行完整的矩阵乘法。矩阵乘法的复杂度是 $O(n^3)$ ⊖。由于矩阵 – 向量乘积的复杂度为 $O(n^2)$，因此根据量子门的数量单独应用量子门会更高效。

```
psi = state.bitstring(0, 0, 0)
opx = ops.Identity() * ops.PauliX() * ops.Identity()
psi = opx(psi)
opy = ops.Identity() * ops.Identity() * ops.PauliY()
psi = opy(psi)
```

当然，在下面这个特殊的例子中，可以简单地将两个量子门组合起来：

```
psi = state.bitstring(0, 0, 0)
opxy = ops.Identity() * ops.PauliX() * ops.PauliY()
psi = opxy(psi)
```

⊖ 这是一个近似值，将会在很多地方用到它。已知更有效的算法，例如复杂度为 $O(2^{2.3752477})$ 的 Coppersmith-Winograd 算法。

2.5.5　算子填充

对算子两侧填充单位矩阵这个过程较为烦琐且容易出错。如果是在索引 idx 的量子比特上作用一个算子，由计算机自身完成剩余的内容将会非常方便。而这就是算子填充（operator padding）所要做的，接下来将对其进行实现。

为了将给定的量子门（此处是 X 门）作用在给定的量子态 psi 的索引 idx 的量子比特上，可以如下编写：

```
X = ops.PauliX()
psi = X(psi, idx)
```

为了实现这一点，增加了 Operator 的函数调用算子。若索引作为参数提供，则用单位矩阵填充该索引的算子。然后，计算给定算子的大小（可以大于 2×2），如果得到的矩阵维度仍然小于它所作用的状态，就用单位矩阵进一步填充它。在上面的例子中，可以通过如下语句替代：

```
psi = state.bitstring(0, 0, 0)
opx = ops.Identity() * ops.PauliX() * ops.Identity()
psi = opx(psi)
```

现在可以写出下面的代码。注意，PauliX() 的第一对括号返回一个简单的 2×2 Operator 对象，(psi, 1) 是传递给算子的函数调用算子 __call__ 的参数，它委托给 apply 函数，并完成自动填充的过程。

```
psi = state.bitstring(0, 0, 0)
psi = ops.PauliX()(psi, 1)
```

由此，可以完成 apply 的实现：

```
def apply(self,
          arg: Union[state.State, ops.Operator],
          idx: int) -> Union[state.State, ops.Operator]:
    """Apply operator to a state or operator."""

    if isinstance(arg, Operator):
      arg_bits = arg.nbits
      if idx > 0:
        arg = Identity().kpow(idx) * arg
      if self.nbits > arg.nbits:
        arg = arg * Identity().kpow(self.nbits - idx - arg_bits)

      if self.nbits != arg.nbits:
        raise AssertionError('Operator(O) with mis-matched dimensions.')

      #
      # [... Comment block as shown above]
      #
      return arg @ self

    if not isinstance(arg, state.State):
```

```
    raise AssertionError('Invalid parameter, expected State.')

op = self
if idx > 0:
  op = Identity().kpow(idx)  * op
if arg.nbits - idx - self.nbits > 0:
  op = op * Identity().kpow(arg.nbits - idx - self.nbits)

return state.State(np.matmul(op, arg))
```

2.6 单量子比特门

本节将介绍量子计算中常用的单量子比特门，它们相当于经典计算中的逻辑门。理解基本的逻辑门有助于构建更复杂的电路。量子门也是类似的，必须了解它们的功能，才能将它们组合成更有趣的电路。然而，在大多数情况下，量子门的功能与经典的逻辑门有很大的不同。

接下来将从简单的门开始讨论，然后讨论更复杂的旋转门和量子门的求根，最后讨论重要的 Hadamard 门，它将量子比特从基态转变为基态的叠加态。

对于每个门，定义了一个构造函数并允许传递一个维度参数（dimension parameter）d，这允许通过相同的底层单量子比特门构造多量子比特算子。例如，前面示例中的单位门就可以不用特意编写出来：

```
y2 = ops.Identity() * ops.Identity() * ops.PauliY()
```

可以进一步精简：

```
y2 = ops.Identity(2) * ops.PauliY()
```

上述程序计算了下面的张量积。注意 Y_2 的下标，这表明这里的 Y 门只作用于量子比特 2。

$$Y_2 = I \otimes I \otimes Y = I^{\otimes 2} \otimes Y$$

2.6.1 单位门

前文已经提到过单位门，其矩阵形式如下：

$$I = \begin{bmatrix} 1 & 0 \\ 0 & 1 \end{bmatrix}$$

将其作用于量子态不会改变量子态：

$$\begin{bmatrix} 1 & 0 \\ 0 & 1 \end{bmatrix} \begin{bmatrix} \alpha \\ \beta \end{bmatrix} = \begin{bmatrix} \alpha \\ \beta \end{bmatrix}$$

编码实现单位门如下，这是几乎所有门构造函数常见的使用模式：

```
def Identity(d: int = 1) -> Operator:
    return Operator(np.array([[1.0, 0.0], [0.0, 1.0]])).kpow(d)
```

2.6.2 Pauli 矩阵

本小节将介绍的三个 Pauli 矩阵是量子计算中不可缺少的部分，许多地方都有其应用，在接下来的学习中将会见到。Pauli 矩阵通常表示为 $\sigma_x, \sigma_y, \sigma_z$ 或者 $\sigma_1, \sigma_2, \sigma_3$。有时，也会把单位矩阵 I 作为第一个 Pauli 矩阵 σ_0。

Pauli X 门也被称为 X 门、量子非门或简称为 X。它被称为非门是因为它能以下面方式"翻转"基态：

$$X|0\rangle = |1\rangle \text{ 和 } X|1\rangle = |0\rangle$$

这可能会引起读者困惑，尤其是初学者。这里需要澄清一下，基态本身是不会变化的，它们代表着物理状态。X 门交换的是它们的概率振幅：

$$X|\psi\rangle = \begin{bmatrix} 0 & 1 \\ 1 & 0 \end{bmatrix} \begin{bmatrix} \alpha \\ \beta \end{bmatrix} = \begin{bmatrix} \beta \\ \alpha \end{bmatrix}$$

所以它将 $|\psi\rangle = \alpha|0\rangle + \beta|1\rangle$ 改变为 $|\psi\rangle = \beta|0\rangle + \alpha|1\rangle$，这对 α 和 β 的任何值都起作用，包括 α 或 β 其中一个是 0 另一个是 1 的情况。编码实现如下：

```
def PauliX(d: int = 1) -> Operator:
    return Operator(np.array([[0.0j, 1.0], [1.0, 0.0j]])).kpow(d)
```

Pauli Y 门，简称为 Y 门，如下所示：

$$Y|\psi\rangle = \begin{bmatrix} 0 & -i \\ i & 0 \end{bmatrix} \begin{bmatrix} \alpha \\ \beta \end{bmatrix} = \begin{bmatrix} -i\beta \\ i\alpha \end{bmatrix}$$

```
def PauliY(d: int = 1) -> Operator:
    return Operator(np.array([[0.0, -1.0j], [1.0j, 0.0]])).kpow(d)
```

Pauli Z 门，简称为 Z 门或被称为相位翻转门，它翻转了第 2 个量子比特的符号。

$$Z|\psi\rangle = \begin{bmatrix} 1 & 0 \\ 0 & -1 \end{bmatrix} \begin{bmatrix} \alpha \\ \beta \end{bmatrix} = \begin{bmatrix} \alpha \\ -\beta \end{bmatrix}$$

换言之，它将 $|\psi\rangle = \alpha|0\rangle + \beta|1\rangle$ 改变为 $|\psi\rangle = \alpha|0\rangle - \beta|1\rangle$。再次强调，基态并未发生改变，改变的是系数 β 的符号。Z 门的构造函数与前面类似：

```
def PauliZ(d: int = 1) -> Operator:
    return Operator(np.array([[1.0, 0.0], [0.0, -1.0]])).kpow(d)
```

Pauli 矩阵与单位矩阵一起构成了 2×2 埃尔米特矩阵的向量空间的一组基。这意味着所有的 2×2 埃尔米特矩阵可以通过 Pauli 矩阵的线性组合进行构造，它们的特征值都是 1.0 或 -1.0。Pauli 矩阵也是对合矩阵：

$$II = XX = YY = ZZ = I$$

2.6.3 旋转

旋转算子是通过 Pauli 矩阵的幂构造的。它们的影响可以通过围绕 Bloch 球的旋转来最好地表现出来。本书将在 2.9 节更详细地讨论 Bloch 球。简而言之，每个量子比特都可以可视化为半径为 1.0 的三维球体上的一个点，如图 2.1 所示。$|0\rangle$ 态和 $|1\rangle$ 态分别位于北极和南极。

将门作用在量子比特上，量子比特对应的点从一个表面点移动到另一个表面点。Bloch 球是三维的，具有 x、y 和 z 轴，因此量子比特在球体上有相应的坐标，且可以到达球面上的任何一点。其中，球面坐标为 $r=1$，两个角为 θ 和 ϕ。绕 z 轴的旋转 $e^{i\phi}$ 称为相对相位（relative phase）。

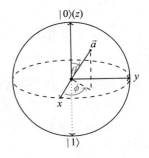

图 2.1　Bloch 球及其 x、y、z 轴

$$|\psi\rangle = \cos\left(\frac{\theta}{2}\right)|0\rangle + e^{i\phi}\sin\left(\frac{\theta}{2}\right)|1\rangle$$

在 Pauli 矩阵的帮助下，定义关于正交轴 x、y 和 z 的旋转为

$$R_x(\theta) = e^{i\frac{\theta}{2}X}$$

$$R_y(\theta) = e^{i\frac{\theta}{2}Y}$$

$$R_z(\theta) = e^{i\frac{\theta}{2}Z}$$

可以证明，若一个算子是对合的，则：

$$e^{i\theta A} = \cos(\theta)I + i\sin(\theta)A$$

以下进行详细证明，如果算子函数 $f(A)$ 有如下幂级数展开：

$$f(A) = c_0 I + c_1 A + c_2 A^2 + c_3 A^3 + \cdots$$

对于指数 e^A，有：

$$f(A) = e^A = I + A + \frac{A^2}{2!} + \frac{A^3}{3!} + \frac{A^4}{4!} + \cdots$$

对于函数 $e^{i\theta A}$，有

$$e^{i\theta A} = I + i\theta A - \frac{(\theta A)^2}{2!} - i\frac{(\theta A)^3}{3!} + \frac{(\theta A)^4}{4!} + \cdots$$

若算子是对合的，并且满足 $A^2 = I$，则可以将其重新排列为 $\sin(\cdot)$ 和 $\cos(\cdot)$ 的泰勒级数，如下式所示：

$$e^{i\theta A} = I + i\theta A - \frac{\theta^2 I}{2!} - i\frac{\theta^3 A}{3!} + \frac{\theta^4 I}{4!} + \cdots$$

$$= \left(1 - \frac{\theta^2}{2!} + \frac{\theta^4}{4!} - \cdots\right)I + i\left(\theta - \frac{\theta^3}{3!} + \frac{\theta^5}{5!} - \cdots\right)A$$

$$= \cos(\theta)I + i\,\sin(\theta)A$$

Pauli 矩阵是对合的，即 $II = XX = YY = ZZ = I$。因此，结合上述表达式，得到旋转算子如下：

$$R_x(\theta) = e^{-i\frac{\theta}{2}X} = \cos\left(\frac{\theta}{2}\right)I - i\,\sin\left(\frac{\theta}{2}\right)X$$

$$= \begin{bmatrix} \cos\left(\dfrac{\theta}{2}\right) & -i\sin\left(\dfrac{\theta}{2}\right) \\ -i\sin\left(\dfrac{\theta}{2}\right) & \cos\left(\dfrac{\theta}{2}\right) \end{bmatrix}$$

$$R_y(\theta) = e^{-i\frac{\theta}{2}Y} = \cos\left(\frac{\theta}{2}\right)I - i\,\sin\left(\frac{\theta}{2}\right)Y$$

$$= \begin{bmatrix} \cos\left(\dfrac{\theta}{2}\right) & -\sin\left(\dfrac{\theta}{2}\right) \\ \sin\left(\dfrac{\theta}{2}\right) & \cos\left(\dfrac{\theta}{2}\right) \end{bmatrix}$$

$$R_z(\theta) = e^{-i\frac{\theta}{2}Z} = \cos\left(\frac{\theta}{2}\right)I - i\,\sin\left(\frac{\theta}{2}\right)Z$$

$$= \begin{bmatrix} e^{-i\frac{\theta}{2}} & 0 \\ 0 & e^{i\frac{\theta}{2}} \end{bmatrix}$$

这也进一步解释了为什么 Pauli Z 门是相位翻转门。应用这个门将把量子比特的 $|1\rangle$ 部分绕 z 轴旋转 ϕ。当 $\phi = \pi$ 时，$e^{i\phi} = -1$，相当于旋转了 $180°$。这个结果也被称为 Euler 恒等式：

$$e^{i\pi} = -1$$

在一般情况下，任意轴 $\hat{n} = (n_0, n_1, n_2)$ 的旋转可以被如下定义：

$$R_{\hat{n}} = \exp\left(-i\theta\hat{n}\frac{1}{2}\hat{\sigma}\right)$$

读者将在 6.15.3 节了解到更多关于一般旋转以及如何计算轴和旋转角度的内容。现在，可以专注于标准笛卡儿 (x, y, z) 轴旋转的实现：

```python
# Cache Pauli matrices for performance reasons.
_PAULI_X = PauliX()
_PAULI_Y = PauliY()
_PAULI_Z = PauliZ()

def Rotation(v: np.ndarray, theta: float) -> np.ndarray:
```

```
        """Produce the single-qubit rotation operator."""

        v = np.asarray(v)
        if (v.shape != (3,) or not math.isclose(v @ v, 1) or
            not np.all(np.isreal(v))):
            raise ValueError('Rotation vector must be 3D real unit vector.')

        return np.cos(theta / 2) * Identity() - 1j * np.sin(theta / 2) * (
            v[0] * _PAULI_X + v[1] * _PAULI_Y + v[2] * _PAULI_Z)

    def RotationX(theta: float) -> Operator:
        return Rotation([1., 0., 0.], theta)

    def RotationY(theta: float) -> Operator:
        return Rotation([0., 1., 0.], theta)

    def RotationZ(theta: float) -> Operator:
        return Rotation([0., 0., 1.], theta)
```

2.6.4 相位门

相位门，也被称为 S 门或 $Z90$ 门，代表着 $|1\rangle$ 部分绕 z 轴旋转 $90°$ 的相位。因为这种旋转非常常见，所以对这种旋转进行了命名。其矩阵形式如下：

$$S = \begin{bmatrix} 1 & 0 \\ 0 & i \end{bmatrix}$$

它可以由角度 $\phi = \pi / 2$ 的 Euler 公式推导得出：

$$e^{i\phi} = \cos(\phi) + i\sin(\phi)$$

$$e^{i\pi/2} = \cos(\pi / 2) + i\sin(\pi / 2) = i$$

值得注意的是，这与旋转 Z 门有一个非常重要的区别。S 门的虚数 i 仅影响一个量子比特的第二部分，代表一个 $90°$ 的旋转。由于算子的左上角的 1.0，所以量子比特的第一部分是不变的。但旋转 Z 门对量子比特的两个部分都有影响。编码如下：

```
    # Phase gate, also called S or Z90. Rotate by 90 deg around z-axis.
    def Phase(d: int = 1) -> Operator:
        return Operator(np.array([[1.0, 0.0], [0.0, 1.0j]])).kpow(d)

    # Phase gate is also called S-gate.
    def Sgate(d: int = 1) -> Operator:
        return Phase(d)
```

可以运行以下简单的实验观察旋转 Z 门和 S 门的区别：

```
    def test_rotation(self):
        rz = ops.RotationZ(math.pi)
        rz.dump('RotationZ pi/2')
        rs = ops.Sgate()
```

```
        rs.dump('S-gate')

        psi = state.qubit(random.random())
        psi.dump('Random state')
        ops.Sgate()(psi).dump('After applying S-gate')
        ops.RotationZ(math.pi)(psi).dump('After applying RotationZ')
```

实验的输出如下：

```
RotationZ pi/2 (1-qubits operator)
 -   -1.0j   -
 -           -   1.0j

S-gate (1-qubits operator)
 1.0         -
 -           -   1.0j

|0> 'Random state'
|0> (|0>):  ampl: +0.51+0.00j prob: 0.26 Phase:    0.0
|1> (|1>):  ampl: +0.86+0.00j prob: 0.74 Phase:    0.0
|0> 'After applying S-gate'
|0> (|0>):  ampl: +0.51+0.00j prob: 0.26 Phase:    0.0
|1> (|1>):  ampl: +0.00+0.86j prob: 0.74 Phase:   90.0
|0> 'After applying RotationZ'
|0> (|0>):  ampl: +0.00-0.51j prob: 0.26 Phase:  -90.0
|1> (|1>):  ampl: +0.00+0.86j prob: 0.74 Phase:   90.0
```

可以看出 S 门只影响量子态的 $|1\rangle$ 部分而旋转 Z 门对两个部分都有影响。然而，也可以发现一个潜在的错误来源——旋转方向，特别是从其他基础设施移植代码时，这是因为不同的基础设施可能以不同的方式去解析角度方向。幸运的是，本书的大部分内容，都避开了这个问题。但是，在编程的过程中如果发现结果与预期不符，应该优先考虑这个原因。

最后，还记得 Z 门以及其和相位门有多相似吗？它们关系是非常容易看出来的——当应用 Z 门时相当于应用两个相位门产生 π 的旋转，每个相位门旋转角度为 $\pi/2$：

$$S^2 = SS = \begin{bmatrix} 1 & 0 \\ 0 & i \end{bmatrix}\begin{bmatrix} 1 & 0 \\ 0 & i \end{bmatrix} = \begin{bmatrix} 1 & 0 \\ 0 & -1 \end{bmatrix} = Z$$

2.6.5 灵活的相位门

在量子傅里叶变换中，将遇到两种不同形式的门，它们以 π 为分式进行相位旋转。

第一种被称为离散相位门（discrete phase gate，R_k 门或称为 Rk 门），是相位门的一种推广。它实现了绕 z 轴以 2 的幂为分式的旋转，比如 $2\pi/2^k$ 中的 $2\pi, \pi, \pi/2, \pi/4, \pi/8$ 等。因为旋转 2π 是一个冗余操作，这个门只有在 $k>0$ 时才有意义。

$$R_k(k) = \begin{bmatrix} 1 & 0 \\ 0 & e^{2\pi i/2^k} \end{bmatrix}$$

```
# Rk is one of the rotation gates used in QFT.
def Rk(k: int, d: int = 1) -> Operator:
    return Operator(np.array([(1.0, 0.0),
            (0.0, cmath.exp(2.0 * cmath.pi * 1j / 2**k))])).kpow(d)
```

另一种形式是 U_1（lambda）门，也被称为相位转移门或相位反转门。

$$U_1(\lambda) = \begin{bmatrix} 1 & 0 \\ 0 & e^{i\lambda} \end{bmatrix}$$

除了允许任意相位角外，与 R_k 类似。在本书中，由于只使用关于 π 的以 2 为底的幂指数为分母的分式，因此门本身的实现很简单：

```
def U1(lam: float, d: int = 1) -> Operator:
    return Operator(np.array([(1.0, 0.0),
                        (0.0, cmath.exp(1j * lam))])).kpow(d)
```

对于 2 的整数次幂，R_k 与 U_1 的关系如下：

$$R_k(0) = U_1(2\pi / 2^0)$$
$$R_k(1) = U_1(2\pi / 2^1)$$
$$R_k(2) = U_1(2\pi / 2^2)$$
$$\vdots$$

因此能很快得到：

```
def test_rk_u1(self):
    for i in range(10):
        u1 = ops.U1(2*math.pi / (2**i))
        rk = ops.Rk(i)
        self.assertTrue(u1.is_close(rk))
```

一些已命名的门实际上只是 R_k 的特殊情况，特别是，单位门、Z 门、S 门和 T 门（将在下面的 2.6.6 节中定义）。下面这个测试代码能更好地进行说明：

```
def test_rk(self):
    rk0 = ops.Rk(0)
    self.assertTrue(rk0.is_close(ops.Identity()))

    rk1 = ops.Rk(1)
    self.assertTrue(rk1.is_close(ops.PauliZ()))

    rk2 = ops.Rk(2)
    self.assertTrue(rk2.is_close(ops.Sgate()))

    rk3 = ops.Rk(3)
    self.assertTrue(rk3.is_close(ops.Tgate()))
```

2.6.6 门的平方根

经典非门的平方根是多少？这在经典计算中是不存在的。然而，在量子计算中，可以

找到矩阵 $\sqrt{X}$，以及其他有意思的门的根，而且许多还进行了命名。正如后文 3.2.7 节的内容所示，根在构建高效的双量子比特门中起着重要的作用。

X 门的根是 V 门。V 门是酉的，因此有 $VV^{\dagger} = I$，且因为它是 X 门的根，所以 $V^2 = X$。V 门定义如下：

$$V = \frac{1}{2}\begin{bmatrix} 1+i & 1-i \\ 1-i & 1+i \end{bmatrix}$$

```python
# V-gate, which is sqrt(X)
def Vgate(d: int = 1) -> Operator:
    return Operator(0.5 * np.array([(1+1j, 1-1j),
                                    (1-1j, 1+1j)])).kpow(d)
```

旋转门的根绕同一轴旋转，方向相同，但角度是原来的一半。从指数形式可以明显看出：

$$\sqrt{e^{i\phi}} = (e^{i\phi})^{\frac{1}{2}} = e^{i\phi/2}$$

相位门（S门）的根也被称为 T 门。S 门代表绕 z 轴 $90°$ 的相位，相应地，T 门等价于绕 z 轴 $45°$。

$$T = \begin{bmatrix} 1 & 0 \\ 0 & e^{i\pi}/4 \end{bmatrix}$$

```python
def Tgate(d: int = 1) -> Operator:
    """T-gate is sqrt(S-gate)."""

    return Operator(
        np.array([[1.0, 0.0],
                  [0.0, cmath.exp(cmath.pi * 1j / 4)]])).kpow(d)
```

Y 门的根没有特殊的名字，但在后面的文本中需要它，所以在这里将其介绍为 Y_{root}。定义为：

$$Y_{\text{root}} = \frac{1}{2}\begin{bmatrix} 1+i & -1-i \\ 1+i & 1+i \end{bmatrix}$$

```python
def Yroot(d: int = 1) -> Operator:
    """Root of Y-gate."""

    return Operator(0.5 * np.array([(1+1j, -1-1j),
                                    (1+1j, 1+1j)])).kpow(d)
```

此外，还有其他有趣的根，但上面叙述的是将在本文中遇到的主要根。可以用下面的代码来验证根的正确实现：

```python
def test_t_gate(self):
    """Test that T^2 == S."""

    t = ops.Tgate()
```

```
        self.assertTrue(t(t).is_close(ops.Phase()))

    def test_v_gate(self):
        """Test that V^2 == X."""

        v = ops.Vgate()
        self.assertTrue(v(v).is_close(ops.PauliX()))

    def test_yroot_gate(self):
        """Test that Yroot^2 == Y."""

        yr = ops.Yroot()
        self.assertTrue(yr(yr).is_close(ops.PauliY()))
```

寻找闭合形式的根是相当麻烦的。如果出现了这个问题，可以简单地使用 scipy 函数 sqrtm()。但要使其生效，必须安装 scipy：

```
from scipy.linalg import sqrtm
[...]
computed_yroot = sqrtm(ops.PauliY())
self.assertTrue(ops.Yroot().is_close(computed_yroot))
```

2.6.7 投影算子

给定量子态的投影算子，或简称为投影算子（projector），是该量子态与其自身的外积。同时，这也是密度矩阵的定义，但投影通常由基态构成。术语投影来源于一个简单的事实，即将基态的投影作用于给定的量子态从而提取基态的振幅。状态被投影到基态上，类似于余弦是二维向量在 x 轴上的投影。接下来看看它是如何实施的，投影定义为：

```
    def Projector(psi: state.State) -> Operator:
        """Construct projection operator for basis state."""

        return Operator(psi.density())
```

$|0\rangle$ 态和 $|1\rangle$ 态的投影是：

$$P_{|0\rangle} = \begin{bmatrix} 1 \\ 0 \end{bmatrix} \begin{bmatrix} 1 & 0 \end{bmatrix} = \begin{bmatrix} 1 & 0 \\ 0 & 0 \end{bmatrix}$$

$$P_{|1\rangle} = \begin{bmatrix} 0 \\ 1 \end{bmatrix} \begin{bmatrix} 0 & 1 \end{bmatrix} = \begin{bmatrix} 0 & 0 \\ 0 & 1 \end{bmatrix}$$

将 $|0\rangle$ 态的投影算子作用于一个随机量子比特上能得到该量子比特在 $|0\rangle$ 态的概率振幅（$|1\rangle$ 态的投影算子同理）：

$$P_{|0\rangle} |\psi\rangle = |0\rangle\langle 0| (\alpha |0\rangle + \beta |1\rangle) = \alpha |0\rangle$$

投影算子是埃尔米特算子，因此 $P = P^{\dagger}$，但注意投影算子不是酉的，也不是可逆的。若投影算子的基态归一化，则该投影算子等于其自身的平方（$P = P^2$），即它是幂等的，这个结果将在稍后关于测量的章节部分中使用。与基态类似，当且仅当两个投影算子的乘积为 0 时，它们是正交的，这意味着对于每个状态：

$$P_{|0\rangle}P_{|1\rangle}|\psi\rangle = \vec{0}$$

总的来说，你可以把外积 $|r\rangle\langle c|$ 想象成一个矩阵的二维索引 $[r,c]$，这被称为算子的外积表示。

$$A = \begin{bmatrix} a & b \\ c & d \end{bmatrix} = a|0\rangle\langle 0| + b|0\rangle\langle 1| + c|1\rangle\langle 0| + d|1\rangle\langle 1|$$

这也适用于更大的算子。例如，对于只有一个非零元素 α 的双量子比特算子 U：

$$U = \begin{matrix} & \begin{matrix} |00\rangle & |01\rangle & |10\rangle & |11\rangle \end{matrix} \\ \begin{matrix} |00\rangle \\ |01\rangle \\ |10\rangle \\ |11\rangle \end{matrix} & \begin{pmatrix} 0 & 0 & 0 & 0 \\ 0 & 0 & 0 & 0 \\ 0 & 0 & 0 & 0 \\ 0 & \alpha & 0 & 0 \end{pmatrix} \end{matrix}$$

该算子中单个非零元素 α 的外积表示为 $\alpha|11\rangle\langle 01|$，索引模式为 $|row\rangle\langle col|$。这种表示在推导的过程中比处理完整矩阵更方便。例如，为了表达 X 门在量子比特上的作用，可以这样写：

$$X = \begin{bmatrix} 0 & 1 \\ 1 & 0 \end{bmatrix} = |0\rangle\langle 1| + |1\rangle\langle 0|$$

$$X(\alpha|0\rangle + \beta|1\rangle)$$
$$= (|0\rangle\langle 1| + |1\rangle\langle 0|)(\alpha|0\rangle + \beta|1\rangle)$$
$$= |0\rangle\langle 1|\alpha|0\rangle + |0\rangle\langle 1|\beta|1\rangle + |1\rangle\langle 0|\alpha|0\rangle + |1\rangle\langle 0|\beta|1\rangle$$
$$= \alpha|0\rangle\underbrace{\langle 1|0\rangle}_{=0} + \beta|0\rangle\underbrace{\langle 1|1\rangle}_{=1} + \alpha|1\rangle\underbrace{\langle 0|0\rangle}_{=1} + \beta|1\rangle\underbrace{\langle 0|1\rangle}_{=0}$$
$$= \beta|0\rangle + \alpha|1\rangle$$

2.6.8 Hadamard 门

最后，将介绍最重要的 Hadamard 门，其形式如下：

$$H = \frac{1}{\sqrt{2}}\begin{bmatrix} 1 & 1 \\ 1 & -1 \end{bmatrix} = \begin{bmatrix} \dfrac{1}{\sqrt{2}} & \dfrac{1}{\sqrt{2}} \\ \dfrac{1}{\sqrt{2}} & -\dfrac{1}{\sqrt{2}} \end{bmatrix}$$

将 Hadamard 门作用于 $|0\rangle$ 和 $|1\rangle$：

$$H|0\rangle = \frac{1}{\sqrt{2}}\begin{bmatrix} 1 & 1 \\ 1 & -1 \end{bmatrix}\begin{bmatrix} 1 \\ 0 \end{bmatrix} = \frac{1}{\sqrt{2}}\begin{bmatrix} 1 \\ 1 \end{bmatrix} = \frac{|0\rangle + |1\rangle}{\sqrt{2}}$$

$$H|1\rangle = \frac{1}{\sqrt{2}}\begin{bmatrix} 1 & 1 \\ 1 & -1 \end{bmatrix}\begin{bmatrix} 0 \\ 1 \end{bmatrix} = \frac{1}{\sqrt{2}}\begin{bmatrix} 1 \\ -1 \end{bmatrix} = \frac{|0\rangle - |1\rangle}{\sqrt{2}}$$

这两个结果都可以表示为 $|0\rangle$ 和 $|1\rangle$ 基的和或差乘以 $1/\sqrt{2}$。它们也有各自的符号名称 $|+\rangle$ 和 $|-\rangle$：

$$H|0\rangle = \frac{|0\rangle + |1\rangle}{\sqrt{2}} = |+\rangle$$

$$H|1\rangle = \frac{|0\rangle - |1\rangle}{\sqrt{2}} = |-\rangle$$

Hadamard 门将 1 个量子比特变成了两个基态的叠加态。这就是 Hadamard 门的重要性——产生叠加态，量子计算的关键成分之一。叠加态也形成一组标准正交基，称为 Hadamard 基，基态为 $|+\rangle$ 和 $|-\rangle$，如上所述。

对于一般状态 $|\psi\rangle = \alpha|0\rangle + \beta|1\rangle$，应用 Hadamard 算子：

$$\begin{aligned} H|\psi\rangle &= H(\alpha|0\rangle + \beta|1\rangle) \\ &= \alpha H|0\rangle + \beta H|1\rangle \\ &= \alpha\frac{|0\rangle + |1\rangle}{\sqrt{2}} + \beta\frac{|0\rangle - |1\rangle}{\sqrt{2}} \\ &= \alpha|+\rangle + \beta|-\rangle \\ &= \frac{\alpha + \beta}{\sqrt{2}}|0\rangle + \frac{\alpha - \beta}{\sqrt{2}}|1\rangle \end{aligned}$$

```python
def Hadamard(d: int = 1) -> Operator:
    return Operator(1 / np.sqrt(2) *
                    np.array([[1.0, 1.0], [1.0, -1.0]])).kpow(d)
```

应用两次 Hadamard 门，第二次的 Hadamard 门相当于逆转了第一次 Hadamard 门的作用，即 Hadamard 门是它自己的逆，$H = H^{-1}$，$HH = I$。它是对合的，像 Pauli 矩阵一样：

$$HH = \frac{1}{\sqrt{2}}\begin{bmatrix} 1 & 1 \\ 1 & -1 \end{bmatrix}\frac{1}{\sqrt{2}}\begin{bmatrix} 1 & 1 \\ 1 & -1 \end{bmatrix} = \frac{1}{2}\begin{bmatrix} 2 & 0 \\ 0 & 2 \end{bmatrix} = \begin{bmatrix} 1 & 0 \\ 0 & 1 \end{bmatrix} = I$$

一种常见的操作是将 Hadamard 门作用于几个相邻的量子比特。若所有这些量子比特都处于 $|0\rangle$ 态，则最终得到的量子态将成为这些量子比特分别应用 Hadamard 门的结果态的均匀叠加（equal superposition），且都具有相同的振幅 $\frac{1}{\sqrt{2^n}}$：

$$H^{\otimes n}|0\rangle^{\otimes n} = \frac{1}{\sqrt{2^n}}\sum_{x \in [0,1]^n}|x\rangle$$

这种结构通常用于 2 个和 3 个量子比特的情况，并用于许多算法和示例中。更具体的说明如下：

$$(H \otimes H)(|0\rangle \otimes |0\rangle) = \frac{1}{2}(|00\rangle + |01\rangle + |10\rangle + |11\rangle)$$

$$(H \otimes H \otimes H)(|0\rangle \otimes |0\rangle \otimes |0\rangle)$$

$$= \frac{1}{\sqrt{2^3}}(|000\rangle + |001\rangle + |010\rangle + |011\rangle + |100\rangle + |101\rangle + |110\rangle + |111\rangle)$$

$$= \frac{1}{\sqrt{2^3}}(|0\rangle + |1\rangle + |2\rangle + |3\rangle + |4\rangle + |5\rangle + |6\rangle + |7\rangle)$$

$$= \frac{1}{\sqrt{2^3}}\sum_{x=0}^{7}|x\rangle = \frac{1}{\sqrt{2^3}}\sum_{x \in \{0,1\}^3}|x\rangle$$

虽然前面已经学习了单量子比特门，并学会了如何构建多量子比特态，但仍然缺少了一个灵活计算的关键因素。在经典计算中十分常见并且似乎对任何类型的算法都必不可少的控制流结构在哪里？这些结构在量子领域中被称为受控门（controlled gate），将在下一节讨论。

2.7 受控门

量子计算没有围绕有条件地执行代码的分支的经典控制流。如前文所述，所有量子比特始终处于激活状态，在量子计算中控制执行过程的是受控量子比特门。

这些门始终作用于量子态，但只在某些条件下显示效果。至少涉及 2 个量子比特：1 个控制位和 1 个受控位。注意，这种形式的双量子比特门不能分解成单量子比特门。

注⊖：在继续下面的内容之前必须对命名进行统一（这是困难的），对受控非门应该称为 controlled not gate、controlled-not gate、Controlled-Not gate，还是 Controlled-Not-Gate 呢？

因此有如下约定：当引用实际的门或门类型时，将使用大写符号 Controlled-Not，有时后面跟着 gate 而不带连字符。对于名称为单字母的标准门，使用连字符，如 X-gate。对于名称较长的门，不会使用连字符，例如 Swap gate 或 Hadamard gate。在数学表示法中，门是用它们的符号名来表示的，比如 X、Y 或 Z。

接下来，通过例子来说明受控门的作用。考虑下述从量子比特 0 到量子比特 1 的受控非门矩阵（写为 CNOT 或 CX）是如何作用于所有 $|0\rangle$ 态和 $|1\rangle$ 态的组合状态的：

$$CX_{0,1} = \begin{bmatrix} 1 & 0 & 0 & 0 \\ 0 & 1 & 0 & 0 \\ 0 & 0 & 0 & 1 \\ 0 & 0 & 1 & 0 \end{bmatrix}$$

可以发现，X 门在这个矩阵的右下方，单位矩阵在左上方，这种形式可能会引起误导，

⊖ 原文这里讨论的是英文对受控非门命名的问题，在本书中相应的门翻译为受控非门、X 门、Hadamard 门等。——译者注

见后文从量子比特 1 到量子比特 0 的受控非门矩阵。一个值得注意的重要的事情是，受控非门是置换矩阵。

将受控非门矩阵作用于 $|00\rangle$ 和 $|01\rangle$，状态不变：

$$CX_{0,1}|00\rangle = \begin{bmatrix} 1 & 0 & 0 & 0 \\ 0 & 1 & 0 & 0 \\ 0 & 0 & 0 & 1 \\ 0 & 0 & 1 & 0 \end{bmatrix}\begin{bmatrix} 1 \\ 0 \\ 0 \\ 0 \end{bmatrix} = \begin{bmatrix} 1 \\ 0 \\ 0 \\ 0 \end{bmatrix} = |00\rangle$$

$$CX_{0,1}|01\rangle = \begin{bmatrix} 1 & 0 & 0 & 0 \\ 0 & 1 & 0 & 0 \\ 0 & 0 & 0 & 1 \\ 0 & 0 & 1 & 0 \end{bmatrix}\begin{bmatrix} 0 \\ 1 \\ 0 \\ 0 \end{bmatrix} = \begin{bmatrix} 0 \\ 1 \\ 0 \\ 0 \end{bmatrix} = |01\rangle$$

将受控非门矩阵作用于 $|10\rangle$ 翻转第二个量子比特得到 $|11\rangle$。

$$CX_{0,1}|10\rangle = \begin{bmatrix} 1 & 0 & 0 & 0 \\ 0 & 1 & 0 & 0 \\ 0 & 0 & 0 & 1 \\ 0 & 0 & 1 & 0 \end{bmatrix}\begin{bmatrix} 0 \\ 0 \\ 1 \\ 0 \end{bmatrix} = \begin{bmatrix} 0 \\ 0 \\ 0 \\ 1 \end{bmatrix} = |11\rangle$$

将受控非门矩阵作用于 $|11\rangle$ 翻转第二个量子比特得到 $|10\rangle$。

$$CX_{0,1}|11\rangle = \begin{bmatrix} 1 & 0 & 0 & 0 \\ 0 & 1 & 0 & 0 \\ 0 & 0 & 0 & 1 \\ 0 & 0 & 1 & 0 \end{bmatrix}\begin{bmatrix} 0 \\ 0 \\ 0 \\ 1 \end{bmatrix} = \begin{bmatrix} 0 \\ 0 \\ 1 \\ 0 \end{bmatrix} = |10\rangle$$

CX 矩阵将第二个量子比特从 $|0\rangle$ 翻转到 $|1\rangle$，或者从 $|1\rangle$ 翻转到 $|0\rangle$，但当且仅当第一个量子比特处于 $|1\rangle$ 态时。第二个量子比特上的 X 门由第一个量子比特控制。任何 2×2 量子门都可以用这种方式控制：受控 Z 门、受控旋转门或任何其他受控 2×2 门。

正如这里所说，CX 门通常是对第二个量子比特的 $|0\rangle$ 和 $|1\rangle$ 态产生影响。只有受控位的振幅被翻转，这很容易从 X 门单独对单量子比特叠加态的影响中看出：

$$X|\psi\rangle = X(\alpha|0\rangle + \beta|1\rangle) = \begin{bmatrix} 0 & 1 \\ 1 & 0 \end{bmatrix}\begin{bmatrix} \alpha \\ \beta \end{bmatrix} = \begin{bmatrix} \beta \\ \alpha \end{bmatrix} = \beta|0\rangle + \alpha|1\rangle$$

CX 矩阵让第一个量子比特控制相邻的第二个量子比特。如果控制位和受控位相隔更远呢？利用投影构造受控酉算子 U 的一般方法如下：

$$CU_{0,1} = P_{|0\rangle} \otimes I + P_{|1\rangle} \otimes U \tag{2.1}$$

值得注意的是，对于受控非门从 1 到 0，你无法在算子中找到 X 门和单位矩阵的结构，不过它仍然是一个置换矩阵：

$$CX_{1,0} = \begin{bmatrix} 1 & 0 & 0 & 0 \\ 0 & 0 & 0 & 1 \\ 0 & 0 & 1 & 0 \\ 0 & 1 & 0 & 0 \end{bmatrix}$$

如果在控制位和受控位之间有 n 个量子比特，n 个单位矩阵也必须被张量在控制位和受控位之间。若控制位的索引大于受控位的索引，则需要对式（2.1）中的张量积顺序进行调换。下面是一个量子比特 2 控制量子比特 0 的门 U 的例子：

$$CU_{2,0} = I \otimes I \otimes P_{|0\rangle} + U \otimes I \otimes P_{|1\rangle}$$

相应的代码实现很简单，但必须确保将正确数量的单位矩阵添加到算子中：

```
# Note on indices for controlled operators:
#
# The important aspects are direction and difference, not absolute
# values. In that regard, these are equivalent:
#   ControlledU(0, 3, U) == ControlledU(1, 4, U)
#   ControlledU(2, 0, U) == ControlledU(4, 2, U)
# We could have used -3 and +3, but felt this representation was
# more intuitive.
#
# Operator matrices are stored with all intermittent qubits
# (as Identities). When applying an operator, the starting qubit
# index can be specified.
def ControlledU(idx0: int, idx1: int, u: Operator) -> Operator:
  """Control qubit at idx1 via controlling qubit at idx0."""

  if idx0 == idx1:
    raise ValueError('Control and controlled qubit must not be equal.')

  p0 = Projector(state.zeros(1))
  p1 = Projector(state.ones(1))
  # space between qubits
  ifill = Identity(abs(idx1 - idx0) - 1)
  # 'width' of U in terms of Identity matrices
  ufill = Identity().kpow(u.nbits)

  if idx1 > idx0:
    if idx1 - idx0 > 1:
      op = p0 * ifill * ufill + p1 * ifill * u
    else:
      op = p0 * ufill + p1 * u
  else:
    if idx0 - idx1 > 1:
      op = ufill * ifill * p0 + u * ifill * p1
    else:
      op = ufill * p0 + u * p1
  return op
```

从这段代码中可以清楚地看出，规模大于 2×2 的算子也可以受控。可以构造受控 – 受控 –…门，这也是大多数有趣的算法所需要的。

这段代码构建了一个大的算子矩阵。这在较大的电路中可能导致一些问题，例如，对于一个有 20 个量子比特的电路，量子比特 0 控制量子比特 19（或任何其他填充算子），算子将是一个大小为 $(2^{20})^2$ *sizeof(complex) 的矩阵，这可能需要 8TB 或 16TB 的内存。在内存中构建如此大的矩阵并且在矩阵 – 向量乘法中使用是非常困难的。正如上述算子的表达方式所展现的，这是因为受到了可实验量子比特数的限制。幸运的是，有一些技术可以显著提高可伸缩性，本书将在第 4 章详细讨论。

还要注意的是，在模拟中，控制位和受控位之间的距离可以是任意的。然而，在实际的量子计算机中，量子比特的相互作用存在拓扑限制。将算法映射到具体的物理拓扑 [IBM（2021b）给出了几个示例] 将引入其他一系列有趣的问题，这些问题将在 8.4 节中讨论。

2.7.1 受控非门

由于受控非门非常常见，因此其有独自的构造函数。本书已在 2.7 节一开始就讨论过受控非门，它的构造函数在代码中实现如下：

```python
def Cnot(idx0: int = 0, idx1: int = 1) -> Operator:
    """Controlled-Not between idx0 and idx1, controlled by |1>."""

    return ControlledU(idx0, idx1, PauliX())
```

基于 0 的受控非门（Controlled-Not-by-0，CNOT0）与受控非门类似，区别在于其控制位受控制位的 |0⟩ 态控制，这可以通过在控制位之前和之后插入 X 门来实现。

```python
def Cnot0(idx0: int = 0, idx1: int = 1) -> Operator:
    """Controlled-Not between idx0 and idx1, controlled by |0>."""

    if idx1 > idx0:
        x2 = PauliX() * Identity(idx1 - idx0)
    else:
        x2 = Identity(idx0 - idx1) * PauliX()
    return x2 @ ControlledU(idx0, idx1, PauliX()) @ x2
```

值得注意的是，这种通过 |0⟩ 态控制门的结构适用于任何目标门。在后文将看到其他的几个例子。

2.7.2 受控 – 受控非门

完整的矩阵构造能以嵌套的方式很好地工作，可以将控制目标扩展到已经处于受控的门。双重受控 X 门也称为 Toffoli 门，或简称 CCX 门。

Toffoli 门在经典计算中非常有趣，因为它可以被证明是一个通用门——任意经典逻辑函数可以仅由它构成。但是，这种普适性在量子计算中并不成立，量子计算中只有一组通用门（见 6.15 节）。

Toffoli 门的工作原理如下：如果前两个输入是 $|1\rangle$，它会翻转第三个量子比特。这通常以逻辑框图的形式显示（∧为逻辑与），如图 2.2 所示。

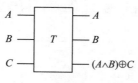

图 2.2　Toffoli 门框图

在矩阵形式中，可以用分块矩阵来描述它，其中 0_n 是一个 $n\times n$ 的零矩阵。注意，改变控制位和受控位的索引可能会破坏这个结构，但矩阵仍然是一个置换矩阵：

$$\begin{bmatrix} I_4 & 0_4 \\ 0_4 & CX \end{bmatrix} = \begin{bmatrix} I_2 & 0_2 & 0_2 & 0_2 \\ 0_2 & I_2 & 0_2 & 0_2 \\ 0_2 & 0_2 & I_2 & 0_2 \\ 0_2 & 0_2 & 0_2 & X \end{bmatrix}$$

代码的构造非常简单，以下是构造双重受控门的一个很好的例子：

```
# Make Toffoli gate out of 2 controlled Cnot's.
#    idx1 and idx2 define the 'inner' cnot.
#    idx0 defines the 'outer' cnot.
#
# For a Toffoli gate to control with qubit 5
# a Cnot from 4 and 1:
#    Toffoli(5, 4, 1)
#
def Toffoli(idx0: int, idx1: int, idx2: int) -> Operator:
    """Make a Toffoli gate."""

    cnot = Cnot(idx1, idx2)
    toffoli = ControlledU(idx0, idx1, cnot)
    return toffoli
```

显然，由于可以构建量子 Toffoli 门，而 Toffoli 门是经典的通用门，因此量子计算机至少具备经典计算机相同的能力。

2.7.3　交换门

交换门是另一个重要的门，它交换了两个量子比特的概率振幅。它的矩阵表示如下：

$$\begin{bmatrix} 1 & 0 & 0 & 0 \\ 0 & 0 & 1 & 0 \\ 0 & 1 & 0 & 0 \\ 0 & 0 & 0 & 1 \end{bmatrix} \tag{2.2}$$

构建受控门的方法并不能产生这种门。但是，事实证明，三个 CNOT 门的序列交换了基态的概率振幅。例如，使用 CX_{10} CX_{01} CX_{10} 可以交换量子比特 0 和量子比特 1。这类似于经典计算中三个异或操作的序列也能交换值，不需要额外的临时存储，比如临时变量或额外的辅助量子比特。当然，还有其他方法也可以构建交换门 [Gidney(2021b) 讲述了一些有趣的例子]。

```python
def Swap(idx0: int = 0, idx1: int = 1) -> Operator:
    """Swap qubits at idx0 and idx1 via combination of Cnot gates."""

    return Cnot(idx1, idx0) @ Cnot(idx0, idx1) @ Cnot(idx1, idx0)
```

2.7.4 受控交换门

像任何其他的酉算子一样，交换门也是可以受控的。双重受控交换门被称为 Fredkin 门。与 Toffoli 门类似，它是经典计算中的通用门，而不是量子计算中的通用门。作为一个黑盒，它代表了如图 2.3 所示的逻辑，这可能有点难以单独分析（∧ 为逻辑与，而 ¬ 为逻辑非）。

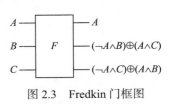

图 2.3　Fredkin 门框图

第一个物理量子 Fredkin 门是最近才建立的（Patel et al.，2016），它被用于构建 GHZ 态，将在 2.11.4 节中进一步描述。

2.8　量子电路表示方法

前面已经学习了量子比特、量子态、算子和量子门的基础知识，以及如何将它们组合成规模更大的电路。前面已经暗示了一种很好的图形化电路的方法，下面讲述它的工作原理。

量子比特是从上到下绘制的，就像之前描述的顺序一样，量子比特从"最高有效位"量子比特到"最低有效位"量子比特排列。这可能会令人困惑，因为可能会自然地将顶部量子比特视为"量子比特 0"，在经典计算中，它表示最低有效位。在解析方程中，顶部量子比特将始终位于状态的左侧，例如 $|1000\rangle$ 中的 1。

这是另一种可视化排序的方法。如果把量子比特的列想象成一个向量，转置这个向量将把顶部量子比特移动到最高有效位（最左边）。

图形上，量子比特的初始状态在最左边，右侧的水平线表示随着算子的作用，状态如何随时间变化。需再次注意，这里没有经典的控制流。所有的门总是在一个组合状态下活动，这个组合状态可以是直积态，也可以是纠缠态。计算从左到右进行。

3 个量子比特的初始状态如下所示，初始状态在电路的左边。通常将量子比特初始化为 $|0\rangle$ 态。然而，由于在 $|0\rangle$ 后插入 X 门或 Hadamard 门的改变可以直接描述，因此可以采取捷径并绘制电路，就好像这些门存在一样：

$|0\rangle$ _____

$|1\rangle$ _____

$|+\rangle$ _____

另外，注意这个电路的量子态是 3 个量子比特的张量积，它是一个组合状态（在这个例子中，这个组合状态仍然是可分离的）。从电路图可以很容易推断出单个、独立的量子比特处于特定状态。然而，现实情况是，量子比特总是处于与其他量子比特的组合状态，要么是可分离的直积态，要么是纠缠态。

在图形上，对第一个量子比特应用 Hadamard 门或任何其他单量子比特算子，如下所示。在应用算子前，状态为 $|\psi_0\rangle = |0\rangle \otimes |0\rangle = [1,0,0,0]^T$。应用算子后，状态为 $|\psi_1\rangle$。可以把状态 $|\psi_1\rangle$ 看作上面的量子比特在 $|0\rangle$ 和 $|1\rangle$ 叠加态下和下面的量子比特在 $|0\rangle$ 态下的张量积。

$$|\psi_0\rangle \qquad |\psi_1\rangle$$

$$|0\rangle - \boxed{H} -$$

$$|0\rangle - - - -$$

在 Hadamard 门前的初始状态为 $|\psi_0\rangle = |0\rangle \otimes |0\rangle = |00\rangle$，是两个 $|0\rangle$ 态的张量积。Hadamard 门作用在上面的量子比特，将 $|0\rangle$ 态变为 $1/\sqrt{2}(|0\rangle + |1\rangle) = |+\rangle$。因此，$|\psi_1\rangle$ 是上面的量子比特和下面的量子比特 $|0\rangle$ 态的张量积：

$$|\psi_1\rangle = |+\rangle \otimes |0\rangle = \frac{|0\rangle + |1\rangle}{\sqrt{2}} \otimes |0\rangle = \frac{1}{\sqrt{2}}(|00\rangle + |10\rangle) \qquad (2.3)$$

在 Hadamard 门之后对量子比特 1 应用 Z 门，得到以下电路：

$$|\psi_1\rangle \qquad |\psi_2\rangle$$

$$|0\rangle - \boxed{H} - - -$$

$$|0\rangle - - - \boxed{Z} -$$

Z 门放在 Hadamard 门右侧说明其在将 Hadamard 门作用于上面的量子比特后再作用于下面的量子比特。我们可以将其视为两个独立的门作用——首先是 Hadamard 门的 H 与 I 的张量积，然后是 I 与 Z 的张量积。这相当于应用了一个由两个张量积相乘构造的双量子比特算子 0（如果以相反的顺序应用，见 2.8.1 节）：

$$O = (I \otimes Z)(H \otimes I)$$

受控 X 门用实心点表示控制位，用加法 – 模 –2 符号 $\oplus$ 表示受控位（不要与张量积的符号 $\otimes$ 混淆）。加法 – 模 –2 的行为类似于二进制异或函数。若受控位是 $|0\rangle$，应用 X 门，则其变为 $|1\rangle$，如 $0 \oplus 1 = 1$。若控制位是 $|1\rangle$，应用 X 门，则将其变为 $|0\rangle$，如 $1 \oplus 1 = 0$。异或给出了与加法 – 模 –2 相同的真值表。在某些情况下，可能更希望看到 X 门，但从结果而言这两者是相同的：

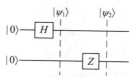

任何单量子比特门都可以通过这种方式受控，例如，Z门：

基于 0 的受控非门可以通过在控制位前后应用 X 门来构建，在电路描绘中通过在控制位上画一个空心圆圈表示：

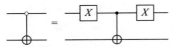

交换门用两个相连的×符号标记，如下面的电路图所示。如前所述，与其他任何门一样，交换门也可以受控：

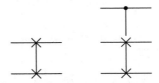

若一个门由多个量子比特控制，则可以用多个黑色或空心圆圈表示，这取决于门是由 $|1\rangle$ 还是 $|0\rangle$ 控制。在这个例子中，量子比特 0 和量子比特 2 必须为 $|1\rangle$（对这个基态有一个振幅），量子比特 1 必须为 $|0\rangle$ 才能激活量子比特 3 上的 X 门。

本章将在 2.15 节详细讨论测量的内容，测量门用仪表符号表示，经过测量门会得到一个实际的且为经典的值。经典信息流用双线绘制。在图 2.4 的例子中，执行测量后，实际经典的测量数据用于建立或控制其他的酉门，在这个例子中是 U 和 $V^{\ominus}$。

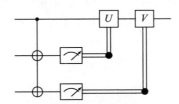

图 2.4　用双线表示的测量后的经典数据流

量子比特顺序

首先重申一下门作用顺序的要点，对于像下面这样的电路：

⊖　本书中所有电路图都是由 LATEX quantikz 包创建的。

$$-\boxed{X}-\boxed{Y}-\boxed{Z}-$$

在代码中可以从左到右对量子态应用门，例如：

```
psi = state.zeros(1)
psi = ops.PauliX()(psi)
psi = ops.PauliY()(psi)
psi = ops.PauliZ()(psi)
```

或者可以用函数调用语法构造一个 *ZYX* 的组合算子：

```
psi = state.zeros(1)
op = ops.PauliX(ops.PauliY(ops.PauliZ()))
psi = op(psi)
```

但是如果你想把它写成显式的矩阵乘法，顺序就颠倒了。请注意程序中的括号——在 Python 中，函数调用运算符的优先级高于矩阵乘法运算符：

```
psi = state.zeros(1)
psi = (ops.PauliZ() @ (ops.PauliY() @ ops.PauliX()))(psi)
```

在数学符号中，要记住的一个重要规则是，当构建具有显式矩阵乘法的算子时，最接近右矢（或左矢）中的竖杠的算子首先出现：

$$\underset{第三}{X}\ \underset{第二}{Y}\ \underset{第一}{Z}\ |\psi\rangle \tag{2.4}$$

2.9　Bloch 球

前面已经学习了几种描述量子态和量子门的方法，包括狄拉克符号、矩阵符号、电路符号和相应的代码。在读者的学习过程中，可能更喜欢其中一种。另一种表示方法对擅长通过视觉进行学习的读者特别有用：那就是以著名物理学家 Felix Bloch 的名字命名的 Bloch 球。

单一的复数在二维极坐标系统中只要指定半径 r 和与 x 轴的夹角 ϕ 就可以画出。通常认为这个夹角是逆时针为正的。半径 $r=1$ 的复数被限制在半径为 1 的单位圆内。

量子比特是标准化的，因为测量得到不同基态的概率加起来必须等于 1.0。1 个量子比特也有 2 个复振幅。因此，2 个角度足以完全描述 1 个量子比特——它可以在半径为 1.0 的球体（单位球体）的表面上表示出来。

在 Bloch 球中，$|0\rangle$ 态在 z 轴方向的北极上，$|1\rangle$ 态在南极上。$|+\rangle$ 态指向 x 轴正方向（通常 x 轴正方向是指向页面外的），相应地，$|-\rangle$ 指向 x 轴负方向，指向页面内。态 $|i\rangle$ 位于 y 轴正方向的 Bloch 球赤道上，通常画在页面右侧。对应的 $|-i\rangle$ 在 y 轴负方向上。图 2.5 中的两个球体是相同的，但第二个球绕 z 轴逆时针旋转了 90°。

接下来看一下量子比特是如何在球体上变化移动的，以 $|0\rangle$ 态为例，初始在球体的北极。作用 Hadamard 算子将状态移动到 x 轴上的 $|+\rangle$，如图 2.6a 所示。应用 Z 门将箭头移动

到指向负 x 轴上的状态 $|-\rangle$。此时相对相位为 $\pi/2$，如图 2.6b 所示。

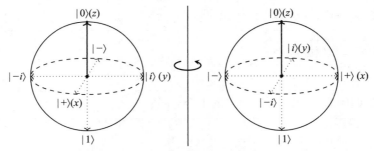

图 2.5　Bloch 球及其绕 z 轴逆时针旋转 90° 得到的球

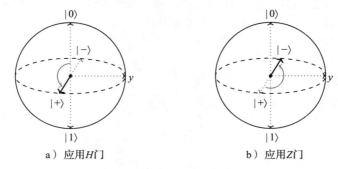

a）应用 H 门　　　　　　　　　b）应用 Z 门

图 2.6　在 Bloch 球上旋转 1 个量子比特

显然，可以通过不同的路径或门序列旋转 1 个量子比特到达球上的任意一点。大的旋转也可以分解成相等的小旋转序列。

这些旋转的操作也可以在代码中进行验证，下面的例子中以 $|1\rangle$ 态为初始状态，应用 Hadamard 门后变为 $|-\rangle$。

$$H|1\rangle = \frac{|0\rangle - |1\rangle}{\sqrt{2}} = |-\rangle$$

$|-\rangle$ 应用 X 门后变为：

$$X\left(\frac{|0\rangle - |1\rangle}{\sqrt{2}}\right) = \frac{|1\rangle - |0\rangle}{\sqrt{2}}$$

最后，再次应用 Hadamard 门，得到态 $-|1\rangle$。对于负号以及是否 $-|1\rangle = |1\rangle$ 的问题，将在 2.10 节进行说明，这个负号是可以忽略的，因为它是一个全局相位（global phase）。

$$H\left(\frac{|1\rangle - |0\rangle}{\sqrt{2}}\right) = \frac{1}{\sqrt{2}}\begin{bmatrix} 1 & 1 \\ 1 & -1 \end{bmatrix}\frac{1}{\sqrt{2}}\begin{bmatrix} -1 \\ 1 \end{bmatrix}$$
$$= \frac{1}{2}\begin{bmatrix} 0 \\ -2 \end{bmatrix} = -1\begin{bmatrix} 0 \\ 1 \end{bmatrix}$$
$$= -|1\rangle$$

```
def basis_changes():
    """Explore basis changes via Hadamard."""

    # Generate [0, 1]
    psi = state.ones(1)

    # Hadamard on |1> will result in 1/sqrt(2) [1, -1]
    #   aka |->
    psi = ops.Hadamard()(psi)

    # Simple PauliX will result in 1/sqrt(2) [-1, 1]
    # which is -1 (1/sqrt(2) [1, -1]).
    # Note that this does not move the vector on the
    # Bloch sphere!
    psi = ops.PauliX()(psi)

    # Back to computational basis will result in -|1>.
    # Global phases can be ignored.
    psi = ops.Hadamard()(psi)
    if not np.allclose(psi[1], -1.0):
        raise AssertionError("Invalid basis change.")
```

尽管 Bloch 球非常有用，但是它也可能会导致混淆。例如，$|0\rangle$ 和 $|1\rangle$ 两个基态实际上是正交的，但却出现在 Bloch 球上相反的两个极点上（类似的还有 $|+\rangle$ 态和 $|-\rangle$ 态，$|i\rangle$ 态和 $|-i\rangle$ 态）。人们可能会认为经典的向量加法规则在此处适用，但事实并非如此，$|1\rangle$ 态和 $-|1\rangle$ 态相加并不等于 $|0\rangle$ 态。

坐标

对于一个给定的态 $|\psi\rangle$，如何计算其在 Bloch 球上的 x、y 和 z 坐标？可以通过以下简单的两个步骤：

1. 计算态 $|\psi\rangle$ 与其自身的外积得到密度矩阵 $\rho = |\psi\rangle\langle\psi|$，在程序中可以使用 density() 函数来实现，如 2.3.5 节所示。

2. 利用辅助函数 density_to_cartesian(rho)，如后文所示，该函数返回相应的 x、y、z 坐标。

函数 density_to_cartesian(rho) 通过给定的单量子比特的密度矩阵计算其笛卡儿坐标。我们在开源存储库的 lib/helper.py 文件中添加了这个函数。

如果通过数学计算⊖，又是如何得到结果呢？本章 2.6.2 节中指出 Pauli 矩阵构成 2×2 埃尔米特矩阵空间的一组基。密度算子 ρ 是一个 2×2 的埃尔米特矩阵，可以写成如下形式：

$$\rho = \frac{I + xX + yY + zZ}{2} = \frac{1}{2}\begin{bmatrix} 1+z & x-iy \\ x+iy & 1-z \end{bmatrix} \tag{2.5}$$

若把 ρ 看作一个矩阵 $\begin{bmatrix} a & b \\ c & d \end{bmatrix}$，则

⊖ https://quantumcomputing.stackexchange.com/a/17180/11582.

$$2a = 1 + z$$
$$2c = x + iy$$

相应地,有 $x = 2\operatorname{Re}(c)$, $y = 2\operatorname{Im}(c)$ 和 $z = 2a - 1$ 。

```python
def density_to_cartesian(rho: np.ndarray) -> Tuple[float, float, float]:
    """Compute Bloch sphere coordinates from 2x2 density matrix."""

    a = rho[0, 0]
    c = rho[1, 0]
    x = 2.0 * c.real
    y = 2.0 * c.imag
    z = 2.0 * a - 1.0
    return np.real(x), np.real(y), np.real(z)
```

下面是一个验证这个结果的简单测试:

```python
def test_bloch(self):
    psi = state.zeros(1)
    x, y, z = helper.density_to_cartesian(psi.density())
    self.assertEqual(x, 0.0)
    self.assertEqual(y, 0.0)
    self.assertEqual(z, 1.0)

    psi = ops.PauliX()(psi)
    x, y, z = helper.density_to_cartesian(psi.density())
    self.assertEqual(x, 0.0)
    self.assertEqual(y, 0.0)
    self.assertEqual(z, -1.0)

    psi = ops.Hadamard()(psi)
    x, y, z = helper.density_to_cartesian(psi.density())
    self.assertTrue(math.isclose(x, -1.0, abs_tol=1e-6))
    self.assertTrue(math.isclose(y, 0.0, abs_tol=1e-6))
    self.assertTrue(math.isclose(z, 0.0, abs_tol=1e-6))
```

Bloch 球只对单量子比特的量子态进行了定义。可以通过对一个量子态下的所有其他量子比特求迹,实现在多量子比特系统中某个量子比特的 Bloch 球的可视化。这是通过分迹过程完成的,这个有用的工具将在 2.14 节中详细介绍。

2.10 全局相位

在绕 Bloch 球旋转后产生的最终量子态的负号应该如何处理? $|1\rangle$ 与 $-|1\rangle$ 是不一样的吗? 在 Bloch 球上是不允许态的直接简单相加的, $|1\rangle$ 加上 $-|1\rangle$ 并不等于 $|0\rangle$! 答案是 $-|1\rangle$ 中的负号代表着一个全局相位,旋转了 π。它没有物理意义所以可以忽略。

这是量子计算的一个重要见解。全局相位是模为 1.0 的量子态的一个复系数 $e^{i\phi}$ 。将一个态乘以一个复系数没有物理意义,因为有或没有这个系数不会改变状态的期望值,这也被物理学家称为相位不变性。

算子 A 在态 $|\psi\rangle$ 上的期望值的表达式（在 2.15 节讨论测量的时候将进一步讨论）是：

$$\langle\psi|A|\psi\rangle$$

如果带有全局相位，其变为：

$$\langle\psi|e^{-i\phi}Ae^{i\phi}|\psi\rangle=\langle\psi|e^{-i\phi}e^{i\phi}A|\psi\rangle=\langle\psi|A|\psi\rangle$$

显然，这些量子态并不能通过测量区分。

全局相位会被拿来与相对相位进行对比，相对相位是量子比特的 $|0\rangle$ 和 $|1\rangle$ 两部分的相位差：

$$|\psi\rangle=\alpha|0\rangle+e^{i\phi}\beta|1\rangle$$

2.11 量子纠缠

两个或更多量子比特的纠缠是量子物理学中最吸引人的方面之一。如果两个量子比特（或系统）是纠缠的，这意味着在测量时得到的结果将会是强相关的，甚至这些状态在物理上是分开的，无论是 1mm 还是整个宇宙也具备这个效应！这种效应被 Albert Einstein 称为"远距离幽灵操作"。如果以一种特定的方式（如接下来所述）使两个量子比特纠缠，当量子比特 0 被测量为处于 $|0\rangle$ 态时，那么量子比特 1 也会处于 $|0\rangle$ 态。

为什么这非常了不起？如果有两枚硬币，把它们正面朝上放在两个盒子里，然后把其中一个盒子运到火星。当盒子被打开时，硬币都会显露出来。那么在量子情形下有什么特别之处呢？在这个例子中，硬币会有隐藏状态。如果是在一个初始的、确定的、非概率的状态下，那么在装运前，把它们放在箱子里的时候就会知道硬币的哪一面在上面，而且也知道这个状态在运输过程中不会改变。

如果量子力学中存在隐藏状态（hidden state），那么量子力学的理论将是不完整的，因为量子力学波函数不足以完整地描述物理状态。这是 Einstein、Podolsky 和 Rosen 在他们著名的 EPR 论文（Einstein et al., 1935）中试图提出的观点。

然而，几十年后，人们发现量子纠缠系统中不可能存在隐藏状态。一个著名的思维实验——贝尔不等式（Bell, 1964）证明了这一点，这也在后来的实际实验中被证实。

量子比特在测量过程中概率坍缩到 $|0\rangle$ 或 $|1\rangle$ ⊖。这相当于把硬币放在盒子里，而硬币的边缘在旋转，只有当打开盒子的时候，硬币才会掉到一边。完美的硬币会以 50% 的概率落向两边。同样，如果制备一个处于 $|0\rangle$ 态的量子比特，并应用 Hadamard 门，这个量子比特测量得到 $|0\rangle$ 或 $|1\rangle$ 的概率均为 50%。量子纠缠的魔力意味着纠缠对的两个量子比特将在任何时候测量都会得到相同的值，要么是 $|0\rangle$，要么是 $|1\rangle$。这相当于在地球和火星上，硬币

⊖ 只要在这个基下进行测量，那么这就是正确的。本书将在 6.11.3 节中讨论不同基下的测量。

任何时候都会朝同一侧落下!

关于纠缠、测量,以及它们告诉我们的现实本质,存在着深刻的哲学争论。20 世纪许多最伟大的物理学家对此争论了几十年——Einstein、Schrödinger、Heisenberg、Bohr 等。这些讨论直到今天还没有解决或达成一致。很多关于这个话题的书籍和文章都能比这里说明得更好。我们甚至都不会进一步尝试。相反,我们接受事实的本质:我们可以利用规则去进行计算。

这种观点可能会让我们站在量子力学的哥本哈根诠释阵营(Faye, 2019)。本体论是一个奇特的术语,用来回答诸如"什么是?"或"现实的本质是什么?"。哥本哈根诠释拒绝回答所有本体论问题。引用 David Mermin 的话(Mermin, 1989, p.2):如果我被迫用一句话总结哥本哈根诠释的话,那就是:"闭嘴,好好计算!"当然,这里的关键是,即使本体论问题仍未得到解答,研究也可以取得进展。

2.11.1 直积态

接下来考虑双量子比特的系统,在两个量子比特之间构造张量积会生成一种状态,其中每个量子比特仍然可以在与另一个量子比特无关联的情况下进行描述。

有一种直观的(尽管不是一般的)方法可以将其可视化。量子态可以表示为与结果 $[a,b,c,d]^T$ 的张量积的结果。如果两个量子态没有纠缠,就说它们处于直积态(product state),即它们是可分离的。这种情况下,$ad = bc$。但如果量子态纠缠在一起,这个等式就不成立了。

简单证明如下:假设存在 2 个量子比特 $q_0 = [i,k]^T$ 和 $q_1 = [m,n]^T$,它们的 Kronecker 积为 $q_0 \otimes q_1 = [im, in, km, kn]^T$。将外侧元素与内侧各自相乘,对应上述 $ad = bc$ 的形式,有

$$\underbrace{im}_{a}\,\underbrace{kn}_{d} = imkn = inkm = \underbrace{in}_{b}\,\underbrace{km}_{c}$$

2.11.2 纠缠电路

下面的电路是典型的量子纠缠电路。在本书后文中,将看到它的许多用法。接下来详细讨论在应用量子门时量子态是如何变化的。

在 Hadamard 门之前,初始态为 $|\psi_0\rangle = |00\rangle$,其状态向量为 $[1,0,0,0]^T$,是两个 $|0\rangle$ 态的张量积。Hadamard 门将第一个量子比特转变为 $|0\rangle$ 和 $|1\rangle$ 的叠加态。经过 Hadamard 门后,态 $|\psi_1\rangle$ 为第一个量子比特的叠加态与第二个量子比特的张量积:

$$|\psi_1\rangle = \frac{|0\rangle + |1\rangle}{\sqrt{2}}|0\rangle = \frac{1}{\sqrt{2}}(|00\rangle + |10\rangle)$$

在编程中，可以通过以下代码来进行计算，print 语句在索引 0 和 2 处产生一个非零项的态，对应态 $|00\rangle$ 和态 $|10\rangle$：

```
psi = state.zeros(2)
op = ops.Hadamard() * ops.Identity()
psi = op(psi)
print(psi)
>>
2-qubit state. Tensor:
[0.70710677+0.j 0.        +0.j 0.70710677+0.j 0.        +0.j]
```

接下来应用受控非门。第一个量子比特叠加态的 $|0\rangle$ 部分并不影响第二个量子比特，因此得到 $|00\rangle$。然而第一个量子比特叠加态的 $|1\rangle$ 部分会将第二个量子比特翻转至 $|1\rangle$，将量子态从 $|10\rangle$ 变为 $|11\rangle$。得到的结果态 $|\psi_2\rangle$ 为

$$|\psi_2\rangle = \frac{|00\rangle + |11\rangle}{\sqrt{2}}$$

对应的状态向量为

$$|\psi_2\rangle = \frac{1}{\sqrt{2}}\begin{bmatrix} 1 \\ 0 \\ 0 \\ 1 \end{bmatrix} = \begin{pmatrix} a \\ b \\ c \\ d \end{pmatrix}$$

这个量子态现在是纠缠态，因为上述规则中的等式 $ad = bc$ 并不成立：元素 0 和元素 3 的乘积为 1/2，而元素 1 和元素 2 的乘积为 0。这个量子态不能再表示为一个直积态。

在代码中，取上面计算的状态 psi 并应用 Controlled-Not：

```
psi = ops.Cnot(0, 1)(psi)
print(psi)
```

这将输出处于纠缠的 2 量子比特态，元素 0 和元素 3 的值为 $1/\sqrt{2}$，对应于二进制表示的 $|00\rangle$ 和 $|11\rangle$：

```
2-qubit state. Tensor:
[0.70710677+0.j 0.        +0.j 0.        +0.j 0.70710677+0.j]
```

纠缠意味着测量得到的结果只有 $|00\rangle$ 和 $|11\rangle$。其他两个基态的概率为 0.0，无法被测量到。若量子比特 0 测量结果为 $|0\rangle$，则另一量子比特的测量结果也为 $|0\rangle$，因为唯一以 $|0\rangle$ 作为第一个量子比特的非零状态是 $|00\rangle$。类似的逻辑也适用于态 $|1\rangle$。

这至少在数学上解释了它们的相关性，解释了远距离幽灵操作。两个量子比特的测量结果 100% 相关。到此，我们仍不知道为什么会这样，是什么物理机制促成了这种效应，或者在现实中是怎么样的。但是，至少对于简单的电路和它们各自的矩阵，现在有了一种方法来表达这种不真实的感觉。

2.11.3 Bell 态

Bell 态是以伟大的物理学家 John Bell 的名字命名的，他在 1964 年用标准概率论证明了纠缠量子比特不可能有隐藏状态或隐藏信息（Bell, 1964），这一发现是量子力学的决定性时刻之一。

前文已经提及了四种 Bell 态可能形式中的一种，其通过以 $|00\rangle$ 为输入的纠缠电路构造。而四种 Bell 态可以通过四种输入 $|00\rangle$、$|01\rangle$、$|10\rangle$ 和 $|11\rangle$ 产生，将 β_{xy} 记为输入为 x 和 y 时得到的结果：

$$|\beta_{00}\rangle = \frac{|00\rangle + |11\rangle}{\sqrt{2}} = \frac{1}{\sqrt{2}}\begin{bmatrix}1\\0\\0\\1\end{bmatrix}, \quad |\beta_{01}\rangle = \frac{|01\rangle + |10\rangle}{\sqrt{2}} = \frac{1}{\sqrt{2}}\begin{bmatrix}0\\1\\1\\0\end{bmatrix}$$

$$|\beta_{10}\rangle = \frac{|00\rangle - |11\rangle}{\sqrt{2}} = \frac{1}{\sqrt{2}}\begin{bmatrix}1\\0\\0\\-1\end{bmatrix}, \quad |\beta_{11}\rangle = \frac{|01\rangle - |10\rangle}{\sqrt{2}} = \frac{1}{\sqrt{2}}\begin{bmatrix}0\\1\\-1\\0\end{bmatrix}$$

下面是生成上述 Bell 态的程序（在开源存储库中的 lib/bell.py 文件中）：

```
def bell_state(a: int, b: int) ->state.State:
  """Make one of the four bell states with a, b from {0,1}."""

  if a not in [0, 1] or b not in [0, 1]:
    raise ValueError('Bell state arguments are bits and must be 0 or 1.')
  psi = state.bitstring(a, b)
  psi = ops.Hadamard()(psi)
  return ops.Cnot()(psi)
```

2.11.4 GHZ 态

对于 Bell 态的进一步拓展的三个或更多量子比特的 n 量子比特（最大纠缠）态以 Greenberger、Horne 和 Zeilinger（GHZ）命名（Greenberger et al ., 2008）。它可以由以下量子电路构造，通过级联的受控非门将顶部量子比特的叠加性传播到所有其他量子比特：

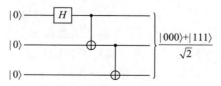

上述结构显然能推广到三个以上量子比特的 GHZ 态 $(|0000\cdots\rangle + |1111\cdots\rangle)/\sqrt{2}$。经过测量，只会得到两种状态，且每种状态的概率为 1/2（或振幅为 $1/\sqrt{2}$）。值得注意的是，可以通过将受控非门与量子比特 0 直接连接替代受控非门的层叠结构。在代码中的实现如下：

```
def ghz_state(nbits: int) -> state.State:
"""Make a maximally entangled nbits state (GHZ State)."""

# Simple construction via:
#
# |0> --- H --- o ---------       --- H --- o ---o---
# |0> ---------X --- o --- or ---------X --- | ---
# |0> --------------X ---        --------------X ---
#    ...
psi = state.zeros(nbits)
psi = ops.Hadamard()(psi)
for offset in range(nbits-1):
  psi = ops.Cnot(0, 1)(psi, offset)
return psi
```

2.11.5 最大纠缠

前文使用了最大纠缠（maximal entanglement）的术语。在此给出一个简单的定义：

最大混合态是所有概率振幅均相等的状态。例如，将 Hadamard 门作用于所有初始状态都为 $|0\rangle$ 的 n 量子比特量子态上，导致所有的状态都有一个相等的叠加。

$$(H \otimes H)|00\rangle = 1/2(|00\rangle + |01\rangle + |10\rangle + |11\rangle)$$

以下面的方式定义最大纠缠。在 2.14 节中将会说到，分迹可以对状态的子空间进行推理，可以求出状态某部分的迹。剩余的是一个约化密度矩阵，代表着简化的状态，即子空间。如果剩余的约化密度矩阵是最大混合的，即它们的对角线元素都是相等的，称之为最大纠缠态。

2.12 量子不可克隆定理

经典计算和量子计算之间还有另一个极大的区别。在经典计算中，总是可以复制一个比特、一个字节或任何内存，且可以复制多次。但在量子计算中，这是被禁止的——通常不可能克隆给定量子比特的状态。这个限制与测量的规则有关，不影响（纠缠）状态的测量设备是无法创造出来的。无法复制的性质是通过所谓的量子不可克隆定理来表达的（Wootters & Zurek, 1982）。

定理 2.1 设量子态 $|\psi\rangle = |\phi\rangle|0\rangle$，不存在酉算子 U 使 $U|\psi\rangle = |\phi\rangle|\phi\rangle$。

证明 假设有一个量子态 $|\phi\rangle = \alpha|0\rangle + \beta|1\rangle$，则

$$|\psi\rangle = |\phi\rangle|0\rangle = (\alpha|0\rangle + \beta|1\rangle)|0\rangle$$

为了克隆 $|\phi\rangle$，需要一个算子 U 实现以下操作：

$$U|\phi\rangle|0\rangle = |\phi\rangle|\phi\rangle \tag{2.6}$$

对 $|\psi\rangle$ 应用 U，有

$$U|\phi\rangle|0\rangle = U(\alpha|0\rangle + \beta|1\rangle)|0\rangle = \alpha|00\rangle + \beta|11\rangle$$

但当展开式（2.6）的左侧时，有：

$$
\begin{aligned}
U|\phi\rangle|0\rangle = |\phi\rangle|\phi\rangle &= (\alpha|0\rangle + \beta|1\rangle)(\alpha|0\rangle + \beta|1\rangle) \\
&= \alpha^2|00\rangle + \beta\alpha|10\rangle + \alpha\beta|01\rangle + \beta^2|11\rangle \\
&\neq \alpha|00\rangle + \beta|11\rangle
\end{aligned}
$$

因此，没有满足条件的 U 存在。一个普通的量子态无法被克隆。□

　　普通的量子态可以被移动但不能被克隆。这显然为量子算法设计带来了有趣的挑战，也为量子编程语言的设计带来了有趣的挑战。

　　值得注意的是，一些特殊的情况例如 $|0\rangle$ 和 $|1\rangle$，这些量子态是可以被克隆的，从上面证明的最终形式很容易就能看出。若 α 或 β 的其中一项为 1.0，另一项为 0.0，则只会剩下一项：

$$|\phi\rangle|\phi\rangle = \alpha^2|00\rangle + \beta\alpha|10\rangle + \alpha\beta|01\rangle + \beta^2|11\rangle$$

会得到下述结果中的一个：

$$
\begin{aligned}
\alpha^2|00\rangle &= 1.0^2|00\rangle = |00\rangle \\
\beta^2|11\rangle &= 1.0^2|11\rangle = |11\rangle
\end{aligned}
$$

与上述结果匹配，当 $\alpha = 0$ 或 $\beta = 0$ 时：

$$U|\phi\rangle|0\rangle = \alpha^2|00\rangle + \beta^2|11\rangle = \alpha|00\rangle + \beta|11\rangle$$

2.13　对消计算

　　计算的逻辑可逆性问题是由 Bennett（1973）提出的。这篇论文是对 Landauer 的回答，Landauer 也因朗道尔原理而闻名（Landauer，1973）。该原理指出，在计算过程中信息的擦除必然导致散热。今天的 CPU 运行起来和它们信息擦除的时候一样热的事实就是对这一原理的证实。真正可逆的计算几乎不需要消耗能量，但是逆计算也会撤销任何得到的结果。所以问题在于是否有可能构建一个可逆电路，使其仍然有可能得到实际结果。考虑到量子计算在定义上是可逆的，如果不能回答这个问题，它将是完全无用的。幸运的是，Bennett 找到了一个优雅的结构来解决这个问题。

　　Bennett 的这篇论文非常有条理，讲述了关于三带图灵机的内容。提出的机制是首先计算一个结果，然后复制结果，最后通过图灵机的一个带的反向计算来对消计算结果。当时的目标是减少计算过程产生的散热。而在量子计算中，目标是解除与辅助量子比特间不希望存在的纠缠。但是 Bennett 的方法对两者都有效。

　　上面提到了辅助量子比特，接下来对相关术语进行定义：

❑ 将在 3.2.8 节中看到，对于像多重受控门这样的结构，需要额外的量子比特来正确执

行计算。你可以认为这些量子比特是临时量子比特或协助量子比特，它们对算法没有重要作用。它们相当于编译器分配的堆栈空间，减轻了传统的寄存器压力。这些量子比特被称为辅助量子比特。

☐ 辅助量子比特可能从态 $|0\rangle$ 开始，也可能在经过多重受控门这样的结构之后以状态 $|0\rangle$ 结束。然而，在其他情况下，辅助量子比特可能仍然与所需要的量子态纠缠在一起，潜在地破坏了期望的结果。在这种情况下，称之为垃圾量子比特或者简称为垃圾。

量子计算的典型结构如图 2.7 所示。因为所有的量子门都是酉的，所以可以假装把它们都打包在一个巨大的酉算子 U_f 中。输入状态 $|x\rangle$ 和一些辅助量子比特都初始化为 $|0\rangle$。计算结果将是 $f(|x\rangle)$ 和一些剩余的辅助量子比特。这些辅助量子比特在此是垃圾，它们没有任何意义，只是放置在此处，并可能影响输出结果。问题在于，垃圾量子比特可能仍然与结果纠缠在一起，从而抵消了量子干涉的预期效果，而量子干涉是量子算法的基础。

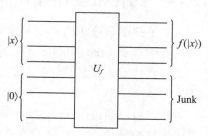

图 2.7　量子计算的典型结构

在 6.6 节不得不解决 Shor 算法求阶部分的这个问题之前，不会接触到这个问题。

如图 2.8 所示的过程，在计算出一个解后，应用酉运算的逆来完全对消计算。这可以通过构造一个巨大的联合酉伴随算子实现，也可以通过独立的门构建一个电路并以相反的顺序应用门的逆实现，这是因为算子是酉的且 $U^\dagger U = I$。

经过上述过程后，现在的问题是失去了想要计算的结果 $f(|x\rangle)$。下面是解决这个问题的"诀窍"，与 Bennett 的想法类似。在计算之后，但在对消计算之前，通过受控非门将结果的量子比特连接到另一个量子寄存器上，如图 2.8 所示。

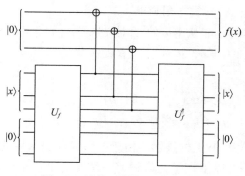

图 2.8　计算、扇出、对消计算

使用这种电路，$f(|x\rangle)$ 的结果将在上寄存器，而其他寄存器的状态将恢复到它们的原始状态，消除了所有不必要的纠缠。

这到底为什么可行呢？从一个由输入状态 $|x\rangle$ 和一个工作寄存器（用 $|0\rangle$ 初始化）组成的状态开始。第一个 U_f 将初始状态 $|x\rangle|0\rangle$ 转换为 $f(|x\rangle)g(|0\rangle)$。然后在顶部添加辅助

寄存器，构建一个直积态 $|0\rangle f(|x\rangle)g(|0\rangle)$，并对保存结果的寄存器应用 CNOT 门，得到 $f(|x\rangle)f(|x\rangle)g(|0\rangle)$。这并不违反量子不可克隆定理，两个寄存器不能单独测量而得到相同的结果。对底部两个寄存器应用 $U_f^\dagger$ 去对消计算 U_f 并得到 $f(|0\rangle)|x\rangle|0\rangle$。最终，结果存储在顶部的寄存器中，而底部的寄存器已成功恢复。

2.14 约化密度矩阵和分迹

出于调试和分析的目的，通常需要检查给定量子态的子系统。为此，需要使用所谓的约化密度算子（reduced density operator），可以借助于一个称为分迹（partial trace）的过程来推导它。本节可能会让初学者感到困惑，但是这里讨论的技术直到后面的内容才会用到（例如，见 6.2 节），因此你也可以选择稍后再回到本节中。

分迹可以通过量子态的密度矩阵计算。前文已经简要地提到，量子计算的整个理论可以用密度矩阵表示，但为了简单起见，没有详细说明这种表示。然而，对于分迹，则需要简要地回顾一下这个主题。其中，有两个概念很重要。

首先，一个状态的密度矩阵是该状态与自身的外积。这种表示描述了整个系统，包括它与环境的潜在纠缠。这就产生了纯态（pure state）和混合态（mixed state）的概念，纯态仅由状态向量定义，混合态可能是与其他东西纠缠在一起，也可能是状态的统计混合。

其次，要将算子作为密度矩阵作用于量子态，它会按由左至右的顺序应用。在状态的表示中，用 $|\psi'\rangle = U|\psi\rangle$ 来表示。为了在密度矩阵表示中实现相同的状态演化，需应用 $\rho' = U\rho U^\dagger$。

假设有一个状态 $|\psi\rangle$ 由 A 和 B 组成，其密度算子为 $\rho^{AB} = |AB\rangle\langle AB|$。子空间 A 的约化密度算子 ρ_A 被定义为 $\rho_A = \text{tr}_B(\rho^{AB})$，其中 tr_B 是系统 B 的分迹。这意味着 ρ_A 包含初始状态，但其中的 B 部分已经被区分开，即被"刻画出"。

我们希望有一个数学工具能从密度算子中提取一个子空间。在测量方面，只希望计算全密度算子的子集上的迹，例如，描述 A 或 B 的子集。如果 ρ 是组合状态的密度矩阵，希望计算以下任意一项：

$$\rho_B = \text{tr}_A(\rho^{AB}) = \langle 0_A|\rho|0_A\rangle + \langle 1_A|\rho|1_A\rangle$$
$$\rho_A = \text{tr}_B(\rho^{AB}) = \langle 0_B|\rho|0_B\rangle + \langle 1_B|\rho|1_B\rangle$$

$|0_A\rangle$ 和 $|1_A\rangle$ 是基态 $|0\rangle$ 和 $|1\rangle$ 上的投影，由于投影是埃尔米特的，因此 $P = P^\dagger$。值得注意的是，分迹是降维操作。有以下例子，假设有一个由 2 个量子比特 A 和 B（索引为 0 和 1）组成的系统，其密度矩阵为 4×4 的，希望刻画出量子比特 0。

通过将 $|0\rangle$ 态和 $|1\rangle$ 态与单位矩阵 I 进行张量去构造 $|0_A\rangle$ 和 $|1_A\rangle$，得到一个规模为 4×2 的矩阵。顺序取决于希望对哪个特定的量子比特进行刻画。通过与应用量子门相似的方法将单位矩阵填充在 $|0\rangle$ 态和 $|1\rangle$ 态的两侧。在该例子中，由于希望刻画量子比特 0，因此在 $|0\rangle$ 态和 $|1\rangle$ 态后张量一个单位矩阵：

$$|0_A\rangle = \begin{pmatrix} 1 \\ 0 \end{pmatrix} \otimes \begin{pmatrix} 1 & 0 \\ 0 & 1 \end{pmatrix} = \begin{pmatrix} 1 & 0 \\ 0 & 1 \\ 0 & 0 \\ 0 & 0 \end{pmatrix}, \quad |1_A\rangle = \begin{pmatrix} 0 \\ 1 \end{pmatrix} \otimes \begin{pmatrix} 1 & 0 \\ 0 & 1 \end{pmatrix} = \begin{pmatrix} 0 & 0 \\ 0 & 0 \\ 1 & 0 \\ 0 & 1 \end{pmatrix}$$

在 4×4 的密度矩阵右侧乘上一个 4×2 的矩阵得到一个 4×2 的矩阵，在该密度矩阵的左侧乘上一个 2×4（将该矩阵转置）的矩阵得到一个 2×2 的矩阵。

分迹的定义对于实现来说是足够的。下面的代码是以全矩阵形式编写的，并且只能扩展到少量量子比特。

```python
def TraceOutSingle(rho: Operator, index: int) -> Operator:
  """Trace out single qubit from density matrix."""

  nbits = int(math.log2(rho.shape[0]))
  if index > nbits:
    raise AssertionError(
        'Error in TraceOutSingle, invalid index (>nbits).')

  eye = Identity()
  zero = Operator(np.array([1.0, 0.0]))
  one = Operator(np.array([0.0, 1.0]))

  p0 = p1 = tensor.Tensor(1.0)
  for idx in range(nbits):
    if idx == index:
      p0 = p0 * zero
      p1 = p1 * one
    else:
      p0 = p0 * eye
      p1 = p1 * eye

  rho0 = p0 @ rho
  rho0 = rho0 @ p0.transpose()
  rho1 = p1 @ rho
  rho1 = rho1 @ p1.transpose()
  rho_reduced = rho0 + rho1
  return rho_reduced
```

若有 n 量子比特的量子态，并且只对其中 1 个量子比特的量子态感兴趣，则必须刻画所有其他量子比特。这里有一个方便的函数可以使用：

```python
def TraceOut(rho: Operator, index_set: List[int]) -> Operator:
  """Trace out multiple qubits from density matrix."""

  for idx, val in enumerate(index_set):

    nbits = int(math.log2(rho.shape[0]))
    if val > nbits:
      raise AssertionError('Error TraceOut, invalid index (>nbits).')
```

```
rho = TraceOutSingle(rho, val)

# Tracing out a bit means that rho is now 1 bit smaller, the
# indices right to the traced out qubit need to shift left by 1.
# Example, to trace out bits 2, 4:
# Before:
#    qubit 0 1 2 3 4 5
#          a b c d e f
# Trace out 2:
#    qubit 0 1 <- 3 4 5
#    qubit 0 1 2 3 4
#          a b d e f
# Trace out 4 (is now 3)
#    qubit 0 1 2 <- 4
#    qubit 0 1 2 3
#          a b d f
for i in range(idx+1, len(index_set)):
    index_set[i] = index_set[i] - 1
return rho
```

实验

现在来看一下这个过程的实际实现，首先通过两个定义好的量子比特产生一个量子态。

```
q0 = state.qubit(alpha=0.5)
q1 = state.qubit(alpha=0.8660254)
psi = q0 * q1
```

刻画一个量子比特会在结果的密度矩阵中剩下另一个量子比特，如果矩阵元素是 $(0,0)$，将得到值 $|\alpha|^2$；如果矩阵元素是 $(1,1)$，将得到值 $|\beta|^2$。记住，密度矩阵是状态向量的外积，有：

$$\begin{pmatrix} a \\ b \end{pmatrix} (a* \quad b*) = \begin{pmatrix} aa* & ab* \\ ba* & bb* \end{pmatrix}$$

在前面已经看到：

$$\mathrm{tr}(|x\rangle\langle y|) = \sum_{i=0}^{n-1} x_i y_i^* = \langle y|x\rangle \qquad (2.7)$$

对于状态向量的外积，其迹必须是 1.0，这是因为概率加起来等于 1.0。相应地，密度矩阵的迹也必须为 1.0，这点已在前面得到证实：对角线元素是概率振幅的模方。

刻画量子比特 1 在矩阵元素为 $(0,0)$ 时的值为 $0.5 * 0.5 = 0.25$，这个值是量子比特 0 的 α 值 0.5 的模方：

```
reduced = ops.TraceOut(psi.density(), [1])
self.assertTrue(math.isclose(np.real(np.trace(reduced)), 1.0))
self.assertTrue(math.isclose(np.real(reduced[0, 0]),
                             0.25, abs_tol=1e-6))
self.assertTrue(math.isclose(np.real(reduced[1, 1]),
                             0.75, abs_tol=1e-6))
```

刻画量子比特 0 在矩阵元素为 (0,0) 时剩余的值为 $0.8660254^2 = 0.75$：

```
reduced = ops.TraceOut(psi.density(), [0])
self.assertTrue(math.isclose(np.real(np.trace(reduced)), 1.0))
self.assertTrue(math.isclose(np.real(reduced[0, 0]),
                             0.75, abs_tol=1e-6))
self.assertTrue(math.isclose(np.real(reduced[1, 1]),
                             0.25, abs_tol=1e-6))
```

这对于纠缠态来说很有趣。以第一个 Bell 态为例。若计算密度矩阵将对其平方，则平方矩阵的迹为 1.0。如果刻画量子比特 0：

```
psi = bell.bell_state(0, 0)
reduced = ops.TraceOut(psi.density(), [0])
self.assertTrue(math.isclose(np.real(np.trace(reduced)),
                             1.0, abs_tol=1e-6))
self.assertTrue(math.isclose(np.real(reduced[0, 0]),
                             0.5, abs_tol=1e-6))
self.assertTrue(math.isclose(np.real(reduced[1, 1]),
                             0.5, abs_tol=1e-6))
```

可以看到结果为 $I/2$，对角线元素都相等，因此这个态是最大纠缠的。约化密度矩阵的平方的迹为 0.5。前文已经提到过纯态和混合态，对此，求迹算子给出一个数学定义：

$$\mathrm{tr}(\rho^2) < 1 : 混合态$$
$$\mathrm{tr}(\rho^2) = 1 : 纯态$$

Bell 态求分迹的结果说明剩余的量子比特处于混合态：

$$\mathrm{tr}((I/2)^2) = 0.5 < 1$$

两个量子比特的组合状态，无论是否纠缠都是纯态，确切地说，它没有与环境进一步纠缠。然而，观察 Bell 纠缠态独立的量子比特，它们是处于混合态的——并不能对它们的态有一个完全的了解。

2.15　测量

已经到第 2 章的结尾了，剩下的内容讨论测量问题。这是一个复杂的主题，有着许多微妙且处于不同层次的理论。在这里，将其最小化——仅讨论投影测量的内容。

2.15.1　量子力学的基本假设

量子力学有五个假设。在本书中，你可能会发现它们以不同的顺序呈现，具有不同的重点和严谨性。为了保持全文的一致性，在这里以一种非正式的方式呈现它们，仅介绍足够用于理解这些假设本质的信息。

1. 系统的状态由右矢表示，右矢是表示概率振幅的复数单位向量。

2. 一个量子态的演化是酉算子作用于该量子态的结果，$|\psi'\rangle = U|\psi\rangle$，这是由与时间无关的 Schrödinger 方程推导出的。为了描述系统在连续时间中的演化，这个假设通过与时间相关的 Schrödinger 方程来表示（本书中大多时候都会忽略它）。

3. 测量意味着将概率函数坍缩为一个单一的可测量值，该值是埃尔米特测量算子的实特征值。这听起来比实际情况更惊人，也是本节的重点。

4. 概率振幅和相应的概率决定了特定测量结果的可能性。

5. 测量之后，状态坍缩（collapse）为测量的结果，这被称为 Born 定则。我们解释了这一假设的含义，特别是对再归一化的需要。

在前面的章节中，已经通过将状态表示为全状态向量并展示如何应用酉算子来展示假设 1 和假设 2。与概率振幅相关的内容中，也已经隐晦地使用了假设 4，在某种程度上，也使用了假设 5。本节将重点讨论假设 3，即测量。

需要注意的重要一点是，这些假设只是假设，而不是标准的物理定律。如上所述，它们也是近一个世纪以来科学争论和哲学解释的主题，参见（Einstein et al.，1935；Bell，1964；Norsen，2017；Faye，2019；Ghirardi & Bassi，2020）等。尽管如此，如前文所述，本书将避免哲学，并专注于如何通过这些假设使有趣的计算形式成为可能。

2.15.2 投影测量

这类投影测量很容易理解，也是本文中使用的唯一方法。给定一个系统处于两种量子态中的一种，例如，一个原子具有高或低的能态，进行投影测量背后的目的是简单地确定原子处于这两种状态中的哪一种。对于处于叠加态的量子比特，可能想知道它是处于 $|0\rangle$ 态还是 $|1\rangle$ 态，但是测量只能以给定的概率返回这两种状态中的一种。根据 Born 定则，在测量后，状态坍缩到被测量的状态（假设 5）。它现在要么是 $|0\rangle$ 态，要么是 $|1\rangle$ 态，并且在未来的所有测量中都将处于这个状态。

为什么这叫作投影测量？在单量子比特门一节中，已经学习了投影算子。

$$P_{|0\rangle} = |0\rangle\langle 0| = \begin{bmatrix} 1 \\ 0 \end{bmatrix}[1 \quad 0] = \begin{bmatrix} 1 & 0 \\ 0 & 0 \end{bmatrix}$$

$$P_{|1\rangle} = |1\rangle\langle 1| = \begin{bmatrix} 0 \\ 1 \end{bmatrix}[0 \quad 1] = \begin{bmatrix} 0 & 0 \\ 0 & 1 \end{bmatrix}$$

将投影算子作用于 1 个量子比特，"提取"子空间。例如，对于 $P_{|0\rangle}$：

$$P_{|0\rangle}|\psi\rangle = |0\rangle\langle 0|(\alpha|0\rangle + \beta|1\rangle)$$
$$= \begin{bmatrix} 1 & 0 \\ 0 & 0 \end{bmatrix}\begin{bmatrix} \alpha \\ \beta \end{bmatrix} = \begin{bmatrix} \alpha \\ 0 \end{bmatrix}$$
$$= \alpha\begin{bmatrix} 1 \\ 0 \end{bmatrix} = \alpha|0\rangle$$

根据第 4 个假设，在测量中得到第 i 个基态的概率 $Pr(i)$ 通过计算概率振幅的模方得出：

$$Pr(i) = |\, P_{|i\rangle} \, |\psi\rangle \, |^2$$

根据计算向量模的式（1.2）和计算表达式的埃尔米特共轭的式（1.10），有

$$Pr(i) = (P_{|i\rangle} \, |\psi\rangle)^{\dagger} (P_{|i\rangle} \, |\psi\rangle)$$
$$= \langle \psi | \, P_{|i\rangle}^{\dagger} P_{|i\rangle} \, | \psi \rangle$$

投影算子是埃尔米特的，因此等于它们的伴随矩阵：

$$Pr(i) = \langle \psi | \, P_{|i\rangle} P_{|i\rangle} \, | \psi \rangle$$
$$= \langle \psi | \, P_{|i\rangle}^2 \, | \psi \rangle$$

此外，对于归一化的基向量（对角线上有 1）的投影算子：

$$P_{|i\rangle}^2 = P_{|i\rangle}$$

这就得到了概率的最终形式：

$$Pr(i) = \langle \psi | \, P_{|i\rangle} \, | \psi \rangle$$

项 $\langle \psi | P_{|i\rangle} | \psi \rangle$ 也被称为算子 $P_{|i\rangle}$ 的期望值，它是 $P_{|i\rangle}$ 平均值的量子等价，可以被写作 $[P_{|i\rangle}]$。

从 1.7 节式（1.19）可知，

$$\text{tr}(|x\rangle\langle y|) = \sum_{i=0}^{n-1} x_i y_i^* = \langle y | x \rangle \tag{2.8}$$

通过重新排列每一项并应用式（2.8），最终得到了将在代码中使用的形式：

$$Pr(i) = \langle \psi | P_{|i\rangle} | \psi \rangle = \text{tr}(P_{|i\rangle} | \psi \rangle \langle \psi |) \tag{2.9}$$

可以直观地理解这个形式。态 $|\psi\rangle\langle\psi|$ 的密度矩阵在对角线上对每个基态 $|x_i\rangle$ 具有概率 $Pr(i)$，如 2.3.5 节所示。投影算子将所有未被投影算子基态覆盖的对角线元素归零。对角线上剩下的是与投影算子匹配的态的概率。然后，通过求迹将对角线上所有剩余的概率加起来。

测量后，量子态坍缩为测量结果。与测量的量子比特值不一致的基态得到 0.0 的结果概率并"消失"。结果，剩余的态的概率加起来不再等于 1.0，需要再归一化，这是用看起来很复杂的表达式实现的（不用担心，这在代码中看起来很简单）：

$$|\psi\rangle = \frac{P_{|i\rangle} |\psi\rangle}{\sqrt{\langle \psi | P_{|i\rangle} | \psi \rangle}} \tag{2.10}$$

以下给出一个例子，假设有这样的量子态：

$$|\psi\rangle = 1/2(|00\rangle + |01\rangle + |10\rangle + |11\rangle)$$

四个基态每一个被测量得到的概率都是 $\left(\dfrac{1}{2}\right)^2 = 1/4$。进一步假设量子比特 0 被测量为

$|0\rangle$。这意味着测量得到的最终完整状态的仅剩选择是 $|00\rangle$ 或 $|01\rangle$。测量后，第一个量子比特 "固定" 在 $|0\rangle$。这意味着量子比特 0 的 $|1\rangle$ 态现在被测量得到的概率为 0。量子态坍缩到下述非归一化状态：

$$|\psi\rangle_{(\neq|1\rangle)} = 1/2(|00\rangle + |01\rangle) + 0.0(|10\rangle + |11\rangle)$$

在这种形式下，概率振幅的平方之和不再等于 1.0。因此，必须根据式（2.10）对状态进行再归一化，并除以期望值的平方根（即 1/2），得到：

$$|\psi\rangle = 1/\sqrt{2}(|00\rangle + |01\rangle)$$

这一步可能会令人惊讶。大自然是如何知道何时以及是否应该归一化的？鉴于我们坚持哥本哈根诠释，并决定 "闭嘴，计算！" 因此一个可能的答案是，再归一化需要仅仅是数学结构的残余，不需要更多也不会更少。

2.15.3　实现

测量特定量子比特的函数有以下参数：

❏ 要测量的态作为参数 psi 传递。

❏ 要测量哪个量子比特，参数 idx 从上 / 左索引。

❏ 是否测量状态坍缩到 $|0\rangle$ 或 $|1\rangle$ 的概率由参数 tostate 控制。

❏ 测量后，状态是否坍缩由参数 collapse 控制。在物理世界中，测量破坏了叠加，但在仿真中，可以在不影响状态叠加性的情况下对概率进行重复计算。

这个函数的写法是，如果进行测量并坍缩到态 $|0\rangle$，这个状态就会无关概率坍缩到态 $|0\rangle$。还有其他方法可以实现这一点，例如，根据概率选择测量结果。在探索的早期阶段，强制结果的方法非常有效，能使调试更容易。但是，必须小心，永远不要强迫状态坍缩到概率为 0 的结果。这将发生除以 0 的情况，并可能导致后续测量结果非常混乱。

该函数返回两个值：测量所需量子比特状态的概率和一个状态。若 collapse 设置为 True，则返回的状态为测量后的坍缩态，否则为未修改态，这就是实现过程。该函数首先计算密度矩阵和围绕投影算子的填充算子：

```
def Measure(psi: state.State, idx: int,
            tostate:int=0, collapse:bool=True) -> (float, state.State):
  """Measure a qubit via a projector on the density matrix."""

  # Compute probability of qubit(idx) to be in state 0 / 1.
  rho = psi.density()
  op = Projector(state.zero) if tostate = 0 else Projector(state.one)

  # Construct full matrix to apply to density matrix:
  if idx > 0:
    op = Identity().kpow(idx) * op
  if idx < psi.nbits - 1:
    op = op * Identity().kpow(psi.nbits - idx -1)
```

由被填充的投影算子与密度矩阵相乘得到的矩阵上的迹可以计算概率，如式（2.9）：

```
# Probability is the trace.
prob0 = np.trace(np.matmul(op, rho))
```

若需要量子态坍缩，则在返回更新的（或未修改的）概率和量子态之前更新量子态并重新对其归一化。

```
# Collapse state (don't forget to normalize if norm != 0)
if collapse:
  mvmul = np.dot(op, psi)
  divisor = np.real(np.linalg.norm(mvmul))
  if divisor > 1e-10:
    normed = mvmul / divisor
  else:
    raise AssertionError(
            'Measure() collapsed to 0.0 probability state.')
  return np.real(prob0), state.State(normed)

# Return original state, enable chaining.
return np.real(prob0), psi
```

再澄清一次，测量算子是投影算子。它们是埃尔米特矩阵，特征值为 0 和 1，特征向量为 $|0\rangle$ 和 $|1\rangle$。测量将根据基态的概率产生相对应的 $|0\rangle$ 态或 $|1\rangle$ 态。例如，测量不会得到测量的概率，即 0.75 的值，而是将以 0.75 的概率测量得到两个基态中的一个。这可能会让初学者感到困惑——在现实世界中，必须多次测量才能找到具有统计意义的概率。

2.15.4 例子

通过以下几个例子，看看实际的测量过程。在第一个例子中，创建一个 4 量子比特量子态并查看得到相应结果的概率：

```
    psi = state.bitstring(1, 0, 1, 0)
    psi.dump()
>>
    |1010> (|10>):  ampl: +1.00+0.00j prob: 1.00 Phase:   0.0
```

只有一种状态是非零概率。而如果测量第二个量子比特为 0，即：

```
    p0, _ = ops.Measure(psi, 1)
    print(p0)
>>
    1.0
```

但是，如果试图测量第二个量子比特为 1，这是不可能的，正如预期的那样收到一个报错：

```
    p0, _ = ops.Measure(psi, 1, tostate=1)
    print(p0)
>>
    AssertionError: Measure() collapsed to 0.0 probability state
```

另一个例子是坍缩测量。首先构造一个 Bell 态：

```
psi = bell.bell_state(0, 0)
psi.dump()
>>
|00> (|0>):  ampl: +0.71+0.00j prob: 0.50 Phase:    0.0
|11> (|3>):  ampl: +0.71+0.00j prob: 0.50 Phase:    0.0
```

该量子态只有两种可能的测量结果：|00⟩ 和 |11⟩。接下来在量子态不坍缩的情况下测量第一个量子比特为 |0⟩：

```
psi = bell.bell_state(0, 0)
p0, _ = ops.Measure(psi, 0, 0, collapse=False)
print('Probability: ', p0)
psi.dump()
>>
Probability:  0.49999997
|00> (|0>):  ampl: +0.71+0.00j prob: 0.50 Phase:    0.0
|11> (|3>):  ampl: +0.71+0.00j prob: 0.50 Phase:    0.0
```

这显示了测量得到 |0⟩ 态的正确概率为 0.5，但状态仍然未被修改。接下来将测量后的状态坍缩，这更反映了进行实际的物理测量：

```
psi = bell.bell_state(0, 0)
p0, psi = ops.Measure(psi, 0, 0, collapse=True)
print('Probability: ', p0)
psi.dump()
>>
Probability:  0.49999997
|00> (|0>):  ampl: +1.00+0.00j prob: 1.00 Phase:    0.0
```

则只剩下一种可能的测量结果，态 |00⟩，从现在开始，它将以 100% 的概率被测量得到。

至此，已经掌握了量子计算中的基本概念，并准备继续研究本书的第一个量子算法。接下来继续学习本书的方式有两种。在第 4 章学习基础架构和高性能仿真之前，你可能想先学习第 3 章的简单算法。或者，你可能更愿意先阅读关于基础架构的第 4 章，然后再探索关于简单算法的第 3 章。

第 3 章　*Chapter 3*

简单算法

在本章中，将介绍第一组量子算法。学习本章需要用到第 2 章的背景知识和基础知识。与第 6 章的复杂算法相比，为什么说这里介绍的算法是简单的？这其实是一个主观判断。做出这个判断的合理性在于本章中的算法通常较短，并且相比后面章节中的算法需要较少的基础知识或背景知识。此外，这些简单算法的推导过程已经发展得非常完善且详细，而后面复杂算法的内容，显然需要使用许多简单算法中的技术。

本章从最简单的算法（量子随机数生成器）开始，并介绍一系列的门等价内容，即一个门或门序列如何用另一个门或门序列表示。在上述基本工具的帮助下，我们实现了一个带量子门的经典全加法器，这个电路没有利用叠加性或纠缠性。

然后会讲述更让人感兴趣的内容——交换测试，它允许在不直接测量量子态本身的情况下测量两个量子态之间的相似性。这部分描述了两种利用纠缠的算法，它们拥有很酷的名字——量子隐形传态和超密编码。

最后，讨论三种所谓的 oracle 算法。这些算法利用叠加性通过一个大的酉算子并行计算求解。这是我们第一次探索比对应经典算法表现得更好的量子算法。

3.1　随机数生成器

每一个编程系统都用一个类似于"Hello World"的程序来介绍自己。在量子计算中，这可能是一个随机数生成器。可能是可以实现一些有趣功能的最简单的量子电路，只有一个量子比特和一个门：

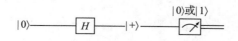

Hadamard 门将初始态转变成叠加态：

$$H|0\rangle = \frac{|0\rangle + |1\rangle}{\sqrt{2}} = |+\rangle \qquad (3.1)$$

在测量时⊖，量子态将坍缩为 $|0\rangle$ 或 $|1\rangle$，每种情况的概率都是 50%。记住，在应用 Hadamard 门之后，两种可能的结果状态的概率振幅均为 $1/\sqrt{2} = 0.707\cdots$。回想一下，概率是模方：对于振幅 a，$p = |a|^2 = a * a$。可以用一个简单的编程实验来验证这一点：

```
psi = ops.Hadamard()(state.zero)
psi.dump()
>>
0.70710678+0.00000000i   |0>   50.0%
0.70710678+0.00000000i   |1>   50.0%
```

可以构建一个单独的且完全随机的量子比特，其测量后被解析为经典比特，因此以并行或序列的方式排列这些比特可以生成任意位宽度的随机数。所谓随机，指的是真正的、原子级别的随机性，而不是经典的伪随机性。在具有有限内存的经典计算机中，所有可能（可枚举）的状态是有限数量的。因此，在经典计算机上生成的所有随机数都不是真正随机的，它们的顺序最终会重复。

这个电路几乎不能被称为电路，更不用说算法了（尽管在 6.8 节振幅放大中，称之为算法）。它只有一个门，所以它是所有可能的电路中最简单的。然而，它利用了关键的量子计算特性，即叠加性以及波函数在测量时的概率坍缩。这个电路虽然很平常、很平凡，但从某种意义上说，它又很重要。这是一个真正的量子电路。

3.2 门的等价

正如之前所学到的，只需利用旋转，可以通过无限种方式到达 Bloch 球表面上的任意一点。对电路也是类似的，只使用标准门，对一个、两个和更多量子比特的电路也能有许多有趣的等价。本节将描述常见的等价，大多数时候将通过代码形式呈现。只要稍加想象，就可以把这些简单的电路看作算法，这就是要在本书的这一部分讨论它们的原因。

更高级的功能也可以由更简单的单或双量子比特门组成，例如，在更大的量子比特距离上的交换门和双重受控 X 门。从这个角度来讲，减少到一个量子比特和两个量子比特的量子门是很重要的，本书后面的部分将（主要）关注这些类型的门。这样关注的主要原因是：

❑ 在物理量子计算机上实现双量子比特门已经很困难了。规模更大的量子门则更难实现。

❑ 量子计算中的一个关键结果证明，仅通过单量子比特门和双量子比特门可以以任意精度近似任何单一量子门。

⊖ 该测量是在 z 基中进行的，将在后面详细讨论。

❑ 想要仿真性能达到最大值，可以通过这些类型的门来实现。

下面几节中的示例代码可能非常简单，但仍然要展示它，希望它能鼓励读者去运行自己的实验！

3.2.1 门的根的平方就是门

门的根的平方就是门本身。旋转门的根是旋转角度为原来一半的门。可以验证 $T^2=S$，$S^2=Z$ 以及 $T^4=Z$。注意旋转门的伴随是与该旋转门旋转方向相反的旋转门。在下面的代码中，还验证了 X 门的根为 $V^2=X$：

```python
def test_t_gate(self):
    """T^2 == S."""

    s = ops.Tgate() @ ops.Tgate()
    self.assertTrue(s.is_close(ops.Phase()))

def test_s_gate(self):
    """S^2 == Z."""

    x = ops.Sgate() @ ops.Sgate()
    self.assertTrue(s.is_close(ops.PauliZ()))

def test_v_gate(self):
    """V^2 == X."""

    s = ops.Vgate() @ ops.Vgate()
    self.assertTrue(s.is_close(ops.PauliX()))
```

3.2.2 倒转受控非门

可以通过在 CNOT 门的两个量子比特的左边和右边分别应用 Hadamard 门，将 $CNOT_{a,b}$ 变成 $CNOT_{b,a}$：

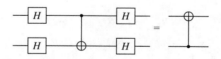

```python
def test_had_cnot_had(self):
    h2 = ops.Hadamard(2)
    cnot = ops.Cnot(0, 1)
    op = h2(cnot(h2))
    self.assertTrue(op.is_close(ops.Cnot(1, 0)))
```

通过观察算子矩阵也可以证明这个结果，这是一种有用的调试技术。上面的电路转换成下面的门级表达式。因为这个电路是围绕 CNOT 门对称的，所以不必担心矩阵乘法的顺序：

$$(H \otimes H)\text{CNOT}_{0,1}(H \otimes H)$$

矩阵形式为

$$\frac{1}{2}\begin{bmatrix} 1 & 1 & 1 & 1 \\ 1 & -1 & 1 & -1 \\ 1 & 1 & -1 & -1 \\ 1 & -1 & -1 & 1 \end{bmatrix}\begin{bmatrix} 1 & 0 & 0 & 0 \\ 0 & 1 & 0 & 0 \\ 0 & 0 & 0 & 1 \\ 0 & 0 & 1 & 0 \end{bmatrix}\frac{1}{2}\begin{bmatrix} 1 & 1 & 1 & 1 \\ 1 & -1 & 1 & -1 \\ 1 & 1 & -1 & -1 \\ 1 & -1 & -1 & 1 \end{bmatrix}$$

通过代码去构造它，能发现两种方式均能产生相同的算子矩阵：

```
    (ops.Hadamard(2) @ ops.Cnot(0, 1) @ ops.Hadamard(2)).dump()
>>
 1.0        -         -         -
 -          -         -         1.0
 -          -         1.0       -
 -          1.0       -         -


    ops.Cnot(1, 0).dump()
>>
 1.0        -         -         -
 -          -         -         1.0
 -          -         1.0       -
 -          1.0       -         -
```

3.2.3 受控 Z 门

受控 Z 门的控制位和受控位可以调换而不影响输出结果。因此可以仅使用两个黑点描述受控 Z 门：

接下来确认受控 Z 门确实是对称的。在 2.7 节受控门中，已经学习了如何在投影算子的帮助下构建受控酉门，例如：

$$CU_{0,1} = P_{|0\rangle} \otimes I + P_{|1\rangle} \otimes U$$
$$CU_{1,0} = I \otimes P_{|0\rangle} + U \otimes P_{|1\rangle}$$

尝试并手动计算这个受控 Z 门的张量积是一个很好的练习。在下列情形中，将矩阵相加：

$$CZ_{0,1} = \begin{bmatrix} 1 & 0 & 0 & 0 \\ 0 & 1 & 0 & 0 \\ 0 & 0 & 0 & 0 \\ 0 & 0 & 0 & 0 \end{bmatrix} + \begin{bmatrix} 0 & 0 & 0 & 0 \\ 0 & 0 & 0 & 0 \\ 0 & 0 & 1 & 0 \\ 0 & 0 & 0 & -1 \end{bmatrix}$$

在索引从 0,1 变为 1,0 的情形下，将下述矩阵相加：

$$CZ_{1,0} = \begin{bmatrix} 1 & 0 & 0 & 0 \\ 0 & 0 & 0 & 0 \\ 0 & 0 & 1 & 0 \\ 0 & 0 & 0 & 0 \end{bmatrix} + \begin{bmatrix} 0 & 0 & 0 & 0 \\ 0 & 1 & 0 & 0 \\ 0 & 0 & 0 & 0 \\ 0 & 0 & 0 & -1 \end{bmatrix}$$

在这两种情况下，结果都是这个算子矩阵：

$$CZ_{0,1} = CZ_{1,0} = \begin{bmatrix} 1 & 0 & 0 & 0 \\ 0 & 1 & 0 & 0 \\ 0 & 0 & 1 & 0 \\ 0 & 0 & 0 & -1 \end{bmatrix}$$

这个实验的相应代码如下。注意，构造一个多重受控 Z 门会得到一个类似的矩阵。这个矩阵除了右下角的元素为 -1 外，所有对角线元素都为 1。读者可以尝试一下！

```python
def test_controlled_z(self):
    z0 = ops.ControlledU(0, 1, ops.PauliZ())
    z1 = ops.ControlledU(1, 0, ops.PauliZ())
    self.assertTrue(z0.is_close(z1))
```

值得注意的是，所有受控相位门都是对称的，例如：

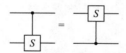

通过 Hadamard 门和受控 Z 门实现受控非门的等效如下：

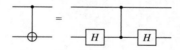

3.2.4 非 Y 门

可以通过在 Y 门的左右添加两个 X 门来构造非 Y 门：

$$-\boxed{X}-\boxed{Y}-\boxed{X}- \ = \ -\boxed{-Y}-$$

```python
def test_xyx(self):
    x = ops.PauliX()
    y = ops.PauliY()
    print(y)

    op = x(y(x))
    print(op)
    self.assertTrue(op.is_close(-1.0 * y))
```

上面代码中的两个 print 语句确实产生了预期的结果：

```
Operator for 1-qubit state space. Tensor:
[[ 0.+0.j -0.-1.j]
```

```
 [ 0.+1.j  0.+0.j]]
Operator for 1-qubit state space. Tensor:
[[0.+0.j 0.+1.j]
 [0.-1.j 0.+0.j]]
```

3.2.5 Pauli 矩阵的关系

以下列方式将 Hadamard 算子放在 Pauli 矩阵的左边和右边可以得到另一个 Pauli 矩阵。一般来说，将算子写在一起意味着它们遵循函数调用语法。因此，数学上的 ABC 可以写成 $A(B(C))$。下面的表达式是对称的，因此在本例中顺序无关紧要[⊖]。

$$HXH = Z$$
$$HYH = -Y = XYX$$
$$HZH = X$$

将在后文多次应用下述一个特殊的等式：

$$XZ = iY \qquad\qquad (3.2)$$

可以用一个简短的代码片段验证这些结果：

```
def test_equalities(self):
  # Generate the Pauli and Hadamard matrices.
  _, x, y, z = ops.Pauli()
  h = ops.Hadamard()

  # Check equalities.
  op = h(x(h))
  self.assertTrue(op.is_close(z))

  op = h(y(h))
  self.assertTrue(op.is_close(-1.0 * y))

  op = h(z(h))
  self.assertTrue(op.is_close(x))

  op = x(z)
  self.assertTrue(op.is_close(1.0j * y))
```

3.2.6 改变旋转轴

下面的等价很有趣，因为它显示了全局相位对算子的影响。T 门表示绕 z 轴旋转 $\pi/4$。在 T 门左右添加 Hadamard 门能使组合的酉门绕 x 轴旋转 $\pi/4$：

$$HTH = R_x(\pi/4)$$

组合后的 HTH 算子如下：

⊖ 注意这些等价是和 Pauli 换向算子有关的。

```
Operator for 1-qubit state space. Tensor:
[[0.8535533 +0.35355335j 0.14644662-0.35355335j]
 [0.14644662-0.35355335j 0.8535533 +0.35355335j]]
```

将其与绕 x 轴旋转 $\pi/4$ 的算子进行比较：

```
Operator for 1-qubit state space. Tensor:
[[0.9238795+0.j          0.         -0.38268343j]
 [0.        -0.38268343j 0.9238795+0.j         ]]
```

乍一看，这两个结果似乎并不相等。然而，将其中一个除以另一个得到的是一个元素都相等的矩阵。这意味着两个算子只相差一个乘法因子。将缩放算子作用于一个状态会导致一个等价缩放的状态。因为这是一个全局相位，没有物理意义，所以可以忽略它。相反，可以说仅相差一个常数因子的算子是等价的。如果这是真的，那么计算两者之间的除法应该得到一个所有元素都相同的矩阵，而实际上确实如此：

```python
def test_global_phase(self):
    h = ops.Hadamard()
    op = h(ops.Tgate()(h))

    # If equal up to a global phase, all values should be equal.
    phase = op / ops.RotationX(math.pi/4)
    self.assertTrue(math.isclose(phase[0, 0].real, phase[0, 1].real,
                                 abs_tol=1e-6))
    self.assertTrue(math.isclose(phase[0, 0].imag, phase[0, 1].imag,
                                 abs_tol=1e-6))
    self.assertTrue(math.isclose(phase[0, 0].real, phase[1, 0].real,
                                 abs_tol=1e-6))
    self.assertTrue(math.isclose(phase[0, 0].imag, phase[1, 0].imag,
                                 abs_tol=1e-6))
    self.assertTrue(math.isclose(phase[0, 0].real, phase[1, 1].real,
                                 abs_tol=1e-6))
    self.assertTrue(math.isclose(phase[0, 0].imag, phase[1, 1].imag,
                                 abs_tol=1e-6))
```

3.2.7 受控 – 受控门

只要一个酉门存在一个根 $R = \sqrt{U}$（它总是存在的⊖），就可以仅用双量子比特门构造双重受控 U 门。这对仿真性能非常重要，因为双量子比特门可以被非常有效地模拟。此外，对于物理设备而言，构建一个超过两个量子比特的门是一个巨大的挑战。

一个双重受控门的例子是 2.7.2 节的 Toffoli 门，这是一个双重受控 X 门，如图 3.1 左侧所示。它可以用所谓的 Sleator-Weinfurter 结构（Barenco et al., 1995）来建造，如图 3.1 右侧所示。请注意，电路只使用双量子比特门。

⊖ 可以证明任何酉矩阵都有一个平方根。酉矩阵是可对角化的，所以酉矩阵的根就是对角元素的根。

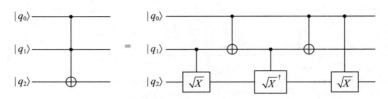

图 3.1　双重受控 X 门的 Sleator-Weinfurter 结构

X 门的平方根是 V 门，有 adjoint() 函数去计算这个门的伴随矩阵或者其他张量。这种结构适用于任何单量子比特门及其根，因此可以构造双重受控的 X、Y、Z、T 和任何其他受控的 2×2 门。请注意，在下面的代码中的量子比特使用了固定的索引 0、1、2。稍后将介绍总体结构。

```python
def test_v_vdag_v(self):
    # Make Toffoli out of V = sqrt(X).
    #
    v = ops.Vgate()   # Could be any unitary, in principle!
    ident = ops.Identity()
    cnot = ops.Cnot(0, 1)

    o0 = ident * ops.ControlledU(1, 2, v)
    c2 = cnot * ident
    o2 = (ident * ops.ControlledU(1, 2, v.adjoint()))
    o4 = ops.ControlledU(0, 2, v)
    final = o4 @ c2 @ o2 @ c2 @ o0

    v2 = v @ v
    cv1 = ops.ControlledU(1, 2, v2)
    cv0 = ops.ControlledU(0, 1, cv1)
    self.assertTrue(final.is_close(cv0))
```

3.2.8　多重受控门

前文（3.2.7 节）已经提到，仅用双量子比特门构建双重受控门的能力很重要。从逻辑上来讲下一步就是构建多重受控门。

这要怎么做？有一个需要 $n-2$ 个辅助量子比特（全部初始化为 $|0\rangle$）的 n 路受控门的优雅结构。首先看一下图 3.2 中电路的前半部分。

级联的 Toffoli 门在最上面的辅助量子比特建立最终的判断从而控制最下方的 X 门。只有当所有的控制位为 $|1\rangle$ 时，最上方的量子比特也为 $|1\rangle$。

这种结构可用于控制其他单量子比特门。一个潜在的问题是，系统的状态现在与辅助量子比特纠缠在一起。2.13 节详细介绍了这个问题的解决方案，即通过计算门的伴随矩阵并以相反的顺序应用它们来对消计算 Toffoli 门的级联。通过这样做，如图 3.2 右半部分所示，辅助量子比特被逆转到它们的初始状态。状态可以再次表示为直积态，并且消除了与辅助量子比特的所有纠缠。4.3.7 小节将详细介绍一个多重受控门的实现，它可以有 0、1 或

多个控制器，并且可以通过 $|0\rangle$ 或 $|1\rangle$ 来控制。

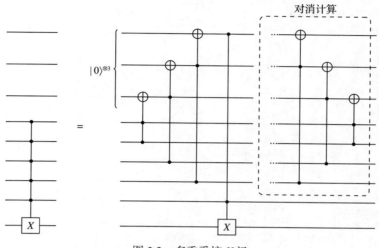

图 3.2 多重受控 X 门

其他的结构也是可能的。Mermin（2007）提出了多重受控门，该门用额外的门替代一定数量的辅助量子比特，电路也不要求辅助量子比特处于 $|0\rangle$ 态（这可能节省一些未计算的门）。

3.2.9 受控门的等价

在本小节中，列出了受控门的几个等式，在等式中使用以下简写法：

❑ C_x 是从量子比特 0 到量子比特 1 的受控非门。

❑ X_0 是作用在量子比特 0 上的 X 门。同理可得以 1 为索引的简写和 Y 门、Z 门的简写。

再次将 ABC 作为 $A(B(C))$ 的缩写形式[⊖]。

$$C_x X_0 C_x = X_0 X_1$$
$$C_x Y_0 C_x = Y_0 X_1$$
$$C_x Z_0 C_x = Z_0$$
$$C_x X_1 C_x = X_1$$
$$C_x Y_1 C_x = Z_0 Z_1$$
$$C_x Z_1 C_x = Z_0 Z_1$$
$$R_{Z,0}(\phi) C_x = C_x R_{Z,0}(\phi)$$
$$R_{x,1}(\phi) C_x = C_x R_{x,1}(\phi)$$

可以使用下面的代码来验证这些等价。接下来还将在 8.4 节讨论编译器优化时重新对其中的一些等价进行讨论。

⊖ 注意矩阵乘法满足结合律。

```
def test_control_equalities(self):
    """Exercise 4.31 Nielson, Chuang."""

    i, x, y, z = ops.Pauli()
    x1 = x * i
    x2 = i * x
    y1 = y * i
    y2 = i * y
    z1 = z * i
    z2 = i * z
    c = ops.Cnot(0, 1)
    theta = 25.0 * math.pi / 180.0
    rx2 = i * ops.RotationX(theta)
    rz1 = ops.RotationZ(theta) * i

    self.assertTrue(c(x1(c)).is_close(x1(x2)))
    self.assertTrue((c @ x1 @ c).is_close(x1 @ x2))
    self.assertTrue((c @ y1 @ c).is_close(y1 @ x2))
    self.assertTrue((c @ z1 @ c).is_close(z1))
    self.assertTrue((c @ x2 @ c).is_close(x2))
    self.assertTrue((c @ y2 @ c).is_close(z1 @ y2))
    self.assertTrue((c @ z2 @ c).is_close(z1 @ z2))
    self.assertTrue((rz1 @ c).is_close(c @ rz1))
    self.assertTrue((rx2 @ c).is_close(c @ rx2))
```

3.2.10 交换门

为了完整起见，再看一遍交换门。它由三个受控非门串联构成，如图 3.3 所示。

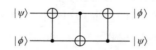

图 3.3　一个带有三个受控非门的交换门的结构

```
def Swap(idx0: int = 0, idx1: int = 1) -> Operator:
    """Swap qubits at idx0 and idx1 via combination of Cnot gates."""

    return Cnot(idx1, idx0) @ Cnot(idx0, idx1) @ Cnot(idx1, idx0)
```

在其他文献中还可以找到更多交换门的等价结构。它们都很有趣，也很有价值，尤其是在优化和编译方面。其中，一个有趣的（不一定是琐碎的）问题是通过编程找到它们。在此，把这个作为挑战留给读者。

3.3　经典算术

在本节中，将研究一个标准的经典逻辑电路（即全加器）并使用量子门来实现它。这个量子电路没有利用任何量子特性——将在 6.2 节中详细介绍量子傅里叶域的算法。一个 1 位全加器模块通常绘制为如图 3.4 所示。

图 3.4　1 位全加器框图

输入比特是 A 和 B。链式全加器中上一个加法器输入的值用 C_{in} 表示。输出的是和 Sum 以及潜在的进位 C_{out}。多个全加器可以连接在一起（通过 C_{in} 和 C_{out}）产生任意位宽的加法器。全加器逻辑电路的真值表见表 3.1。

表 3.1　全加器逻辑电路的真值表

A	B	C_{in}	C_{out}	Sum
0	0	0	0	0
0	0	1	0	1
0	1	0	0	1
0	1	1	1	0
1	0	0	0	1
1	0	1	1	0
1	1	0	1	0
1	1	1	1	1

毫无疑问，经典电路使用与、或、非等经典门。当前的任务是构建一个仅使用量子门就能产生相同真值表的量子电路。经典的 0 和 1 由基态 $|0\rangle$ 和 $|1\rangle$ 表示。经过一些思考和实验，得到了图 3.5 中的电路。注意，这个电路既不利用叠加性也不利用纠缠性。

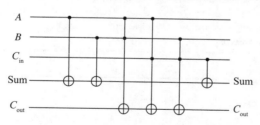

图 3.5　用量子门实现的经典全加器

接下来遍历一下电路以确保其工作正常：

❏ 如果 A 是 1，那么 Sum 将被翻转为 1（CNOT 门从 A 到 Sum）。

❏ 如果 B 为 1，那么 Sum 将被翻转为 1，如果它已经被设置为 1，则将被翻转回 0。

❏ 如果 C_{in} 为 1，而 CNOT 门在最右边，那么 Sum 将被再翻转一次。

❏ 如果 A 和 B 都为 1，或者 A 和 C_{in} 都为 1，或者 B 和 C_{in} 都为 1，那么 C_{out} 将被翻转。

❏ 如果所有 A、B 和 C_{in} 都为 1，那么会发生什么？ Sum 从 0 开始，经过状态：0、1、0、1。

C_{out} 也将从 0 开始，经过状态：0、1、0、1。两个信号的最终结果是 1 和 1。

通过受控非门和双重受控 X 门去实现上述功能非常简单。测量本应该是概率性的，但在这种情况下，正确结果的概率是 100%。只有一种状态具有非零概率。

使用我们的基础设施来实现这个电路（源代码在开源存储库中的 src/arith_classic.py 文件中）。按照图 3.5 所示的顺序将每个门作用于量子态：

```python
def fulladder_matrix(psi: state.State):
    """Non-quantum-exploiting, classic full adder."""

    psi = ops.Cnot(0, 3)(psi, 0)
    psi = ops.Cnot(1, 3)(psi, 1)
    psi = ops.ControlledU(0, 1, ops.Cnot(1, 4))(psi, 0)
    psi = ops.ControlledU(0, 2, ops.Cnot(2, 4))(psi, 0)
    psi = ops.ControlledU(1, 2, ops.Cnot(2, 4))(psi, 1)
    psi = ops.Cnot(2, 3)(psi, 2)
    return psi
```

通过下面的方法进行一个实验。首先，从输入中构造量子态，为预期输出 sum 和 cout 增加两个 $|0\rangle$ 态。然后，应用刚刚构建的电路。接下来，测量输出为 1 的概率，这意味着如果状态为 $|0\rangle$，将得到 0.0 的概率，如果状态为 $|1\rangle$，将得到 1.0 的概率：

```python
def experiment_matrix(a: int, b: int, cin: int,
                      expected_sum: int, expected_cout: int):
    """Run a simple classic experiment, check results."""

    psi = state.bitstring(a, b, cin, 0, 0)
    psi = fulladder_classic(psi)

    bsum, _ = ops.Measure(psi, 3, tostate=1, collapse=False)
    bout, _ = ops.Measure(psi, 4, tostate=1, collapse=False)
    print(f'a: {a} b: {b} cin: {cin} sum: {bsum} cout: {bout}')
    if bsum != expected_sum or bout != expected_cout:
        raise AssertionError('invalid results')
```

对所有输入验证该电路：

```python
def add_classic():
    """Full eval of the full adder."""

    for exp_function in [experiment_matrix]:
        exp_function(0, 0, 0, 0, 0)
        exp_function(0, 1, 0, 1, 0)
        exp_function(1, 0, 0, 1, 0)
        exp_function(1, 1, 0, 0, 1)
        [...]

def main(argv):
    [...]
    add_classic()
```

这将产生以下输出。没有错误消息表明事情按照计划进行：

```
a: 0 b: 0 cin: 0 sum: 0.0 cout: 0.0
a: 0 b: 1 cin: 0 sum: 1.0 cout: 0.0
a: 1 b: 0 cin: 0 sum: 1.0 cout: 0.0
a: 1 b: 1 cin: 0 sum: 0.0 cout: 1.0
[...]
```

其他经典电路也可以用这种方式实现和组合，以构建更强大的电路。在后文展示了其一般的结构。所有这些电路都指向了一个关于量子计算机的一般陈述：由于通用逻辑门可以在量子计算机上实现，量子计算机的能力至少与经典计算机一样强。这并不意味着它在一般情况下表现得更好。这里提出的用来实现一个简单的1位加法器的电路可能是一个非常低效的方式。然而，读者很快就会看到一类算法在量子计算机上比在经典计算机上表现得更好。

逻辑电路的一般结构

接下来用量子门表达经典逻辑电路的一般结构（Williams，2011）。这种方法只使用了三个量子门：

$$NOT = a \longrightarrow \oplus \longrightarrow a \oplus 1$$

$$CNOT = \begin{matrix} a \longrightarrow a \\ b \longrightarrow a \oplus b \end{matrix}$$

$$Toffoli = \begin{matrix} a \longrightarrow a \\ b \longrightarrow b \\ c \longrightarrow (a \wedge b) \oplus c \end{matrix}$$

这三个门足以构造经典门与门、或门，当然还有非门。与门为 Toffoli 门，第三输入为 $|0\rangle$：

$$AND = \begin{matrix} a \longrightarrow a \\ b \longrightarrow b \\ |0\rangle \longrightarrow a \wedge b \end{matrix}$$

或门稍微复杂一些，但它只是基于另一种 Toffoli 门：

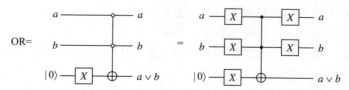

通过非门和与门可以构建通用的与非门，这意味着可以用量子门构建任何经典的逻辑电路。对于复杂的逻辑电路，可能会遇到扇出的需求，将单线连接到多个门。所以，需要一个扇出（fan-out）电路。这可能吗？扇形扩散不违反量子不可克隆定理吗？答案是否定

的，因为逻辑 0 和 1 是由状态为 $|0\rangle$ 或 $|1\rangle$ 的量子比特表示的。对于这些基态，克隆和扇出确实是可能的，正如在 2.13 节中所展示的那样。

扇出 = a —— a
$|0\rangle$ —— a

有了这些元素，并且知道任何布尔公式都可以表示为和的乘积，就可以用量子门构建任何逻辑电路。当然，要使这种构造更有效，还需要额外的技术，例如辅助管理、对消计算和门的一般最小化。

布尔公式 $(x_0 \wedge x_1) \wedge (x_1 \vee x_2)$ 的量子电路示例如图 3.6 所示。在这个电路图中，没有显示最后一个门之后的对消计算，而对消计算将需要用于辅助量子比特和量子态的解纠缠。在大型逻辑表达式链中对消计算辅助量子比特的能力可以减少所需辅助量子比特的数量。在本例中，可以对消计算 $|0\rangle_0$ 和 $|0\rangle_1$，并使它们在将来的临时需求中再次可用。

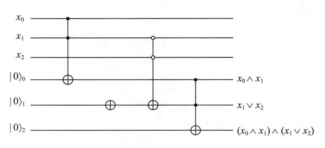

图 3.6　一个用量子门表示的布尔公式

3.4　交换测试

量子交换测试可以实现在不对两个量子态进行直接测量的情况下测量两个量子态之间的相似性（Buhrman et al., 2001）。若对一个辅助比特测量得到基态 $|0\rangle$ 的概率接近 0.5，则说明这两种状态差别很大。相反，接近 1.0 的测量概率意味着两个状态非常相似。在物理世界中，必须多次进行实验来确认概率。在实现中，可以方便地查看概率。

这是一个允许推导间接测量的量子算法实例。它不会告诉我们这两个量子态是什么——因为这会构成测量。它也没有告诉我们其中的哪个量子态振幅更大。然而，在没有测量的情况下，它确实告诉了我们这两个未知量子态有多相似。测量量子比特 $|\psi\rangle$ 和 $|\phi\rangle$ 相似度的电路如图 3.7 所示。

用 χ 表示 3 量子比特系统的量子态，看看它是如何从左向右演化的。接下来以这个电路作为第一个例子来进行相关的详细数学推导。

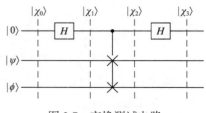

图 3.7　交换测试电路

在电路开始时，状态为 3 个量子比特的张量积：

$$|\chi_0\rangle = |0,\psi,\phi\rangle$$

量子比特 0 上的 Hadamard 门将系统叠加为：

$$|\chi_1\rangle = \frac{1}{\sqrt{2}}(|0,\psi,\phi\rangle + |1,\psi,\phi\rangle)$$

受控交换门影响了这个表达式的第二部分，因为量子比特 0 的控制位状态为 $|1\rangle$。在标记 b 的部分，$|\phi\rangle$ 和 $|\psi\rangle$ 互换位置：

$$|\chi_2\rangle = \frac{1}{\sqrt{2}}(\underbrace{|0,\psi,\phi\rangle}_{a} + \underbrace{|1,\phi,\psi\rangle}_{b})$$

第二个 Hadamard 门将量子态进一步叠加，量子态的第一部分（标记为 a），

$$\frac{1}{\sqrt{2}}(\underbrace{|0,\psi,\phi\rangle}_{a} + \cdots$$

变为以下状态（经过 Hadamard 门叠加后的 $|0\rangle$ 态引入了一个加号）：

$$\frac{1}{\sqrt{2}}\frac{1}{\sqrt{2}}(|0,\psi,\phi\rangle + |1,\psi,\phi\rangle) + \cdots$$

第二部分（标记为 b）：

$$\cdots + \underbrace{|1,\phi,\psi\rangle}_{b}$$

变为以下状态（经过 Hadamard 门叠加后的 $|1\rangle$ 态引入了一个加号）：

$$\cdots + \frac{1}{\sqrt{2}}\frac{1}{\sqrt{2}}(|0,\phi,\psi\rangle - |1,\phi,\psi\rangle)$$

结合两个子表达式得到态 $|\chi_3\rangle$：

$$|\chi_3\rangle = \frac{1}{2}(|0,\psi,\phi\rangle + |1,\psi,\phi\rangle + |0,\phi,\psi\rangle - |1,\phi,\psi\rangle)$$

提出第一个量子比特（量子比特 0），上式化为

$$|\chi_3\rangle = \frac{1}{2}|0\rangle(|\psi,\phi\rangle + |\phi,\psi\rangle) + \frac{1}{2}|1\rangle(|\psi,\phi\rangle - |\phi,\psi\rangle)$$

现在对第一个量子比特进行测量。如果它坍缩到 $|0\rangle$，第二项就消失了（它不能再被测量，并且概率为 0）。只考虑第一个量子比特测量结果为 $|0\rangle$ 态的情况，而忽略所有其他的。量子态坍缩到 $|0\rangle$ 态的概率振幅取自第一项：

$$\frac{1}{2}|0\rangle(|\psi,\phi\rangle + |\phi,\psi\rangle)$$

概率是通过振幅的模方计算的，即将振幅与其复共轭相乘。这里必须注意：为了计算这个平方（振幅和它的复共轭），必须将整个 $|0\rangle$ 态的振幅平方，它包括了在 $|0\rangle$ 之后的两个张量积以及因子 1/2：

$$\frac{1}{2}(|\psi,\phi\rangle+|\phi,\psi\rangle)^{\dagger}\frac{1}{2}(|\psi,\phi\rangle+|\phi,\psi\rangle)$$

$$=\frac{1}{2}(\langle\psi,\phi|+\langle\phi,\psi|)\frac{1}{2}(|\phi,\psi\rangle+|\psi,\phi\rangle)$$

$$=\frac{1}{4}\langle\psi,\phi|\phi,\psi\rangle+\frac{1}{4}\underbrace{\langle\psi,\phi|\psi,\phi\rangle}_{=1}+\frac{1}{4}\underbrace{\langle\phi,\psi|\phi,\psi\rangle}_{=1}+\frac{1}{4}\langle\phi,\psi|\psi,\phi\rangle$$

归一化的量子态与其自身的标量积为 1.0，即上式中第二、第三个子项各为 $\frac{1}{4}$，表达式简化为：

$$\frac{1}{2}+\frac{1}{4}\langle\psi,\phi|\phi,\psi\rangle+\frac{1}{4}\langle\phi,\psi|\psi,\phi\rangle \qquad (3.3)$$

现在回想一下如何计算式（1.7）中两个张量的内积。给定两个量子态：

$$|\psi_1\rangle=|\phi_1\rangle\otimes|\chi_1\rangle$$
$$|\psi_2\rangle=|\phi_2\rangle\otimes|\chi_2\rangle$$

计算其内积为

$$\langle\psi_1|\psi_2\rangle=\langle\phi_1|\phi_2\rangle\langle\chi_1|\chi_2\rangle$$

这意味着将式（3.3）重写为如下，因为标量积只是复数，所以可以改变它们的顺序：

$$\frac{1}{2}+\frac{1}{4}\langle\psi,\phi|\phi,\psi\rangle+\frac{1}{4}\langle\phi,\psi|\psi,\phi\rangle$$

$$=\frac{1}{2}+\frac{1}{4}\langle\psi|\phi\rangle\langle\phi|\psi\rangle+\frac{1}{4}\langle\phi|\psi\rangle\langle\psi|\phi\rangle$$

$$=\frac{1}{2}+\frac{1}{4}\langle\psi|\phi\rangle\langle\phi|\psi\rangle+\frac{1}{4}\langle\psi|\phi\rangle\langle\phi|\psi\rangle$$

$$=\frac{1}{2}+\frac{1}{2}\langle\psi|\phi\rangle\langle\phi|\psi\rangle$$

现在来考虑内积的平方

$$\langle\psi|\phi\rangle^2=\langle\psi|\phi\rangle^*\langle\psi|\phi\rangle=\langle\phi|\psi\rangle\langle\psi|\phi\rangle$$

这意味着对于交换测试电路，最终测量到为 $|0\rangle$ 态的概率为

$$Pr(|0\rangle)=\frac{1}{2}+\frac{1}{2}\langle\psi|\phi\rangle^2$$

这种包含两个量子态的标量积的概率是相似性测量的关键。如果 $|\phi\rangle$ 和 $|\psi\rangle$ 的点积接近于 0，那么测量结果为 $|0\rangle$ 态的概率值将接近于 1/2，这意味着这两个量子态是正交的，并且是最

大程度不同；若点积接近 1.0，则测量结果为 $|0\rangle$ 态的概率值将接近于 1.0，这意味着两个量子态几乎相同。

在代码中，这看起来非常简单。在每个实验中，构建电路：

```
def run_experiment(a1: np.complexfloating, a2: np.complexfloating,
                   target: float) -> None:
    """Construct swap test circuit and measure."""

    # |0> --- H --- o --- H --- Measure
    #               |
    # a1 --------- x ---------
    #               |
    # a2 ---------x ---------
    psi = state.bitstring(0) * state.qubit(a1) * state.qubit(a2)
    psi = ops.Hadamard()(psi, 0)
    psi = ops.ControlledU(0, 1, ops.Swap(1, 2))(psi)
    psi = ops.Hadamard()(psi, 0)
```

通过重复进行一般测量，并找到量子比特 0 处于 $|0\rangle$ 态的概率：

```
# Measure qubit 0 once.
p0, _ = ops.Measure(psi, 0)
```

这就是它的全部。变量 p0 将是量子比特 0 处于 $|0\rangle$ 态下的概率。现在剩下要做的是将这个概率与目标进行比较，以检查结果是否有效。允许 5% 的误差幅度（0.05）：

```
if abs(p0 - target) > 0.05:
    raise AssertionError(
        'Probability {:.2f} off more than 5 pct from target {:.2f}'
        .format(p0, target))
print('Similarity of a1: {:.2f}, a2: {:.2f} ==>   \%: {:.2f}'
      .format(a1, a2, 100.0 * p0))
```

进行一些实验：

```
def main(argv):
    [...]
    print('Swap test. 0.5 means different, 1.0 means similar')
    run_experiment(1.0, 0.0, 0.5)
    run_experiment(0.0, 1.0, 0.5)
    run_experiment(1.0, 1.0, 1.0)
    run_experiment(0.0, 0.0, 1.0)
    run_experiment(0.1, 0.9, 0.65)
    [...]
```

这应该按照如下方式产生输出：

```
Swap test to compare state. 0.5 means different, 1.0 means similar
Similarity of a1: 1.00, a2: 0.00 ==> %: 50.00
Similarity of a1: 0.00, a2: 1.00 ==> %: 50.00
Similarity of a1: 1.00, a2: 1.00 ==> %: 100.00
Similarity of a1: 0.00, a2: 0.00 ==> %: 100.00
Similarity of a1: 0.10, a2: 0.90 ==> %: 63.71
[...]
```

3.5 量子隐形传态

本节描述了至今名字最有趣的量子算法之一——量子隐形传态（quantum teleportation，Bennett et al.，1993）。这是包括加密和纠错的量子信息领域的一个小例子。这种算法利用纠缠来实现在空间分离的两个位置间的信息传递。

算法的故事一如既往地从 Alice 和 Bob 开始，他们代表着不同的系统 A 和 B。在故事的开始，他们一起在地球上的实验室里创造了一对纠缠的量子比特，例如 Bell 态 $|\beta_{00}\rangle$。将纠缠对的第一个量子比特标记为 Alice 的，第二个标记为 Bob 的：

$$|\beta_{00}\rangle = \frac{|0_A 0_B\rangle + |1_A 1_B\rangle}{\sqrt{2}}$$

```
def main(argv):
  [...]

  # Step 1: Alice and Bob share an entangled pair, and separate.
  psi = bell.bell_state(0, 0)
```

在纠缠态建立后，他们每个人拿一个量子比特并在物理上分开——Alice 去月球，Bob 去火星。不要担心他们是如何让超冷量子比特穿越太阳系的。没有人认为远距离传送很容易。

坐在月球上，Alice 碰巧拥有另一个量子比特 $|x\rangle$，它处于特定的量子态，概率振幅为 α 和 β：

$$|x\rangle = \alpha|0\rangle + \beta|1\rangle$$

Alice 不知道 α 和 β 的值是多少，测量量子比特会破坏叠加态。但是 Alice 想要将 α 和 β 传递给 Bob，这样当他测量时，他将获得具有相应概率的 $|x\rangle$ 的基态。Alice 如何将 $|x\rangle$ 的状态"发送"或"传送"给 Bob？她可以利用她手中在月球旅行之前就有的纠缠量子比特来做到这一点。

在代码中，用 α 和 β 的定义值创建量子比特 $|x\rangle$，这样就可以稍后检查 Alice 是否传送了正确的值给 Bob：

```
# Step 2: Alice wants to teleport a qubit |x> to Bob,
#         which is in the state:
#         |x> = a|0> + b|1> (with a^2 + b^2 == 1)
a = 0.6
b = math.sqrt(1.0 - a * a)
x = state.qubit(a, b)
print('Quantum Teleportation')
print('Start with EPR Pair a={:.2f}, b={:.2f}'.format(a, b))
```

关键的"窍门"来了，Alice 将新的量子比特与她从地球带来的量子比特结合起来，这个量子比特与 Bob 的量子比特纠缠在一起。我们不关心如何在物质世界中实现这一点，只假设这是可能的：

```
# Produce combined state 'alice'.
alice = x * psi
```

这里有点滥用符号了，这里现在的组合态是 $|xAB\rangle$，其中 A 代表 Alice 在月球上的纠缠量子比特，B 代表 Bob 在火星上的纠缠量子比特。她现在明确地通过常用技术应用受控非门将 $|x\rangle$ 纠缠：

```
# Alice lets qubit 0 (|x>) interact with qubit 1, which is her
# part of the entangled state with Bob.
alice = ops.Cnot(0, 1)(alice)
```

最后，她对 $|x\rangle$ 应用了一个 Hadamard 门。值得注意的是，如果反向应用纠缠电路，即先应用一个受控非门，然后应用一个 Hadamard 门，这个过程也被称为 Bell 态测量。

```
# Now she applies a Hadamard to qubit 0. Bob still owns qubit 2.
alice = ops.Hadamard()(alice, idx=0)
```

用电路表示整个过程如图 3.8 所示。接下来分析一下量子态是如何从左到右演化的，并详细说明其中的数学原理。从地球上的实验室开始，在第一个 Hadamard 门之前，状态只是两个量子比特的张量积：

$$|\psi_0\rangle = |0\rangle_A \otimes |0\rangle_B = |0_A 0_B\rangle$$

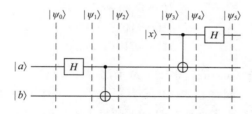

图 3.8　电路表示法的量子隐形传态

第一个 Hadamard 门使量子比特 $|0\rangle_A$ 产生了一个叠加态：

$$|\psi_1\rangle = \frac{|0\rangle_A + |1\rangle_A}{\sqrt{2}} \otimes |0\rangle_B$$

受控非门将两个量子比特纠缠在一起并生成了一个 Bell 态。这种机制在 2.11 节的纠缠部分就已经进行过讨论。值得注意的是，到目前为止，Bob 和 Alice 都仍然处在同一个位置：地球上的实验室。

$$|\psi_2\rangle = \frac{|0_A 0_B\rangle + |1_A 1_B\rangle}{\sqrt{2}}$$

Alice 现在已经去了月球，在那里她把她新的量子比特 $|x\rangle$ 和她从地球带来的量子比特张量在一起，得到态 $|\psi_3\rangle$：

$$|\psi_3\rangle = (\alpha|0\rangle + \beta|1\rangle) \otimes \frac{|0_A 0_B\rangle + |1_A 1_B\rangle}{\sqrt{2}}$$

$$= \frac{\alpha |0\rangle(|0_A 0_B\rangle + |1_A 1_B\rangle) + \beta |1\rangle(|0_A 0_B\rangle + |1_A 1_B\rangle)}{\sqrt{2}}$$

现在将受控非门从 $|x\rangle$ 作用到 Alice 的量子比特（现在是量子比特 1）。这意味着 $|x\rangle$ 叠加态 $|1\rangle$ 部分将会翻转受控位。结果在表达式的右侧的量子比特 $|0\rangle_A$ 和 $|1\rangle_A$ 被翻转：

$$|\psi_4\rangle = \frac{\alpha |0\rangle(|0_A 0_B\rangle + |1_A 1_B\rangle) + \beta |1\rangle(|1_A 0_B\rangle + |0_A 1_B\rangle)}{\sqrt{2}}$$

最后，对 $|x\rangle$ 应用 Hadamard 门，将 $|x\rangle$ 的 $\alpha |0\rangle$ 部分和 $\beta |1\rangle$ 部分进行叠加：

$$|\psi_5\rangle = \frac{\alpha(|0\rangle + |1\rangle)(|0_A 0_B\rangle + |1_A 1_B\rangle) + \beta(|0\rangle - |1\rangle)(|1_A 0_B\rangle + |0_A 1_B\rangle)}{2}$$

将其展开：

$$|\psi_5\rangle = \frac{1}{2}(\alpha(|000\rangle + |011\rangle + |100\rangle + |111\rangle) + \beta(|010\rangle + |001\rangle - |110\rangle - |101\rangle))$$

很快就要实现了。Alice 拥有前两个量子比特，如果对上面的表达式进行重新组合并分离出前两个量子比特，就得到了目标表达式：

$$\begin{aligned} |\psi_5\rangle = \frac{1}{2}(&|00\rangle(\alpha |0\rangle + \beta |1\rangle) + \\ &|01\rangle(\beta |0\rangle + \alpha |1\rangle) + \\ &|10\rangle(\alpha |0\rangle - \beta |1\rangle) + \\ &|11\rangle(-\beta |0\rangle + \alpha |1\rangle)) \end{aligned}$$

记住，前两个量子比特是 Alice 的，第三个量子比特是 Bob 的。Alice 的四个基态的概率由 α 和 β 的组合决定。她可以测量她的前两个量子比特，同时保持 Bob 的第三个量子比特的叠加不变。虽然概率振幅发生了变化，但 Bob 的量子比特仍然处于叠加状态。

当 Alice 测量她的两个量子比特时，状态发生坍缩，只留下一个概率组合给 Bob 的量子比特。最后一个关键点是，Alice 通过一个经典的沟通渠道告诉 Bob 她测量到的结果：

❑ 如果她测量得到 $|00\rangle$，那么 Bob 的量子比特处于态 $\alpha |0\rangle + \beta |1\rangle$。

❑ 如果她测量得到 $|01\rangle$，那么 Bob 的量子比特处于态 $\beta |0\rangle + \alpha |1\rangle$。

❑ 如果她测量得到 $|10\rangle$，那么 Bob 的量子比特处于态 $\alpha |0\rangle - \beta |1\rangle$。

❑ 如果她测量得到 $|11\rangle$，那么 Bob 的量子比特处于态 $-\beta |0\rangle + \alpha |1\rangle$。

Alice 成功地将 $|x\rangle$ 的概率振幅传送给了 Bob。但是她仍然需要用传统的方式传达她的测量结果，所以并没有比光通信更快。然而，幽灵般的超距应用"修改"了 Bob 在火星上的纠缠量子比特，以获得 Alice 在月球上创建的量子比特的概率振幅。这种幽灵般的动作确实令人毛骨悚然，也令人震惊。

最后一步，根据 Alice 经典通信的信息，对 Bob 应用量子门，使其处于 $\alpha |0\rangle + \beta |1\rangle$ 的量子态：

❑ 如果她发送 00，那么不需要做任何事情。

❑ 如果她发送 01，那么 Bob 需要通过应用 X 门翻转振幅。

❑ 如果她发送 10，那么 Bob 需要通过应用 Z 门翻转相位。

❑ 相应地，如果她发送 11，那么 Bob 需要应用 X 门和 Z 门。

在此之后，Bob 在火星上的量子比特将处于 Alice 在月球上的原始量子比特的状态，从而完成传送。令人震惊！

在如下代码中（在开源存储库中的 src/teleportation .py 文件中），运行了四个实验，对应于四种可能的测量结果：

```
# Alice measures and communicates the result |00>, |01>, ... to Bob.
alice_measures(alice, a, b, 0, 0)
alice_measures(alice, a, b, 0, 1)
alice_measures(alice, a, b, 1, 0)
alice_measures(alice, a, b, 1, 1)
```

对于每个实验，假设 Alice 测量了一个特定的结果，并将相应的解码量子门作用到 Bob 的量子比特上：

```
def alice_measures(alice: state.State,
            expect0: np.complexfloating, expect1: np.complexfloating,
            qubit0: np.complexfloating, qubit1: np.complexfloating):
  """Force measurement and get teleported qubit."""

  # Alices measure her state and gets a collapsed |qubit0 qubit1>.
  # She let's Bob know which one of the 4 combinations she obtained.
  # We force measurement here, collapsing to a state with the
  # first two qubits collapsed. Bob's qubit is still unmeasured.
  _, alice0 = ops.Measure(alice, 0, tostate=qubit0)
  _, alice1 = ops.Measure(alice0, 1, tostate=qubit1)

  # Depending on what was measured and communicated, Bob has to do
  # one of these things to his qubit2:
  if qubit0 == 0 and qubit1 == 0:
    pass
  if qubit0 == 0 and qubit1 == 1:
    alice1 = ops.PauliX()(alice1, idx=2)
  if qubit0 == 1 and qubit1 == 0:
    alice1 = ops.PauliZ()(alice1, idx=2)
  if qubit0 == 1 and qubit1 == 1:
    alice1 = ops.PauliX()(ops.PauliZ()(alice1, idx=2), idx=2)
```

然后，对 Bob 的量子比特进行测量并确认它符合预期：

```
# Now Bob measures his qubit (2) (without collapse, so we can
# 'measure' it twice. This is not necessary, but good to double check
# the maths).
p0, _ = ops.Measure(alice1, 2, tostate=0, collapse=False)
p1, _ = ops.Measure(alice1, 2, tostate=1, collapse=False)

# Alice should now have 'teleported' the qubit in state 'x'.
```

```
    # We sqrt() the probability, we want to show (original) amplitudes.
    bob_a = math.sqrt(p0.real)
    bob_b = math.sqrt(p1.real)

  print('Teleported (|{:d}{:d}>)    a={:.2f}, b={:.2f}'.format(
      qubit0, qubit1, bob_a, bob_b))

  if (not math.isclose(expect0, bob_a, abs_tol=1e-6) or
      not math.isclose(expect1, bob_b, abs_tol=1e-6)):
    raise AssertionError('Invalid result.')
```

最终输出如下：

```
Quantum Teleportation
Start with EPR Pair a=0.60, b=0.80
Teleported (|00>)    a=0.60, b=0.80
Teleported (|01>)    a=0.60, b=0.80
Teleported (|10>)    a=0.60, b=0.80
Teleported (|11>)    a=0.60, b=0.80
```

这种利用纠缠作为核心思想的形式也可以在其他算法中找到。一个有趣的例子是接下来讨论的超密编码（superdense coding）。纠缠交换（entanglement swapping）将是这类算法的另一个代表（Berry & Sanders，2002），但不会在这里进一步讨论它。在开源存储库中的 src/entanglement_swap.py 文件中可以找到一个示例实现。

3.6 超密编码

超密编码是另一种算法，它有一个很酷的名字，它从量子隐形传态中汲取核心思想，并将其颠覆。Alice 和 Bob 再次共享一对纠缠的量子比特。Alice 带着她的去月球，而 Bob 带着他的去火星。坐在月球上的 Alice 想要向 Bob 传递两个经典比特。超密编码对两个经典比特进行编码，并通过物理传输一个量子比特将它们发送给 Bob。总共仍然需要两个量子比特，但通信只需要一个量子比特就可以完成。

没有其他的经典压缩方案可以将两个经典比特压缩成一个。当然，这里处理的是量子比特，它有两个自由度（两个角度定义了 Bloch 球上的位置）。挑战在于如何利用这一事实来压缩信息。为了理解这是如何工作的，再次从纠缠对开始（相应的代码在文件 src/superdense.py 中）：

```
# Step 1: Alice and Bob share an entangled pair, and separate.
psi = bell.bell_state(0, 0)
```

Alice 根据如何将两个经典比特编码为单个量子比特的规则在月球上操作她的量子比特 0，如下所示。在事件的转折中，她将把她的量子比特运送到 Bob 的火星站。在那里，Bob 将解纠缠并测量两个量子比特。根据测量结果，他可以推导出 Alice 原来的两个经典比特。虽然 Alice 只发送了一个量子比特，但却让 Bob 得到了两个经典比特。

在过程一开始，Alice 按以下方式对她的量子比特（即量子比特 0）进行操作。

❑ 如果经典比特设置为 0，那么她应用 X 门。

❑ 如果经典比特设置为 1，那么她应用 Z 门。

❑ 当然，如果比特 0 和比特 1 都被设置，那么 X 门和 Z 门都需被应用。

电路表示法的整个过程如图 3.9 所示。在代码中，两个经典比特有四种可能的编码情况（00、01、10 和 11）。通过迭代这四种组合来推动实验：

```
# Alice manipulates her qubit and sends her 1 qubit back to Bob,
# who measures. In the Hadamard basis he would get b00, b01, etc.
# but we're measuring in the computational basis by reverse
# applying Hadamard and Cnot.

for bit0 in range(2):
  for bit1 in range(2):
    psi_alice = alice_manipulates(psi, bit0, bit1)
    bob_measures(psi_alice, bit0, bit1)
```

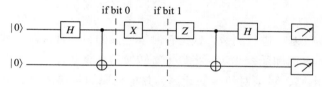

图 3.9　超密编码的电路表示

这是 Alice 操作量子比特的程序。

```
def alice_manipulates(psi: state.State,
                      bit0: int, bit1: int) -> state.State:
  """Alice encodes 2 classical bits in her 1 qubit."""

  # Note: This logic applies the Z-gate and X-gate to qubit 0.
  ret = ops.Identity(2)(psi)
  if bit0:
    ret = ops.PauliX()(ret)
  if bit1:
    ret = ops.PauliZ()(ret)
  return ret
```

接下来讲述其中的数学原理。纠缠对从 Bell 态 $|\beta_{00}\rangle$ 开始：

$$|\beta_{00}\rangle = \frac{|00\rangle + |11\rangle}{\sqrt{2}}$$

现在对量子比特 0 应用 X 门：

$$(X \otimes I)|\beta_{00}\rangle = \begin{bmatrix} 0 & 0 & 1 & 0 \\ 0 & 0 & 0 & 1 \\ 1 & 0 & 0 & 0 \\ 0 & 1 & 0 & 0 \end{bmatrix} \frac{1}{\sqrt{2}} \begin{bmatrix} 1 \\ 0 \\ 0 \\ 1 \end{bmatrix} = \frac{1}{\sqrt{2}} \begin{bmatrix} 0 \\ 1 \\ 1 \\ 0 \end{bmatrix} = |\beta_{01}\rangle$$

或者简单写为：

$$(X \otimes I)\,|\beta_{00}\rangle = \frac{|10\rangle + |01\rangle}{\sqrt{2}} = |\beta_{01}\rangle$$

应用 X 门改变状态并将其转变为不同的 Bell 态——它翻转 Bell 态的第二个下标。这对应于将 Alice 编码中的经典比特 0 设置为 1。

应用 Z 门改变状态并翻转 Bell 态的第一个下标，这对应于在 Alice 的编码中将经典比特 1 设置为 1：

$$(Z \otimes I)\,|\beta_{00}\rangle = \frac{|00\rangle - |11\rangle}{\sqrt{2}} = |\beta_{10}\rangle$$

同时应用 X 门和 Z 门将改变状态为 $|\beta_{11}\rangle$，表示经典比特 0 和经典比特 1 都被设置为 1。类似地，正如在前面的式（3.2）中看到的，可以显式地将 iY 应用于 $|\beta_{00}\rangle$ 去生成 $|\beta_{11}\rangle$。当然，这里不需要这个步骤，因为先前的 X 门和 Z 门已经复合了这种效果。

$$(iY \otimes I)\,|\beta_{00}\rangle = \frac{|01\rangle - |10\rangle}{\sqrt{2}} = |\beta_{11}\rangle$$

Bob 在 Hadamard 基中进行测量，这是在测量之前的另一种说法，他通过以相反的顺序应用纠缠的 Hadamard 门和受控非门，将量子态转换为计算基。

反向通过纠缠电路，对消对纠缠的计算，并根据原始经典比特的值将状态改变为定义的基态之一：$|00\rangle$、$|01\rangle$、$|10\rangle$ 或 $|11\rangle$。每种可能情况的概率都是 100%。因此将可以找到 Alice 设置的经典比特值。

```python
def bob_measures(psi: state.State, expect0: int, expect1: int) -> None:
    """Bob measures both bits (in computational basis)."""

    # Change Hadamard basis back to computational basis.
    psi = ops.Cnot(0, 1)(psi)
    psi = ops.Hadamard()(psi)

    p0, _ = ops.Measure(psi, 0, tostate=expect1)
    p1, _ = ops.Measure(psi, 1, tostate=expect0)

    if (not math.isclose(p0, 1.0, abs_tol=1e-6) or
        not math.isclose(p1, 1.0, abs_tol=1e-6)):
        raise AssertionError(f'Invalid Result p0 {p0} p1 {p1}')

    print(f'Expected/matched: {expect0}{expect1}.')
```

这证实了结果有 100% 的概率为 $|0\rangle$ 态和 $|1\rangle$ 态，具体取决于 Alice 是如何操纵量子比特的。下面是预期的输出：

```
Expected/matched: 00
Expected/matched: 01
Expected/matched: 10
Expected/matched: 11
```

3.7　Bernstein-Vazirani 算法

许多量子算法的等效经典算法的复杂度为 $O(n)$，而其只需要一次调用（请注意细微的区别），Bernstein-Vazirani 算法就是一个例子。

假设有 n 量子比特的输入态。同时，假设存在另一个由 0 和 1 组成的相同长度的秘密字符串 s，其输入比特和输出比特的标量积等于 1。换言之，如果输入是 b_i，而秘密字符串的比特为 s_i，那么这个标量积应该满足：

$$b_0 s_0 + b_1 s_1 + \cdots + b_{n-1} s_{n-1} = 1 \tag{3.4}$$

目标是找到秘密字符串 s。在经典计算机上，必须尝试 n 次。每次尝试都有一个除了一位为 1 其他全为 0 的输入字符串。对于实验 $t \in [0, n-1]$，满足式（3.4）的每次迭代会在 s 的位置 t 处标识这一位。

在量子的公式中，构造了一个电路。将其编码成一个大的酉算子 U_f，应用电路后，输出将处于状态 $|0\rangle$ 和 $|1\rangle$，与秘密字符串的每一位相对应。在下面的示例中，秘密字符串是 001。

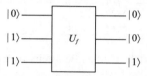

要了解这是如何工作的，需要了解基的变化机制。记住 $|0\rangle$ 态和 $|1\rangle$ 态是如何通过 Hadamard 门产生叠加的：

$$H|0\rangle = \frac{|0\rangle + |1\rangle}{\sqrt{2}} = |+\rangle \tag{3.5}$$

$$H|1\rangle = \frac{|0\rangle - |1\rangle}{\sqrt{2}} = |-\rangle \tag{3.6}$$

首先，创建一个长度为 n 的输入状态，初始化为所有的 $|0\rangle$ 态，并在状态 $|1\rangle$ 添加一个辅助量子比特。该电路和算法的主要技巧如下。

如果应用一个受控非门，控制位为 $|+\rangle$，受控位为 $|-\rangle$，就会把控制位翻转为 $|-\rangle$ 态！这是至关重要的技巧，因为现在应用另一个 Hadamard 门将旋转基从 $|+\rangle$ 到 $|0\rangle$ 和从 $|-\rangle$ 到 $|1\rangle$。换句话说，应用受控非门的量子比特结果态将为 $|1\rangle$。

图 3.10 中的电路将这种效果可视化，其中我们象征性地将量子态内联。下面用代码来实现（在开源存储库中的 src/bernstein.py 文件中）。首先，创建秘密字符串：

```python
def make_c(nbits: int) -> Tuple[bool]:
  """Make a random constant c from {0,1}, the c we try to find."""

  constant_c = [0] * nbits
  for idx in range(nbits-1):
    constant_c[idx] = int(np.random.random() < 0.5)
  return tuple(constant_c)
```

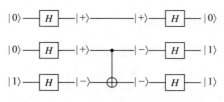

图 3.10 在 |+⟩ 和 |−⟩ 上应用受控非门

接下来，构建电路，这也被称为一个 oracle。构造很简单——对秘密字符串中对应于 1 的每个量子比特应用一个受控非门。例如，对于秘密字符串 1010，将构建图 3.11 所示的电路。

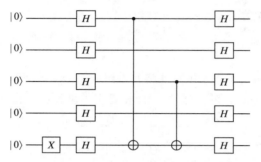

图 3.11 秘密字符串为 1010 的 Bernstein-Vazirani 算法的量子电路

将相应的电路构造为一个大的酉算子矩阵 U。这虽然限制了可以使用的量子比特数量，但对于探索算法而言是足够的。

```python
def make_u(nbits: int, constant_c: Tuple[bool]) -> ops.Operator:
    """Make general Bernstein oracle."""

    op = ops.Identity(nbits)
    for idx in range(nbits-1):
        if constant_c[idx]:
            op = ops.Identity(idx) * ops.Cnot(idx, nbits-1) @ op

    if not op.is_unitary():
        raise AssertionError('Constructed non-unitary operator.')
    return op
```

对于整个电路，执行以下步骤。首先，创建一个长度为 nbits-1 的秘密字符串，并构造一个大的酉算子。然后，构建一个由初始化为 |0⟩ 的 nbits 状态组成的量子态，并与初始化为 |1⟩ 的辅助量子比特进行张量。接下来构造大的酉算子，将它夹在 Hadamard 门之间。最后，进行测量和比较结果：

```python
def run_experiment(nbits: int) -> None:
    """Run full experiment for a given number of bits."""

    c = make_c(nbits-1)
    u = make_u(nbits, c)
```

```
psi = state.zeros(nbits-1) * state.ones(1)
psi = ops.Hadamard(nbits)(psi)
psi = u(psi)
psi = ops.Hadamard(nbits)(psi)
check_result(nbits, c, psi)
```

为了检查结果，测量了所有可能状态的概率，并确保非零概率（$p > 0.1$）的态与秘密字符串匹配。应该只会有一个 n 量子比特态与其匹配。下面的代码遍历所有可能的结果，并且只输出概率较高的结果。

```
def check_result(nbits: int, nbits: int, c: Tuple[bool],
                 psi: state.State) -> None
  """Check expected vs. achieved results."""

  print(f'Expected: {c}')

  # The state with the 'flipped' bits will have probability 1.0.
  # It will be found on the very first try.
  for bits in helper.bitprod(nbits):
    if psi.prob(*bits) > 0.1:
      print('Found   : {}, with prob: {:.1f}'
        .format(bits[:-1], psi.prob(*bits)))
      if bits[:-1] != c:
        raise AssertionError('invalid result')
```

就是这样！运行此程序将产生如下输出，可以看到每位的值和结果概率如下：

```
Expected: (0, 1, 0, 1, 0, 0)
Found   : (0, 1, 0, 1, 0, 0), with prob: 1.0
```

3.8　Deutsch 算法

Deutsch 算法是另一个有点刻意的算法，没有明显的实际用途（Deutsch，1985）。然而，它是第一个展示量子计算机潜在力量的算法之一，因此它总是作为教科书讨论的第一个算法。因此，没必要抗拒这个算法，接下来对它进行讨论。

与前面章节介绍的 Bernstein-Vazirani 算法一样，Deutsch 算法属于"oracle"算法，关键功能由其中的一个大黑盒酉算子执行。在讨论算法时，并不清楚 oracle 是如何实现的，但可以描述它的功能，这足以显示量子计算的优势。读者可能得到的印象是，存在一些"技巧"来构建 oracle，通过酉算子可以回答特定的算法问题，这是一种神奇的量子方式。这可能会让初学者感到困惑，但重要的是要理解，为了构造 oracle，需要访问所有可能的输入状态，并显式地构造实际的 oracle 以给出正确的答案。oracle 可以是一个电路，也可以是一个大的置换矩阵。

因此，oracle 可能并没有那么神奇，只是因为有更多的 oracle 相邻。这导致了量子的并行性，使得所有的答案可以被并行计算。特定算法的巧妙之处在于从结果态中提取一些有意义的信息，但这些信息可能与垃圾量子比特纠缠在一起。

在文献中可以找到一些 oracle 算法。本节将访问其中的 2.5 个。首先，将讨论基本的 Deutsch 算法，然后，在本章的后面，将其扩展到两个以上的输入量子比特，这是两种算法。最后，通过展示如何将之前讨论的 Bernstein-Vazirani 算法表述为 oracle 形式来添加另外 0.5 个算法，并使用在本节中开发的 oracle 构造函数。

3.8.1 问题：区分两种函数

假设有一个函数 f，它将单个 0 或 1 映射为单个 0 或 1：

$$f:\{0,1\} \rightarrow \{0,1\}$$

这个函数有四种可能的情况，并对应称之为常数或平衡：

$$f(0) = 0, \quad f(1) = 0 \quad \Rightarrow 常数$$
$$f(0) = 0, \quad f(1) = 1 \quad \Rightarrow 平衡$$
$$f(0) = 1, \quad f(1) = 0 \quad \Rightarrow 平衡$$
$$f(0) = 1, \quad f(1) = 1 \quad \Rightarrow 常数$$

Deutsch 算法回答了以下问题：给定这四个函数 f 中的一个，它是平衡函数还是常数函数？

要用经典计算机回答这个问题，必须计算所有可能的输入函数。而在量子模型中，假设有一个 oracle，给定两个输入量子比特 $|x\rangle$ 和 $|y\rangle$，将状态按式（3.7）做出改变。请注意异或（用 $\oplus$ 表示），等价于模 2 的加法，因此圆圈中的加号为：

$$|x,y\rangle \rightarrow |x, y \oplus f(x)\rangle \qquad (3.7)$$

输入 $|x\rangle$ 保持不变，$|y\rangle$ 与 $f(|x\rangle)$ 进行异或运算。这是一个在其他 oracle 算法中也会看到的公式——总是有一个辅助函数，求值函数的结果与辅助函数异或。记住，量子算子必须是可逆的，这是实现这一目标的方法之一。

假设用 oracle U_f 代表并应用未知函数 $f(x)$，则 Deutsch 算法可以被描绘为如图 3.12 所示的电路。

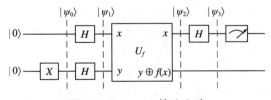

图 3.12　Deutsch 算法电路

如前所述，依然是电路启动时所有量子比特都处于态 $|0\rangle$。该算法要求辅助量子比特处于态 $|1\rangle$，这可以通过在下面的量子比特上添加一个 X 门来轻松实现。接下来看一下详细的数学计算。最初，经过量子比特 1 上的 X 门后，状态为：

$$|\psi_0\rangle = |01\rangle$$

经过第一个 Hadamard 门后，量子态变为叠加态：

$$|\psi_1\rangle = \frac{|0\rangle + |1\rangle}{\sqrt{2}} \otimes \frac{|0\rangle - |1\rangle}{\sqrt{2}}$$

将 U_f 作用于这个状态的第二个量子比特（注意，等式右边的运算符 $\oplus$ 是异或）：

$$|\psi_2\rangle = \frac{|0\rangle + |1\rangle}{\sqrt{2}} \otimes \frac{|0 \oplus f(x)\rangle - |1 \oplus f(x)\rangle}{\sqrt{2}}$$

若 $f(x)=0$，则 $|\psi_2\rangle = |\psi_1\rangle$：

$$|\psi_2\rangle = \frac{|0\rangle + |1\rangle}{\sqrt{2}} \otimes \frac{|0 \oplus 0\rangle - |1 \oplus 0\rangle}{\sqrt{2}}$$

$$= \frac{|0\rangle + |1\rangle}{\sqrt{2}} \otimes \frac{|0\rangle - |1\rangle}{\sqrt{2}}$$

但若 $f(x)=1$，则

$$|\psi_2\rangle = \frac{|0\rangle + |1\rangle}{\sqrt{2}} \otimes \frac{|0 \oplus 1\rangle - |1 \oplus 1\rangle}{\sqrt{2}}$$

$$= \frac{|0\rangle + |1\rangle}{\sqrt{2}} \otimes \frac{|1\rangle - |0\rangle}{\sqrt{2}}$$

可以将这两个结果组合成一个表达式：

$$|\psi_2\rangle = (-1)^{f(x)} \frac{|0\rangle + |1\rangle}{\sqrt{2}} \otimes \frac{|0\rangle - |1\rangle}{\sqrt{2}}$$

第一个量子比特 x 处于叠加态，因此把乘数因子乘进其中：

$$|\psi_2\rangle = \frac{(-1)^{f(x)}|0\rangle + (-1)^{f(x)}|1\rangle}{\sqrt{2}} \otimes \frac{|0\rangle - |1\rangle}{\sqrt{2}}$$

或者，将对应的值代入 x：

$$|\psi_2\rangle = \frac{(-1)^{f(0)}|0\rangle + (-1)^{f(1)}|1\rangle}{\sqrt{2}} \otimes \frac{|0\rangle - |1\rangle}{\sqrt{2}} \tag{3.8}$$

最后，将最终的 Hadamard 门作用于顶部量子比特，将状态从 Hadamard 基返回到计算基。为了解其中的原理，要提醒自己，Hadamard 算子是它自己的逆算子：

$$H|0\rangle = \frac{|0\rangle + |1\rangle}{\sqrt{2}} \text{ 和 } H\frac{|0\rangle + |1\rangle}{\sqrt{2}} = |0\rangle$$

$$H|1\rangle = \frac{|0\rangle - |1\rangle}{\sqrt{2}} \text{ 和 } H\frac{|0\rangle - |1\rangle}{\sqrt{2}} = |1\rangle$$

由式（3.8）和 $f(0)=f(1)=0$，可以得到：

$$|\psi_2\rangle = \frac{(-1)^{f(0)}|0\rangle + (-1)^{f(1)}|1\rangle}{\sqrt{2}} \otimes \frac{|0\rangle - |1\rangle}{\sqrt{2}}$$

$$= \frac{(-1)^0|0\rangle + (-1)^0|1\rangle}{\sqrt{2}} \otimes \frac{|0\rangle - |1\rangle}{\sqrt{2}}$$

$$= \frac{|0\rangle + |1\rangle}{\sqrt{2}} \otimes \frac{|0\rangle - |1\rangle}{\sqrt{2}}$$

然后，应用最后的 Hadamard 门得到态 $|\psi_3\rangle$：

$$|\psi_3\rangle = H\frac{|0\rangle + |1\rangle}{\sqrt{2}} \otimes \frac{|0\rangle - |1\rangle}{\sqrt{2}} = |0\rangle \otimes \frac{|0\rangle - |1\rangle}{\sqrt{2}}$$

对于 $f(0)=f(1)=1$，有相同的表达式，但是在第一个量子比特前面有一个负号。

$$|\psi_3\rangle = -|0\rangle \otimes \frac{|0\rangle - |1\rangle}{\sqrt{2}}$$

对于一个平衡函数，$f(0)=0$ 且 $f(1)=1$，可以得到：

$$|\psi_2\rangle = \frac{(-1)^{f(0)}|0\rangle + (-1)^{f(1)}|1\rangle}{\sqrt{2}} \otimes \frac{|0\rangle - |1\rangle}{\sqrt{2}}$$

$$= \frac{(-1)^0|0\rangle + (-1)^1|1\rangle}{\sqrt{2}} \otimes \frac{|0\rangle - |1\rangle}{\sqrt{2}}$$

$$= \frac{|0\rangle - |1\rangle}{\sqrt{2}} \otimes \frac{|0\rangle - |1\rangle}{\sqrt{2}}$$

然后，应用最后的 Hadamard 门得到态 $|\psi_3\rangle$：

$$|\psi_3\rangle = H\frac{|0\rangle - |1\rangle}{\sqrt{2}} \otimes \frac{|0\rangle - |1\rangle}{\sqrt{2}} = |1\rangle \otimes \frac{|0\rangle - |1\rangle}{\sqrt{2}}$$

同样，对于 $f(0)=1$ 和 $f(1)=0$，有相同的表达式，只是在最前面有一个负号：

$$|\psi_3\rangle = -|1\rangle \otimes \frac{|0\rangle - |1\rangle}{\sqrt{2}}$$

对于一个常数函数 f，总是在前面有一个 $|0\rangle$，而对于平衡函数，第一个量子比特总是处于状态 $|1\rangle$。这意味着在电路运行一次之后，可以通过测量第一个量子比特来确定 f 的类型。

叠加性允许同时计算两个基态 $|0\rangle$ 和 $|1\rangle$ 的结果，这也被称为量子并行性（quantum parallelism）。对辅助量子比特的异或允许在数学中以一种聪明的方式相加从而获得高概率的结果。结果没有告诉我们它是四种可能情况中的哪个特定函数，但它确实告诉我们它属于两个类中的哪一个。由于该算法能够利用叠加性来并行计算结果，因此它比经典等效算法具有真正的优势。

3.8.2 构造 U_f

3.8.1 节中的数学计算可能有点抽象，但考虑如何构造 U_f 时，事情可能会变得更清晰。

重申一下，对于两个量子比特的组合状态，基态为：

$$|00\rangle = [1,0,0,0]^T$$
$$|01\rangle = [0,1,0,0]^T$$
$$|10\rangle = [0,0,1,0]^T$$
$$|11\rangle = [0,0,0,1]^T$$

接下来构建一个算子将这些输入态进行线性组合，且将第二个量子比特翻转为：

$$|x,y\rangle \rightarrow |x, y \oplus f(x)\rangle$$

将通过示例展示这一点，然后是计算 oracle 算子的代码。

（1）$f(0)=f(1)=0$

函数 f 只将第二个量子比特作为第一个量子比特的函数进行修改。当 $f(0)=f(1)=0$ 时，真值表如表 3.2 所示。列 x 和 y 表示输入量子比特，$f(x)$ 在本例中为常数 0。下一列显示函数的返回值与 y 的异或结果，即 $y \oplus f(x)$。最后一列显示生成的新状态，第一个量子比特保持不变，并将第二个量子比特更改为前面异或的结果。

表 3.2　$f(0)=f(1)=0$ 的真值表

x	y	$f(x)$	$y \oplus f(x)$	新状态
0	0	0	0	0,0
0	1	0	1	0,1
1	0	0	0	1,0
1	1	0	1	1,1

可以用一个 4×4 的置换矩阵表示它，其中行和列用四种基态来标记。使用 x 和 y 的组合作为行索引，新状态作为列索引。在这个例子中，旧的态和新的态是相同的，得到的 U_f 矩阵是单位矩阵 I：

$$
\begin{array}{c}
 \begin{array}{cccc} |00\rangle & |01\rangle & |10\rangle & |11\rangle \end{array} \\
\begin{array}{c} |00\rangle \\ |01\rangle \\ |10\rangle \\ |11\rangle \end{array}
\begin{pmatrix}
1 & 0 & 0 & 0 \\
0 & 1 & 0 & 0 \\
0 & 0 & 1 & 0 \\
0 & 0 & 0 & 1
\end{pmatrix}
\end{array}
$$

注意，这必须是一个置换矩阵从而才能使它成为一个可逆算子。

（2）$f(0)=0, f(1)=1$

构造遵循与上面相同的模式，其真值表如表 3.3 所示。这个表格可以转换成这个矩阵：

$$
\begin{array}{c}
 \begin{array}{cccc} |00\rangle & |01\rangle & |10\rangle & |11\rangle \end{array} \\
\begin{array}{c} |00\rangle \\ |01\rangle \\ |10\rangle \\ |11\rangle \end{array}
\begin{pmatrix}
1 & 0 & 0 & 0 \\
0 & 1 & 0 & 0 \\
0 & 0 & 0 & 1 \\
0 & 0 & 1 & 0
\end{pmatrix}
\end{array}
$$

表 3.3 f(0)=0,f(1)=1 的真值表

x	y	f(x)	y ⊕ f(x)	新状态
0	0	0	0	0,0
0	1	0	1	0,1
1	0	1	1	1,1
1	1	1	0	1,0

（3）f(0)=1, f(1)=0

对这种类型的 f(x) 也应用相同的方法，其真值表如表 3.4 所示。它转换成这个矩阵：

$$\begin{array}{c} \\ |00\rangle \\ |01\rangle \\ |10\rangle \\ |11\rangle \end{array} \begin{array}{cccc} |00\rangle & |01\rangle & |10\rangle & |11\rangle \\ \begin{pmatrix} 0 & 1 & 0 & 0 \\ 1 & 0 & 0 & 0 \\ 0 & 0 & 1 & 0 \\ 0 & 0 & 0 & 1 \end{pmatrix} \end{array}$$

表 3.4 f(0)=1,f(1)=0 的真值表

x	y	f(x)	y ⊕ f(x)	新状态
0	0	1	1	0,1
0	1	1	0	0,0
1	0	0	0	1,0
1	1	0	1	1,1

（4）f(0)=f(1)=1

对于最后一种情况，真值表见表 3.5。它对应于这个矩阵：

$$\begin{array}{c} \\ |00\rangle \\ |01\rangle \\ |10\rangle \\ |11\rangle \end{array} \begin{array}{cccc} |00\rangle & |01\rangle & |10\rangle & |11\rangle \\ \begin{pmatrix} 0 & 1 & 0 & 0 \\ 1 & 0 & 0 & 0 \\ 0 & 0 & 0 & 1 \\ 0 & 0 & 1 & 0 \end{pmatrix} \end{array}$$

表 3.5 f(0)=f(1)=1 的真值表

x	y	f(x)	y ⊕ f(x)	新状态
0	0	1	1	0,1
0	1	1	0	0,0
1	0	1	1	1,1
1	1	1	0	1,0

3.8.3 计算算子

可以在以下代码的帮助下计算所有情况下的上述矩阵（完整的实现在 src/deutsch.py

中），它反映了如何计算上面的表。请注意下面第二个索引的 x + xor 结构会有点笨拙，稍后将对此进行改进。

```python
def make_uf(f: Callable[[int], int]) -> ops.Operator:
  """Simple way to generate the 2-qubit, 4x4 Deutsch Oracle."""

 u = np.zeros(16).reshape(4, 4)
 for col in range(4):
   y = col & 1
   x = col & 2
   fx = f(x >> 1)
  xor = y ^ fx
  u[col][x + xor] = 1.0

 op = ops.Operator(u)
 if not op.is_unitary():
   raise AssertionError('Produced non-unitary operator.')
 return op
```

现在检查四种情况 / 矩阵：

```python
for i in range(4):
 f = make_f(i)
 u = make_uf(f)
 print(f'Flavor {i:02b}: {u}')
```

它产生如下输出：

```
Flavor 00: Operator for 2-qubit state space. Tensor:
[[1.+0.j 0.+0.j 0.+0.j 0.+0.j]
 [0.+0.j 1.+0.j 0.+0.j 0.+0.j]
 [0.+0.j 0.+0.j 1.+0.j 0.+0.j]
 [0.+0.j 0.+0.j 0.+0.j 1.+0.j]]
Flavor 01: Operator for 2-qubit state space. Tensor:
[[1.+0.j 0.+0.j 0.+0.j 0.+0.j]
 [0.+0.j 1.+0.j 0.+0.j 0.+0.j]
 [0.+0.j 0.+0.j 0.+0.j 1.+0.j]
 [0.+0.j 0.+0.j 1.+0.j 0.+0.j]]

[...] similar for flavors 10 and 11
```

3.8.4　实验

为了进行实验，构建了电路并测量第一个量子比特。若它坍缩成 $|0\rangle$，则根据上面的数学计算，$f(\cdot)$ 是一个平衡函数。如果它坍缩成 $|1\rangle$，$f(\cdot)$ 就是一个常数函数。

首先，定义一个函数 make_f，它根据四种可能的函数类型之一返回一个函数对象。可以将返回的函数对象调用为 $f(0)$ 或 $f(1)$，它将返回 0 或 1：

```python
def make_f(flavor: int) -> Callable[[int], int]:
  """Return a 1-bit constant or balanced function f. 4 flavors."""
```

```
    # The 4 versions are:
    #   f(0) -> 0, f(1) -> 0   constant
    #   f(0) -> 0, f(1) -> 1   balanced
    #   f(0) -> 1, f(1) -> 0   balanced
    #   f(0) -> 1, f(1) -> 1   constant
    flavors = [[0, 0], [0, 1], [1, 0], [1, 1]]

    def f(bit: int) -> int:
      """Return f(bit) for one of the 4 possible function types."""
      return flavors[flavor][bit]

    return f
```

整个实验首先构造了这个函数对象，然后构造了 oracle。Hadamard 门被作用于初始状态 $|0\rangle \otimes |1\rangle$ 的每个量子比特上，后面是 oracle 算子，最后是最上面量子比特上的 Hadamard 门：

```
    def run_experiment(flavor: int) -> None:
      """Run full experiment for a given flavor of f()."""

      f = make_f(flavor)
      u = make_uf(f)
      h = ops.Hadamard()

      psi = h(state.zeros(1)) * h(state.ones(1))
      psi = u(psi)
      psi = (h * ops.Identity())(psi)
      p0, _ = ops.Measure(psi, 0, tostate=0, collapse=False)

      print('f(0) = {:.0f}  f(1) = {:.0f}'
            .format(f(0), f(1)), end='')
      if math.isclose(p0, 0.0):
        print('  balanced')
        if flavor == 0 or flavor == 3:
          raise AssertionError('Invalid result, expected balanced.')
      else:
        print('  constant')
        if flavor == 1 or flavor == 2:
          raise AssertionError('Invalid result, expected constant.')
```

最后，检查是否所有四种函数类型都得到了正确答案：

```
    def main(argv):
      if len(argv) > 1:
        raise app.UsageError('Too many command-line arguments.')

      run_experiment(0)
      run_experiment(1)
      run_experiment(2)
      run_experiment(3)
```

结果应该是这样的：

```
f(0) = 0 f(1) = 0  constant
f(0) = 0 f(1) = 1  balanced
f(0) = 1 f(1) = 0  balanced
f(0) = 1 f(1) = 1  constant
```

3.8.5 通用 oracle 算子

上面构造算子的代码几乎是通用的，因为其只依赖于作为输入的函数 f。基态的组合通过置换矩阵（每行和每列只有一个 1）被转化为基态的另一个组合，这个过程由函数和异或操作控制。在上面的例子中，只考虑了 1 个单一的输入量子比特和 1 个辅助量子比特（它对第二个索引的相加是不灵活的），但这可以很容易地推广和扩展到任何数量的输入比特。

这种类型的 oracle 可以用于其他算法。为了后续多次使用，将这个构造函数添加到 lib/ops.py 中的算子构造函数列表中。

```python
def OracleUf(nbits: int, f: Callable[[List[int]], int]):
  """Make an n-qubit Oracle for function f (e.g. Deutsch, Grover)."""

  # This Oracle is constructed similar to the implementation in
  # ./deutsch.py, just with an n-bit x and a 1-bit y
  #
  dim = 2**nbits
  u = np.zeros(dim**2).reshape(dim, dim)
  for row in range(dim):
    bits = helper.val2bits(row, nbits)
    fx = f(bits[0:-1])    # f(x) without the y.
    xor = bits[-1] ^ fx

    new_bits = bits[0:-1]
    new_bits.append(xor)

    # Construct new column (int) from the new bit sequence.
    new_col = helper.bits2val(new_bits)
    u[row][new_col] = 1.0

  op = Operator(u)
  if not op.is_unitary():
    raise AssertionError('Constructed non-unitary operator.')
  return op
```

3.8.6 Bernstein-Vazirani 算法的 oracle 形式

如前所述，以 oracle 的形式提出 Bernstein-Vazirani 算法。大部分实现保持不变，但不是用受控非门显式地构造电路来表示秘密字符串，而是编写一个 oracle 函数并调用上面的 OracleUf 构造函数。这也演示了如何使用多量子比特输入来构建 oracle。但这个实现只支持 1 个辅助量子比特。

首先，构造函数来计算量子态和秘密字符串之间的点积：

```
# Alternative way to achieve the same result, using the
# Deutsch Oracle Uf.
#
def make_oracle_f(c: Tuple[bool]) -> ops.Operator:
  """Return a function computing the dot product mod 2 of bits, c."""

  const_c = c
  def f(bit_string: Tuple[int]) -> int:
    val = 0
    for idx in range(len(bit_string)):
      val += const_c[idx] * bit_string[idx]
    return val % 2
  return f
```

然后重复大部分原始算法，但会使用 oracle：

```
def run_oracle_experiment(nbits: int) -> None:
  """Run full experiment for a given number of bits."""

  c = make_c(nbits-1)
  f = make_oracle_f(c)
  u = ops.oracleUf(nbits, f)

  psi = state.zeros(nbits-1) * state.ones(1)
  psi = ops.Hadamard(nbits)(psi)
  psi = u(psi)
  psi = ops.Hadamard(nbits)(psi)

  check_result(nbits, c, psi)
```

通过运行代码来说明正确地实现了这一切：

```
Expected: (0, 1, 0, 1, 0, 0)
Found    : (0, 1, 0, 1, 0, 0), with prob: 1.0
```

3.9 Deutsch-Jozsa 算法

Deutsch-Jozsa 算法是对 Deutsch 算法在多个输入量子比特情形下的推广（Deutsch et al，1992）。要计算的函数仍然是平衡或常数，但在一个扩展的域上有多个输入比特：

$$f : \{0,1\}^n \rightarrow \{0,1\}$$

这种情况的数学计算与双量子比特 Deutsch 算法相似。关键在于最终的结果将测量 n 个量子比特的状态。如果只找到状态为 $|0\rangle$ 的量子比特，那么函数是常数；如果找到其他的，这个函数是平衡的。如图 3.13 所示，该电路看起来与双量子比特的情况类似，除了在输入和输出时需要同时处理多个量子比特。底部的单个辅助量子比特仍然是答案的关键：

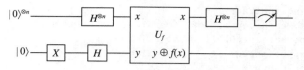

图 3.13　Deutsch-Jozsa 算法的电路图

实现

接下来专注于代码（在 src/deutsch_jozsa.py 文件中），它看起来与 U_f 算子紧密相关。首先，将多量子比特函数创建为常数函数（以相等概率取全为 0 或全为 1）或平衡函数（相同数量的 0 和 1 随机分布在输入比特串上）。构建一个比特数组，并相应地用 0 和 1 填充它。最后，返回一个函数对象，该对象返回这个预填充数组中的一个值，从而表示以下两种函数类型之一：

```python
def make_f(dim: int = 1,
           flavor: int = exp_constant) -> Callable[[List[int]], int]:
  """Return a constant or balanced function f over 2**dim bits."""

  power2 = 2**dim
  bits = np.zeros(power2, dtype=np.uint8)
  if flavor == exp_constant:
    bits[:] = int(np.random.random() < 0.5)
  else:
    bits[np.random.choice(power2, size=power2//2, replace=False)] = 1

  def f(bit_string:List[int]) -> int:
    """Return f(bits) for one of the 2 possible function types."""

    idx = helper.bits2val(bit_string)
    return bits[idx]

  return f
```

该函数推动实现该算法的剩余部分。为了进行一个实验，构建如图 3.13 所示的电路并进行测量。如果测量发现只有态 $|00\cdots0\rangle$ 有一个非零概率振幅，那么将得到一个常数函数。

```python
def run_experiment(nbits: int, flavor: int):
  """Run full experiment for a given flavor of f()."""

  f = make_f(nbits-1, flavor)
  u = ops.OracleUf(nbits, f)

  psi = (ops.Hadamard(nbits-1)(state.zeros(nbits-1)) *
         ops.Hadamard()(state.ones(1)))
  psi = u(psi)
  psi = (ops.Hadamard(nbits-1) * ops.Identity(1))(psi)

  # Measure all of |0>. If all close to 1.0, f() is constant.
```

```
for idx in range(nbits - 1):
  p0, _ = ops.Measure(psi, idx, tostate=0, collapse=False)
  if not math.isclose(p0, 1.0, abs_tol=1e-5):
    return exp_balanced
return exp_constant
```

最后，在 2 ～ 7 个量子比特上进行实验，并确保结果符合预期。请注意，这里仍然以完整矩阵的形式生成算子和 oracle，这限制了可以处理的量子比特数量。后文将很快学习如何将这个数字增加一点：

```
def main(argv):
  [...]
  for qubits in range(2, 8):
    result = run_experiment(qubits, exp_constant)
    print('Found: {} ({} qubits) (expected: {})'
          .format(result, qubits, exp_constant))
    if result != exp_constant:
      raise AssertionError('Error, expected {}'.format(exp_constant))

    result = run_experiment(qubits, exp_balanced)
    print('Found: {} ({} qubits) (expected: {})'
          .format(result, qubits, exp_balanced))
    if result != exp_balanced:
      raise AssertionError('Error, expected {}'.format(exp_balanced))

if __name__ == '__main__':
  app.run(main)
```

将得到如下结果：

```
Found: constant (2 qubits) (expected: constant)
Found: balanced (2 qubits) (expected: balanced)
Found: constant (3 qubits) (expected: constant)
Found: balanced (3 qubits) (expected: balanced)
[...]
Found: constant (7 qubits) (expected: constant)
Found: balanced (7 qubits) (expected: balanced)
```

其他这种性质的算法是 Simon 算法和广义 Simon 算法（Simon，1994）。在这里不会对它们进行讨论，但是可以在开源存储库中的文件 simon.py 和 simon_general.py 中找到对它们的实现方式。

此时，请注意，当增加该算法中的量子比特数量时，执行速度将变慢。一旦达到 10、11 或 12 个量子比特，相应的算子矩阵就会变得非常大。再增加几个量子比特就会让模拟变得难以进行。为了解决这个问题，在第 4 章中开发了使门作用更快的方法，提高了模拟更多量子比特的能力。

第 4 章　*Chapter 4*

可扩展、快速仿真

张量、状态和算子这些概念以及所组成的基础设施，通过大矩阵和状态向量足以实现许多小规模量子算法。第 3 章中所有的简单算法都是这样实现的。

这个基础设施非常适合学习和实验量子计算的基本概念和机制。然而，对于复杂的算法，通常由更大的电路和更多的量子比特组成，这种基于矩阵的基础设施就会变得笨重，容易出错，并且无法扩展。在本章中，通过开发一种改进的基础设施来解决可扩展性问题，这种基础设施可以轻松地扩展到更大的问题。建议在探索第 6 章的复杂算法之前至少浏览一下这些内容。最重要的是，我们正在为高性能量子仿真器建立基础。读者是不会想错过的！

在本章中，首先概述将要开发的各种级别的基础设施，以及相应的计算复杂性和性能级别；引入量子寄存器，它被命名为量子比特组；描述一个量子电路模型（quantum circuit model），其中大部分基础设施的复杂性以一种优雅的方式隐藏起来；然后，为了处理更大的高级算法电路，需要更快的仿真速度，因此详细介绍一种应用具有线性复杂性的算子的方法，而非 2.5.3 节开始时所使用的 $O(n^2)$ 方法，并用 C++ 进一步加速该方法，性能比 Python 版本提高 100 倍，对于某些特定的算法，甚至可以做得更好；最后，描述一种稀疏状态表示，它将让许多电路实现的性能达到最好。

4.1　仿真复杂性

这本书的重点是算法和如何有效地将它们在经典计算机上进行仿真。量子仿真可以通过多种方式实现。各种实现策略的关键属性是计算复杂性、产生的性能以及在合理的时间内利用合理需求的资源可以仿真的最大量子比特数量。

量子态向量的大小（如上所述）随着量子比特的数量增加呈指数增长。对于单个量子比特，只需要存储 2 个复数，当使用 float 作为底层数据类型进行存储时需要 8B，而当使用 double 作为底层数据类型时则需要 16B。相应地，2 个量子比特需要 4 个复数；n 个量子比特需要 2^n 个复数。仿真速度，或者说将一种状态装入存储器的能力，通常是由给定方法仍然易处理的量子比特数来衡量的。所谓易处理，指的是可以在不到 1h 内得到结果。在撰写本文时，存储和模拟完整波函数的世界纪录为 48 个量子比特（De Raedt et al., 2019）。

由于问题的指数性质，将性能提高 8 倍意味着只能多处理 3 个量子比特。如果看到 100 倍的加速，这意味着可以多处理 6 ～ 7 个量子比特。以下是本书描述的五种不同的方法：

❑ **最差的**。前文已经看到过这种方法。它将门作为很大的矩阵去实现并通过矩阵 – 矩阵乘积构造算子，其复杂度为 $O(n^3)$。这是最坏的方法，如果可能的话要尽量避免使用。即使量子比特数量相对较少，这种方法也会变得棘手，其性能在 $N \sim 8$ 处开始受到影响。

❑ **差的**。这种方法中，以矩阵 – 向量的乘积形式将门一次一个地作用于状态向量上去代替上一种方法中的构造大矩阵算子，将复杂度降低为 $O(n^2)$。这已经是一个实质性的改进，并且在变得难以处理之前量子比特数能达到 $N \sim 12$。

❑ **好的**。在 4.4 节中，将了解到单量子比特门和双量子比特门可以通过线性遍历作用于状态上，从而复杂度为 $O(n)$。这种方法比前两种方法有了巨大的改进，在变得棘手之前，量子比特数能达到 $N \sim 16$。

❑ **更好的**。我们从 Python 开始我们的旅程，但使用 C++ 可以更快。通过这种方法，在 4.5 节中，将在 C++ 中实现前面的 apply 函数，用它的外部函数接口（foreign function interface，FFI）扩展 Python。尽管这种方法仍然具有如上所述的复杂度 $O(n)$，但 C++ 相对于 Python 的性能增益约为 100 倍，并且可以达到 $N \sim 25$ 个量子比特，具体取决于问题。

❑ **最好的**。这种方法将在 4.6 节中介绍，将把底层表示改为稀疏表示，从而节省内存并减少迭代。此外，门作用效率也高。在最坏的情况下，这种方法的复杂度是 $O(n)$，但因为一个重要因素所以实现效果要远胜于其他方法。这种改进是可能的，因为对于许多电路来说，非零概率状态的数量少于 3%，甚至更低。有了这个，可以达到 $N \sim 30$ 个量子比特，甚至对某些算法来说更多。

可以通过向量化（可能增加 1 个或 2 个量子比特）、并行化（64 核可能增加 $\log_2(64)=6$ 个额外的量子比特），甚至使用具有 4096 个 TensorCores 的 TPU SuperPODs 进一步改进所提出的技术 [也称为 Schrödinger 全状态模拟（Schrödinger full-state simulations）]。可以使用拥有 128 台或更多机器的机器集群，以及相应的额外量子比特，利用 512TB 的内存，达到大约 45 个量子比特的仿真能力。现在的超级计算机还会另外增加少数量子比特（如果它们完全用于仿真任务，包括所有的二级存储）。

上述这些技术大多是标准的高性能计算（High-Performance Computing，HPC）技术。

由于这里对它们的阐述没有拓展太多内容，因此将不再进一步讨论它们。本书在 8.5.10 节中列出了一系列开源解决方案，其中一些确实支持分布式仿真（8.5 节中详述的源代码转换技术可以将这其中的几个仿真器作为目标）。这些数字表明，仿真达到极限的速度有多快。将性能或可扩展性提高 1000 倍只能额外获得大约 10 个量子比特。增加 20 个量子比特导致资源需求增加 1 000 000 倍。

　　还有其他重要的仿真技术。例如，Schrödinger-Feynman 仿真技术，它基于路径历史（Rudiak-Gould, 2006;Frank et al., 2009）。这种技术以性能换取内存需求的减少。其他仿真器在受限门集上有效地工作，例如 Clifford 门（Anders & Briegel, 2006;Aaronson & Gottesman, 2004）。此外，正在进行的研究改进了特定电路类型的仿真（Markov et al., 2018;Pan & Zhang, 2021）。尽管这些努力令人激动，但它们超出了本书讲述的范围。

4.2　量子寄存器

　　对于更大和更复杂的电路，我们希望通过在命名组中寻址量子比特来使算法的公式更具可读性。例如，图 4.1 中的电路总共有 8 个量子比特。将前 4 个量子比特命名为 data，接下来的 3 个量子比特命名为 ancilla，最后 1 个量子比特命名为 control。在这个例子中，门是随机的。在右边，它显示了全局量子比特索引为 g_x，也显示了命名组的索引。例如，全局量子比特 g_5 对应于寄存器 $ancilla_1$。

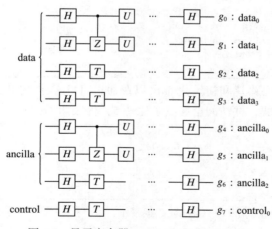

图 4.1　量子寄存器 data、ancilla 和 control

　　这些被命名的相邻量子比特组被称为量子寄存器（quantum register）。在经典机器中，寄存器通常保存单个值（暂时忽略向量寄存器）。一组寄存器，或是硬件中寄存器的完整物理实现，通常称为寄存器堆。从这个意义上说，因为量子寄存器是量子比特的一个命名组，它更类似于一个经典的寄存器堆，就像教堂风琴音栓中的一个组一样。

　　系统的量子态仍然是所有 8 个（全局）量子比特的张量积，编号从 0 到 7（g_0 到 g_7）。

同时，想要处理索引在 0 到 3 之间的 data，则会从组合状态下产生索引 0 到 3 的全局量子比特；想要处理索引在 0 到 2 之间的 ancilla，会得到组合状态中索引 4 到 6 的全局量子比特；想要处理索引为 0 的 control，就会得到索引 7 的全局量子比特。在代码中，一个简单的查找表就可以完成这个任务。

最初的实现有点粗糙。不用担心，在下一节中将很好地完成它。引入一个 Python 类 Reg（用于 "Register"），并通过传输想要创建的寄存器堆的大小和当前的全局偏移量来初始化它，而且这个过程的接口必须手动维护。在上面的示例中，第一个全局偏移量为 0，第二个寄存器为 4，最后一个寄存器为 7。

默认情况下，状态被假定都为 $|0\rangle$，但一个初始设定 it 也可以被传输。若 it 是整数，则将其转换为二进制表示形式的字符串。若它是字符串（包括上一步之后）、元组或列表，则根据传入的二进制数用 0 和 1 初始化查找表。同样，顺序是从最高有效位的量子比特到最低有效位的量子比特。

```python
class Reg():
  def __init__(self, size: int, it=0, global_reg: int = None):
    self.size = size
    self.global_idx = list(range(global_reg,
                                 global_reg + size))
    self.val = [0] * size

    if it:
      if isinstance(it, int):
        it = format(it, '0{}b'.format(size))
      if isinstance(it, (str, tuple, list)):
        for idx, val in enumerate(it):
          if val == '1' or val == 1:
            self.val[idx] = 1
```

例如，通过 $|1011\rangle$ 去构建和初始化 data 以及通过 $|111\rangle$ 去构建和初始化 ancilla，这是十进制 7 的二进制表示形式，并访问全局量子比特 5，程序如下：

```python
data = state.Reg(4, (1, 0, 1, 1), 0)    # 0b1011
ancilla = state.Reg(3, 7, 4)    # 0b111

# Access global qubit 5 as:
. . . = ancilla[1]
```

为了给出具有初始状态的寄存器的文本表示，编写了一个简短的转储函数以状态表示法输出寄存器：

```python
def __str__(self) -> str:
    s = '/'
    for _, val in enumerate(self.val):
        s += f'{val}'
    return s + '>'
```

到目前为止，代码很简单，但对于下一个例子来说已经足够好了。例如，它不允许在叠加中初始化单个寄存器。为了从寄存器索引中获得全局量子比特索引，可以使用下面这个函数，它允许通过简单地在寄存器中进行索引来获得全局寄存器，例如，greg = ancilla[1]：

```
def __getitem__(self, idx: int) -> int:
    return self.global_idx[idx]
```

在寄存器索引处初始化一个特定的量子比特（0 或 1）：

```
def __setitem__(self, idx: int, val: int) -> None:
    self.val[idx] = val
```

为了获得寄存器的大小，还添加了这个标准函数：

```
@property
def nbits(self) -> int:
    return self.size
```

在所有这些设置之后，仍然需要从寄存器中创建一个实际状态，使用：

```
def psi(self) -> State:
    return bitstring(*self.val)
```

对于每个初始化寄存器，作为最后一步，必须只调用此函数一次。在量子态创建完成后，修改寄存器的初始化值对已经创建的量子态没有影响。这可能不是最优雅的方法，但对于我们的目的来说，它是紧凑和足够的。在这里不展示任何代码示例，因为接下来将开发一个更好的接口。

4.3 电路

到目前为止，已经使用了全状态向量和算子矩阵来实现最初的算法。这种基础设施易于理解，并且对于具有少量量子比特的算法效果非常好。它有助于学习，但它的表示是明确的，这暴露了底层数据结构，可能会导致以下问题：

- ❏ 在非常低的抽象层次上显式地描述状态和算子需要大量的输入，这很容易出错。
- ❏ 这种表示公开了实现细节。这导致改变实现过程的各个方面将是困难的——必须更新基础设施的所有用户端。
- ❏ 需要指出的一点是，这种表示风格不同于 Qiskit（Gambetta et al.，2019）或 Cirq（Google，2021c）等现有框架中常见的表示风格。

第二个问题在本文中尤为重要，因为希望开发更快的方法来应用门，无论是在 Python 还是 C++ 加速的 Python 中。我们可能希望将量子态本身的表示从存储完整状态向量更改为稀疏表示。但在不更改所有依赖客户端的代码的情况下，当前抽象级别不允许这样做。

为了解决这些问题，创建了一个数据结构，称之为量子电路 qc。它总结并很好地封装了到目前为止讨论过的所有函数。命名约定都是小写的，以区别于第 2 章和第 3 章中讨论的显式表示。

电路的构造函数接受一个字符串参数来为电路分配名称。因此，在输出中会使用该名称。电路有一个内部存储的量子态，将其初始化为标量值 1.0，这表明在创建后电路中没有量子比特。下面是构造函数：

```
class qc:
  """Wrapper class to maintain state + operators."""

  def __init__(self, name=None):
    self.name = name
    self.psi = 1.0
    state.reset()
```

4.3.1 量子比特

电路类支持量子寄存器，它可以立即将一个寄存器的量子比特添加到电路的完整状态中。这是维护全局寄存器计数的地方，隐藏了底层 Reg 类早期的粗略接口：

```
def reg(self, size: int, it, *, name: str = None):
  ret = state.Reg(size, it, self.global_reg)
  self.global_reg = self.global_reg + size
  self.psi = self.psi * ret.psi()
  return ret
```

为了将单个量子比特添加到电路中，通过 qc 对应的成员函数包装了前面讨论的各种构造函数。这些生成函数中都分别立即将新生成的量子比特与内部量子态结合起来。为了允许量子比特和寄存器的混合，必须也更新全局寄存器计数。

```
def qubit(self,
          alpha: np.complexfloating = None,
          beta: np.complexfloating = None) -> None:
  self.psi = self.psi * state.qubit(alpha, beta)
  self.global_reg = self.global_reg + 1

def zeros(self, n: int) -> None:
  self.psi = self.psi * state.zeros(n)
  self.global_reg = self.global_reg + n

def ones(self, n: int) -> None:
  self.psi = self.psi * state.ones(n)
  self.global_reg = self.global_reg + n

def bitstring(self, *bits) -> None:
  self.psi = self.psi * state.bitstring(*bits)
  self.global_reg = self.global_reg + len(bits)

def arange(self, n: int) -> None:
  self.zeros(n)
  for i in range(0, 2**n):
      self.psi[i] = float(i)
  self.global_reg = self.global_reg + n
```

```
def rand(self, n: int) -> None:
    self.psi = self.psi * state.rand(n)
    self.global_reg = self.global_reg + n
```

当然，必须要有无处不在的 nbits 属性，将其转发给同名的状态函数：

```
@property
 def nbits(self) -> int:
    return self.psi.nbits
```

4.3.2 门的作用

为了将门作用于量子比特，现在假设有两个函数来实现，一个用于单量子比特门，一个用于受控门。接下来将在后文详细介绍它们的实现。现在，假设这些函数将在索引 idx 处应用门，同时更新内部状态。

```
def apply1(self, gate: ops.Operator, idx: int,
           name: str = None, *, val: float = None):
    [...]

def applyc(self, gate: ops.Operator, ctl: int, idx: int,
           name: str = None, *, val: float = None):
    [...]
```

函数 apply1 对 idx 处的量子比特应用单量子比特门。要应用的门可能会有一个名称。有些门需要参数，例如旋转门，可以用命名参数 val 来指定。

函数 applyc 以相同的方式操作，但它额外获得控制位 ctl 的索引。

4.3.3 门

有了这两个作用函数，现在可以将所有标准门封装为电路的成员函数。除了双控 X 门和相应的 ccx 成员函数之外，这基本上是一个直接的包装，ccx 成员函数使用了前面 3.2.7 节中介绍的特殊结构。

```
def cv(self, idx0: int, idx1: int) -> None:
  self.applyc(ops.Vgate(), idx0, idx1, 'cv')

def cv_adj(self, idx0: int, idx1: int) -> None:
  self.applyc(ops.Vgate().adjoint(), idx0, idx1, 'cv_adj')

def cx(self, idx0: int, idx1: int) -> None:
  self.applyc(ops.PauliX(), idx0, idx1, 'cx')

def cu1(self, idx0: int, idx1: int, value) -> None:
  self.applyc(ops.U1(value), idx0, idx1, 'cu1', val=value)

# [... similar for cy, cz, crk]

def ccx(self, idx0: int, idx1: int, idx2: int) -> None:
```

```
    """Sleator-Weinfurter Construction."""

        self.cv(idx0, idx2)
        self.cx(idx0, idx1)
        self.cv_adj(idx1, idx2)
        self.cx(idx0, idx1)
        self.cv(idx1, idx2)

    def toffoli(self, idx0: int, idx1: int, idx2: int) -> None:
        self.ccx(idx0, idx1, idx2)

    def h(self, idx: int) -> None:
        self.apply1(ops.Hadamard(), idx, 'h')

    def t(self, idx: int) -> None:
        self.apply1(ops.Tgate(), idx, 't')

    # [... similar for u1, v, x, y, z, s, yroot]

    def rx(self, idx: int, theta: float) -> None:
        self.apply1(ops.RotationX(theta), idx, 'rx')

    # [... similar for ry, rz]

    # This doesn't go through the apply functions. Don't use.
    def unitary(self, op, idx: int) -> None:
        self.psi = ops.Operator(op)(self.psi, idx, 'u')
```

所有这些门都可以应用于仍然假设的两个作用函数，除了 unitary 函数。unitary 函数允许应用任意大小的算子，并回退到全矩阵实现。在 qc 的环境中，这个功能是令人讨厌的。事实上，不会在本书的任何例子和算法中使用它，添加它只是为了一般化，并不使用它。

4.3.4 伴随门

将算子包装为 qc 类的成员函数。那么伴随矩阵呢？似乎有两种明显的设计选择。

明确的包装。对于每个门，提供上述的作用函数，以及应用伴随矩阵的函数。例如，对于 CV 门，将提供一个成员函数 qc.cv(⋯) 以及 qc.cv_adj(⋯)。

或者，可以添加两个静态函数：

```
    def id(gate: ops.Operator) -> ops.Operator:
        return gate
    def adjoint(gate: ops.Operator) -> ops.Operator:
        return gate.adjoint()
```

并将 id 函数作为默认参数添加到每个门的作用函数中。例如，对于 S 门：

```
    def s(self, idx: int, trans: Callable = id)  -> None:
        self.apply1(trans(ops.Sgate()), idx, 's')
```

为了应用伴随函数，调用以 adjoint 函数为参数的函数：

```
qc.s(0, circuit.adjoint)
```

这当然是优雅的，特别是对于编译语言，它可以优化这种结构的消耗。Python 本来就比较慢，我们不想再拖慢了，所以采用了第一种方法——根据代码示例的需要，为伴随门添加单独的作用函数。

4.3.5 测量

以一种直接的方式包装测量算子：

```
def measure_bit(self, idx: int, tostate: int = 0,
                collapse: bool = True) -> (float, state.State):
    return ops.Measure(self.psi, idx, tostate, collapse)
```

注意，构造了一个全矩阵测量算子，这意味着这种测量方式不会缩放。幸运的是，在许多情况下，不必执行实际的测量来确定最可能的测量结果，可以通过状态向量找到概率最高的状态——可以通过"窥视"来测量。

为了方便起见，还添加了一个统计抽样函数。其参数为测量 $|0\rangle$ 的概率。例如，我们可以提供值 0.25。该函数在 $0.0 \sim 1.0$ 的范围内选择一个随机数。如果测量到 $|0\rangle$ 的概率小于这个随机数，就意味着我们碰巧测量到了一个 $|1\rangle$ 态。

```
def sample_state(self, prob_state0: float):
    if prob_state0 < random.random():
        return 1  # corresponds to |1>
    return 0  # corresponds to |0>
```

在某种程度上，这是不实用的，因为在我们的基础设施中，我们知道任何给定量子态的概率。我们不需要对概率进行抽样来得到已知的概率。然而，有些代码可能会以某种方式编写，就好像它会在实际的量子计算机上运行一样，这就需要采样。为了模拟这种情况，也为了镜像可以在其他基础设施中找到的代码，我们提供了这个函数。

4.3.6 交换算子

如前面 2.7.3 节和 2.7.4 节所述，还添加了交换门（swap gate）和受控交换（cswap）门的实现。具体来说，cswap 门将在稍后的 Shor 算法中使用（6.6 节）。通过简单地将交换门中的 cx 门改为双重受控门 ccx 就可以实现：

```
def swap(self, idx0: int, idx1: int) -> None:
    self.cx(idx1, idx0)
    self.cx(idx0, idx1)
    self.cx(idx1, idx0)

def cswap(self, ctl: int, idx0: int, idx1: int) -> None:
    self.ccx(ctl, idx1, idx0)
    self.ccx(ctl, idx0, idx1)
    self.ccx(ctl, idx1, idx0)
```

4.3.7 多重受控门的构建

为了构建 3.2.8 节中概述的多重受控门，使用以下代码。它的实现非常巧妙：

❑ 对于控制门，允许 0、1、2 或更多的控制位。这使得该实现在几个场景中非常通用。

❑ 允许基于 1 的受控门和基于 0 的受控门。为了将一个门标记为基于 0 的受控门，控制位的索引 idx 作为一个单一元素列表项 [idx] 传递。

对于图 4.2 中的示例，对于由基于 1 和基于 0 控制的量子比特 q_4 上的 X 门，通过以下函数调用。当然，必须确保在 aux 寄存器中为辅助量子比特保留足够的空间：

```
qc.multi_control([0, [1], [2], 3], 4, aux, ops.PauliX(), 'multi-X'))
```

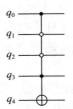

图 4.2　多重受控 X 门

以下是完整的实现。还修改了函数 applyc，通过在控制位之前和之后增加 X 门来启用基于 0 的受控门（此处未显示）。

```
def multi_control(self, ctl, idx1, aux, gate, desc: str):
    """Multi-Controlled gate, using aux as ancilla."""

    # This is a simpler version that requires n-1 ancillae, instead
    # of n-2. The benefit is that the gate can be used as a
    # single-controlled gate, which means we don't need to take the
    # root (no need to include scipy). This construction also makes
    # the Controlled-By-0 gates a little bit easier, those controllers
    # are being passed as single-element lists, eg.:
    #   ctl = [1, 2, [3], [4], 5]
    #
    # This can be optimized (later) to turn into a space-optimized
    # n-2 version.
    #
    # We also generalize to the case where ctl is empty or only has 1
    # control qubit. This is very flexible and practically any gate
    # could be expressed this way. This would make bulk control of
    # whole gate sequences straightforward, but changes the trivial
    # IR we're working with here. Something to keep in mind.
    with self.scope(self.ir, f'multi({ctl}, {idx1}) # {desc})'):
        if len(ctl) == 0:
            self.apply1(gate, idx1, desc)
            return
        if len(ctl) == 1:
            self.applyc(gate, ctl[0], idx1, desc)
```

```
      return

  # Compute the predicate.
  self.ccx(ctl[0], ctl[1], aux[0])
  aux_idx = 0
  for i in range(2, len(ctl)):
    self.ccx(ctl[i], aux[aux_idx], aux[aux_idx+1])
    aux_idx = aux_idx + 1

  # Use predicate to single-control qubit at idx1.
  self.applyc(gate, aux[aux_idx], idx1, desc)

  # Uncompute predicate.
  aux_idx = aux_idx - 1
  for i in range(len(ctl)-1, 1, -1):
    self.ccx(ctl[i], aux[aux_idx], aux[aux_idx+1])
    aux_idx = aux_idx - 1
  self.ccx(ctl[0], ctl[1], aux[0])
```

4.3.8 例子

为了展示如何使用电路模型的示例，下面是使用基于矩阵的基础设施的经典算术加法器电路：

```
def fulladder_matrix(psi: state.State) -> state.State:
  """Non-quantum-exploiting, classic full adder."""

  psi = ops.Cnot(0, 3)(psi, 0)
  psi = ops.Cnot(1, 3)(psi, 1)
  psi = ops.ControlledU(0, 1, ops.Cnot(1, 4))(psi, 0)
  psi = ops.ControlledU(0, 2, ops.Cnot(2, 4))(psi, 0)
  psi = ops.ControlledU(1, 2, ops.Cnot(2, 4))(psi, 1)
  psi = ops.Cnot(2, 3)(psi, 2)
  return psi
```

这是使用量子电路的公式。它更紧凑，而且还隐藏了实现细节，这意味着我们能够通过 apply 函数的快速实现来加速电路（见 4.4 节和 4.5 节）。

```
def fulladder_qc(qc: circuit.qc) -> None:
  """Non-quantum-exploiting, classic full adder."""

  qc.cx(0, 3)
  qc.cx(1, 3)
  qc.ccx(0, 1, 4)
  qc.ccx(0, 2, 4)
  qc.ccx(1, 2, 4)
  qc.cx(2, 3)
```

正如我们将在 8.5 节中看到的那样，这个包装器类可以轻松地增强门作用函数的实现，以添加将电路转换为其他形式的功能，例如 QASM（Cross et al.，2017）、Cirq（Google，

2021c）或 Qiskit（Gambetta et al.，2019）。

但是，我们还没有详细介绍 apply 函数！它们将是下一节的主题。

4.4 门的快速作用

到目前为止，我们已经将门与单位矩阵进行张量积运算，然后将得到的大矩阵作用于完整的状态向量。正如 4.1 节所描述的，这只适用于少量子比特，无法做进一步扩展。对于 10 个量子比特，增广矩阵已经是 1024×1024 矩阵，需要 1024^2 次乘法和加法运算。能否设计一种更高效的方法？这是可以的。

让我们分析一下在门作用过程中发生了什么。为了进行分析，我们创建一个没有归一化的伪状态向量，但允许可视化门作用于单量子比特时的情况。

```
qc = circuit.qc('test')
qc.arange(4)
print(qc.psi)
>>
4-qubit state. Tensor:
[ 0.+0.j  1.+0.j  2.+0.j  3.+0.j  4.+0.j  5.+0.j  6.+0.j  7.+0.j  8.+0.j
  9.+0.j 10.+0.j 11.+0.j 12.+0.j 13.+0.j 14.+0.j 15.+0.j]
```

现在将 X 门作用于量子比特 $0 \sim 3$（一个接一个），总是从一个新创建的向量开始。X 门很有趣，因为它将状态向量项乘以 0 和 1，导致值交换。这类似于将 X 门作用于常规的量子比特"翻转" $|0\rangle$ 和 $|1\rangle$）。

```
# Let's try this for qubits 0 to 3.
for idx in range(4):
  qc = circuit.qc('test')

  # Populate vector with values 0 to 15.
  qc.arange(4)

  # Apply X-gate to qubit at index `idx`.
  qc.x(idx)
  print('Applied X to qubit {}: {}'.format(idx, qc.psi))
```

首先，将 X 门作用于量子比特 0，得到以下这个结果：

```
Applied X to qubit 0: 4-qubit state. Tensor:
[ 8.+0.j  9.+0.j 10.+0.j 11.+0.j 12.+0.j 13.+0.j 14.+0.j 15.+0.j
  0.+0.j  1.+0.j  2.+0.j  3.+0.j  4.+0.j  5.+0.j  6.+0.j  7.+0.j]
```

看起来向量的右半部分和左半部分交换了。接下来试试下一个量子比特索引。将 X 门作用于量子比特 1 会得到：

```
Applied X to qubit 1: 4-qubit state. Tensor:
[ 4.+0.j  5.+0.j  6.+0.j  7.+0.j  0.+0.j  1.+0.j  2.+0.j  3.+0.j
 12.+0.j 13.+0.j 14.+0.j 15.+0.j  8.+0.j  9.+0.j 10.+0.j 11.+0.j]
```

现在看起来四个向量元素的块被交换了。第 4 ~ 7 个元素与第 0 ~ 3 个元素交换位置，第 12 ~ 15 个元素与第 8 ~ 11 个元素交换位置。一种模式正在显现。我们继续将 X 门作用于量子比特 2：

```
Applied X to qubit 2: 4-qubit state. Tensor:
[ 2.+0.j  3.+0.j  0.+0.j  1.+0.j  6.+0.j  7.+0.j  4.+0.j  5.+0.j
 10.+0.j 11.+0.j  8.+0.j  9.+0.j 14.+0.j 15.+0.j 12.+0.j 13.+0.j]
```

这继续扩展了这种模式：两个元素为一组进行交换。最后，将 X 门作用于量子比特 3，可以看到单个量子比特被交换：

```
Applied X to qubit 3: 4-qubit state. Tensor:
[ 1.+0.j  0.+0.j  3.+0.j  2.+0.j  5.+0.j  4.+0.j  7.+0.j  6.+0.j  9.+0.j
  8.+0.j 11.+0.j 10.+0.j 13.+0.j 12.+0.j 15.+0.j 14.+0.j]
```

我们认识到一个清晰的"2 的幂"模式。向量有 2^4=16 个元素，对应 4 个量子比特。为了表示 0 ~ 15 这些数字，需要四个经典比特：$b_3 b_2 b_1 b_0$。记住，从左到右列举量子比特，从右到左列举经典比特。此外，请记住正在使用 X 门，它与 0 和 1 进行乘法运算，给人交换了元素的印象。

- **量子比特 0**。将 X 门作用于量子比特 0，会将状态向量的前半部分与后半部分交换。

  若以二进制方式解释向量索引，则设置了第 3 位（最高有效位）索引的状态元素与没有设置第 3 位索引的状态元素交换位置。位置 8 ~ 15 设置了第 3 位，与没有设置第 3 位的位置 0 ~ 7 交换了位置。有 8 个元素的块被交换了。

- **量子比特 1**。将 X 门作用于量子比特 1，会将状态向量四个部分中的第二部分与第一部分交换，将第四部分与第三部分交换。

  相应地，第 2 位被设置的向量元素与第 2 位没有被设置的向量元素交换，用第 3 位的位模式"括起来"。一个索引被一个高位括起来意味着什么？它只是意味着高位没有改变，它仍然是 0 或 1。只有较低位的比特在 0 和 1 之间切换。四个元素的块一次切换，有两个括号用于量子比特 1。

- **量子比特 2**。将 X 门作用于量子比特 2，会将状态向量八个部分中的第二部分与第一部分交换，第四部分与第三部分交换，第六部分与第五部分交换，以此类推。

  与上面类似，第 1 位被设置的向量元素与第 1 位没有被设置的向量元素交换。这个交换用第 2 位的位模式括起来，再用第 3 位的位模式括起来。

- **量子比特 3**。最后，同样与上面类似，将 X 门作用于量子比特 3，会交换单个元素：元素 0 与元素 1 交换，元素 3 与元素 2 交换，以此类推。

通过观察状态向量索引的二进制位模式，可以将该模式用封闭形式表示（Smelyanskiy et al., 2016）。我们来介绍状态索引的二进制位表示法（为了方便起见，省略了状态的括号 $|\cdot\rangle$）：

$$\psi \beta_{n-1} \beta_{n-2} \cdots \beta_0$$

如果希望在给定的位 k 上有一个特定的 0 或 1，可以通过以下表示指定这个位的值：

$$\psi \beta_{n-1} \beta_{n-2} \cdots 0_k \cdots \beta_0$$
$$\psi \beta_{n-1} \beta_{n-2} \cdots 1_k \cdots \beta_0$$

例如，量子态 $|01101\rangle$ 可以被写为十进制表示的 $|13\rangle$ 或者这种表示法对应的 $\psi 01101$。

在 n 量子比特量子态（量子比特 $0 \sim n-1$）的量子比特 k 上应用单量子比特门，会将该门作用于一对索引在二进制表示中相差 $n-1-k$ 的振幅。在第一个例子中，有 4 个量子比特。在这种表示法中，量子比特 0 转换为经典比特 3，量子比特 3 对应于经典比特 0。将 X 门作用于对应量子态的概率振幅，这个量子态的位索引在 0 和 1 之间切换，从而交换状态向量的块。交换之所以发生是因为应用了 X 门。此外，这种方法适用于所有的门。对于 X 门来说，它只是变得可视化和易于理解。

一般来说，对处于量子态 $|\psi\rangle$ 的系统的 1 个量子比特应用 G 门，其中 G 是一个 2×2 的矩阵。将矩阵的四个元素命名为 G_{00}、G_{01}、G_{10} 和 G_{11}（分别对应着左上、右上、左下、右下元素）。

将 G 门作用在第 k 个量子比特上对应如下诀窍。这种表示法表示遍历整个状态向量。所有索引与指定位模式匹配的向量元素都与门元素 G_{00}、G_{01}、G_{10} 和 G_{11} 相乘，如以下诀窍所示。

$$\psi \beta_{n-1} \beta_{n-2} \cdots 0_k \cdots \beta_0 = G_{00} \, \psi \beta_{n-1} \beta_{n-2} \cdots 0_k \cdots \beta_0 + G_{01} \, \psi \beta_{n-1} \beta_{n-2} \cdots 1_k \cdots \beta_0$$
$$\psi \beta_{n-1} \beta_{n-2} \cdots 1_k \cdots \beta_0 = G_{10} \, \psi \beta_{n-1} \beta_{n-2} \cdots 0_k \cdots \beta_0 + G_{11} \, \psi \beta_{n-1} \beta_{n-2} \cdots 1_k \cdots \beta_0$$

对于受控门，该模式可以进行扩展。必须确保控制位 c 被设置为 1，并且只将门作用于这种情况下的量子态：

$$\psi \beta_{n-1} \beta_{n-2} \cdots 1_c \cdots 0_k \cdots \beta_0 = G_{00} \, \psi \beta_{n-1} \beta_{n-2} \cdots 1_c \cdots 0_k \cdots \beta_0 + G_{01} \, \psi \beta_{n-1} \beta_{n-2} \cdots 1_c \cdots 1_k \cdots \beta_0$$
$$\psi \beta_{n-1} \beta_{n-2} \cdots 1_c \cdots 1_k \cdots \beta_0 = G_{10} \, \psi \beta_{n-1} \beta_{n-2} \cdots 1_c \cdots 0_k \cdots \beta_0 + G_{11} \, \psi \beta_{n-1} \beta_{n-2} \cdots 1_c \cdots 1_k \cdots \beta_0$$

在实现中，必须注意量子比特的顺序。量子比特 0 是最高位，但对于位模式，通常经典比特 0 是最低有效位。在我们的实现中，需要反转位索引。

为了应用单一的门，将此函数添加到文件 lib/state.py 中的状态实现中（其中 $1 \ll n$ 是 2**n 的优化版本）：

```python
def apply(self, gate: ops.Operator, index: int) -> None:
    """Apply single-qubit gate to this state."""

    # To maintain qubit ordering in this infrastructure,
    # index needs to be reversed.
    #
    index = self.nbits - index - 1
    pow_2_index = 1 << index
    g00 = gate[0, 0]
    g01 = gate[0, 1]
    g10 = gate[1, 0]
    g11 = gate[1, 1]
    for g in range(0, 1 << self.nbits, 1 << (index+1)):
```

```python
    for i in range(g, g + pow_2_index):
        t1 = g00 * self[i] + g01 * self[i + pow_2_index]
        t2 = g10 * self[i] + g11 * self[i + pow_2_index]
        self[i] = t1
        self[i + pow_2_index] = t2
```

受控门的实现与之非常类似，但请注意代码中额外的 **if** 语句——检查控制位是否被设置：

```python
def applyc(self, gate: ops.Operator, ctrl: int, target: int) -> None:
    """Apply a controlled 2-qubit gate via explicit indexing."""

    # To maintain qubit ordering in this infrastructure,
    # index needs to be reversed.
    qbit = self.nbits - target - 1
    pow_2_index = 2**qbit
    ctrl = self.nbits - ctrl - 1
    g00 = gate[0, 0]
    g01 = gate[0, 1]
    g10 = gate[1, 0]
    g11 = gate[1, 1]
    for g in range(0, 1 << self.nbits, 1 << (qbit+1)):
        idx_base = g * (1 << self.nbits)
        for i in range(g, g + pow_2_index):
            idx = idx_base + i
            if idx & (1 << ctrl):
                t1 = g00 * self[i] + g01 * self[i + pow_2_index]
                t2 = g10 * self[i] + g11 * self[i + pow_2_index]
                self[i] = t1
                self[i + pow_2_index] = t2
```

基准测试

这种方法的复杂度现在是 $O(n)$，而矩阵 – 向量乘法的复杂度是 $O(n^2)$。为了解其中一个比另一个快多少，我们编写一个快速测试。这不是"火箭手术"，但其效果令人愉悦，且不容忽视。

```python
def single_gate_complexity() -> None:
    """Compare times for full matmul vs single-gate."""

    nbits = 12
    qubit = random.randint(0, nbits-1)
    gate = ops.PauliX()

    def with_matmul():
        psi = state.zeros(nbits)
        op = ops.Identity(qubit) * gate * ops.Identity(nbits - qubit - 1)
        psi = op(psi)

    def apply_single():
        psi = state.zeros(nbits)
        psi = apply_single_gate(gate, qubit, psi)
```

```
print('Time with full matmul: {:.3f} secs'
      .format(timeit.timeit(with_matmul, number=1)))
print('Time with single gate: {:.3f} secs'
      .format(timeit.timeit(apply_single, number=1)))
```

使用稍微不那么科学的方法，可以看到将此方法应用于 12 个量子比特时，性能差异显著，甚至超过 100 倍：

```
Time with full matmul: 0.627 secs
Time with single gate: 0.004 secs
```

现在可以将这些例程添加到量子电路中，但是用 C++ 加速这些例程可以做得更好，这将是下一节的主题。

4.5 加速门的作用

现在，我们已经了解了如何将门作用于具有线性复杂性的状态向量，但代码是用 Python 编写的。众所周知，Python 代码的执行速度比 C++ 代码慢。为了增加更多的量子比特并加速门的作用，我们在 C++ 中实现了门作用函数，并使用标准扩展技术将它们导入到 Python 中。

本节包含大量 C++ 代码，核心原则见 4.4 节。除了关于性能的有趣观察结果外，这里没有太多新的内容。这里仍然详细介绍这些代码，因为这些代码可能对通过快速 C++ 扩展 Python 没有经验的读者而言很有价值。实际的开源代码大约有 150 行，可以从开源存储库中获得。

"加速门的作用"的关键例程位于文件 xgates.cc 中。numpy 的 <path> 必须正确设置为指向本地设置。开源存储库将提供有关如何编译和使用此 Python 扩展的最新说明。我们希望它同时支持 float 型的复数和 double 型的复数，因此相应地对代码进行了模板化。

```cpp
// Make sure this header can be found:
#include <Python.h>

#include <stdio.h>
#include <stdlib.h>
#include <complex>

// Configure the path, likely in the BUILD file:
#include "<path>/numpy/core/include/numpy/ndarraytypes.h"
#include "<path>/numpy/core/include/numpy/ufuncobject.h"
#include "<path>/numpy/core/include/numpy/npy_3kcompat.h"

typedef std::complex<double> cmplxd;
typedef std::complex<float> cmplxf;

// apply1 applies a single gate to a state.
//
```

```cpp
// Gates are typically 2x2 matrices, but in this implementation they
// are flattened to a 1x4 array:
//     a b
//     c d   -> a b c d
//
template <typename cmplx_type>
void apply1(cmplx_type *psi, cmplx_type gate[4],
            int nbits, int tgt) {
  tgt = nbits - tgt - 1;
  int q2 = 1 << tgt;
  for (int g = 0; g < 1 << nbits; g += (1 << (tgt+1))) {
    for (int i = g; i < g + q2; ++i) {
      cmplx_type t1 = gate[0] * psi[i] + gate[1] * psi[i + q2];
      cmplx_type t2 = gate[2] * psi[i] + gate[3] * psi[i + q2];
      psi[i] = t1;
      psi[i + q2] = t2;
    }
  }
}
// applyc applies a controlled gate to a state.
template <typename cmplx_type>
void applyc(cmplx_type *psi, cmplx_type gate[4],
            int nbits, int ctl, int tgt) {
  //[... similar to above, but for controlled gates]
}
```

上面的代码非常接近 Python 的实现。现在，为了扩展 Python 并使此扩展可作为共享模块加载，我们为单量子比特门添加了标准的 Python 绑定代码：

```cpp
template <typename cmplx_type, int npy_type>
void apply1_python(PyObject *param_psi, PyObject *param_gate,
                   int nbits, int tgt) {
  PyObject *psi_arr =
    PyArray_FROM_OTF(param_psi, npy_type, NPY_IN_ARRAY);
  cmplx_type *psi = ((cmplx_type *)PyArray_GETPTR1(psi_arr, 0));

  PyObject *gate_arr =
    PyArray_FROM_OTF(param_gate, npy_type, NPY_IN_ARRAY);
  cmplx_type *gate = ((cmplx_type *)PyArray_GETPTR1(gate_arr, 0));

  apply1<cmplx_type>(psi, gate, nbits, tgt);

  Py_DECREF(psi_arr);
  Py_DECREF(gate_arr);
}

static PyObject *apply1_c(PyObject *dummy, PyObject *args) {
  PyObject *param_psi = NULL;
  PyObject *param_gate = NULL;
  int nbits;
  int tgt;
```

```cpp
    int bit_width;

    if (!PyArg_ParseTuple(args, "OOiii", &param_psi, &param_gate,
                          &nbits, &tgt, &bit_width))
      return NULL;
    if (bit_width == 128) {
      apply1_python<cmplxd, NPY_CDOUBLE>(param_psi,
                                         param_gate, nbits, tgt);
    } else {
      apply1_python<cmplxf, NPY_CFLOAT>(param_psi,
                                        param_gate, nbits, tgt);
    }
    Py_RETURN_NONE;
}
```

当然，针对受控门，开源存储库中也有类似的代码。以下是 Python 解释器在导入模块时将调用的函数。使用标准样板代码在名为 xgates 的模块中注册 Python 包装器：

```cpp
// Python boilerplate to expose above wrappers to programs.
static PyMethodDef xgates_methods[] = {
    {"apply1", apply1_c, METH_VARARGS,
     "Apply single-qubit gate, complex double"},
    {"applyc", applyc_c, METH_VARARGS,
     "Apply controlled qubit gate, complex double"},
    {NULL, NULL, 0, NULL}};

static struct PyModuleDef xgates_definition = {
  PyModuleDef_HEAD_INIT,
  "xgates",
  "Python extension to accelerate quantum simulation math",
  -1,
  xgates_methods
};

PyMODINIT_FUNC PyInit_xgates(void) {
  Py_Initialize();
  import_array();
  return PyModule_Create(&xgates_definition);
}
```

为了让 Python 能够找到这个扩展，通常设置一个环境变量。例如，在 Linux 上：

```
export PYTHONPATH=path_to_xgates.so
```

或者，可以用以下代码以编程方式扩展 Python 的模块搜索路径：

```python
import sys
sys.path.append('/path/to/search')
```

4.5.1 电路的最终实现

通过加速实现，我们最终完成了量子电路 qc 类中的门作用函数。单量子比特门和受控门都可以作用于量子比特，但为了方便，单量子比特门也可以作用于整个寄存器：

```
import xgates

def apply1(self, gate: ops.Operator, idx: int,
           name: str = None, *, val: float = None):
  if isinstance(idx, state.Reg):
    for reg in range(idx.nbits):
        xgates.apply1(self.psi, gate.reshape(4), self.psi.nbits,
                      idx[reg], tensor.tensor_width)
    return
  xgates.apply1(self.psi, gate.reshape(4), self.psi.nbits, idx,
                tensor.tensor_width)

def applyc(self, gate: ops.Operator, ctl: int, idx: int,
           name: str = None, *, val: float = None):
  if isinstance(idx, state.Reg):
    raise AssertionError('controlled register not supported')
  xgates.applyc(self.psi, gate.reshape(4), self.psi.nbits, ctl,
                idx, tensor.tensor_width)
```

4.5.2 过早优化，第一步

查看标准门，我们发现有很多 0 和 1，这意味着如果针对这些特殊情况进行优化，一些门作用应该运行得更快。这里需强调一下"应该"。我们做一个实验来验证这个假设。

构建一个基准测试来比较一般门作用例程与专门用于 X 门的例程，X 门有两个 0 和两个 1。这将使我们能够节省总共四次乘法运算、两次加法运算，也许每个量子比特还可以节省一些内存访问过程。换句话说，对于这个原始的内循环：

```
for (int i = g; i < g + q2; ++i) {
  cmplx t1 = gate[0][0] * psi[i] + gate[0][1] * psi[i + q2];
  cmplx t2 = gate[1][0] * psi[i] + gate[1][1] * psi[i + q2];
  psi[i] = t1;
  psi[i + q2] = t2;
}
```

这是内循环的修改版本，看起来它的速度更快，至少避免了四次乘法运算：

```
for (int i = g; i < g + q2; ++i) {
  cmplx t1 = psi[i + q2];
  cmplx t2 = psi[i];
  psi[i] = t1;
  psi[i + q2] = t2;
}
```

下面的代码只展示了受控非门的实现，但对单一门和受控门都进行了基准测试。在撰写本书时，特定的基准测试基础设施 BENCHMARK_BM 还没有开源，但是对于这种类型的基准测试，开源存储存中有无数其他方法可用。

```cpp
typedef std::complex<double> cmplx;
static const int nbits = 22;
static cmplx* psi;

void apply_single(cmplx* psi, cmplx gate[2][2], int nbits, int qubit) {
  int q2 = 1 << qubit;
  for (int g = 0; g < 1 << nbits; g += 1 << (qubit+1)) {
    for (int i = g; i < g + q2; ++i) {
      cmplx t1 = gate[0][0] * psi[i] + gate[0][1] * psi[i + q2];
      cmplx t2 = gate[1][0] * psi[i] + gate[1][1] * psi[i + q2];
      psi[i] = t1;
      psi[i + q2] = t2;
    }
  }
}

void apply_ctl(cmplx* psi, cmplx gate[2][2], int nbits,
               int ctl, int tgt) {
  [...]
}

// --- Benchmark full gates ---
void BM_apply_single(benchmark::State& state) { [...] }
BENCHMARK(BM_apply_single);

void BM_apply_controlled(benchmark::State& state) { [...] }
BENCHMARK(BM_apply_controlled);

// --- "Optimized Gates" ---
void apply_single_opt(cmplx* psi, int nbits, int qubit) {
  int q2 = 1 << qubit;
  for (int g = 0; g < 1 << nbits; g += 1 << (qubit + 1)) {
    for (int i = g; i < g + q2; ++i) {
      cmplx t1 = psi[i + q2];
      cmplx t2 = psi[i];
      psi[i] = t1;
      psi[i + q2] = t2;
    }
  }
}

void apply_ctl_opt(cmplx* psi, int nbits, int ctl, int tgt) {
  [... similar to apply_single_opt, but controlled version]
}

// --- Benchmark optimized gates ---
void BM_apply_single_opt(benchmark::State& state) { [...] }
BENCHMARK(BM_apply_single_opt);
void BM_apply_controlled_opt(benchmark::State& state) { [...] }
BENCHMARK(BM_apply_controlled_opt);
```

性能结果如表 4.1 所示。记住我们的假设：优化的版本会更快，因为它执行的乘法和加法运算更少。列 Iterations 显示了每秒的迭代次数，迭代次数越高越好。

表 4.1 基准测试结果（程序输出），手工优化和非优化门作用例程对比

Benchmark	Time(ns)	CPU(ns)	Iterations
BM_apply_single	116403527	116413785	24
BM_apply_single_opt	132820169	132829412	21
BM_apply_controlled	81595871	81600200	34
BM_apply_controlled_opt	89064964	89072559	31

专用版本的运行速度要慢 10%! 对于给定的 x86 平台，编译器能够对非专门化版本进行向量化，从而略微提高了总体吞吐量。直觉来看，效果很好，验证后发现效果更好。

总之，我们找到了一种具有线性复杂性的门作用方法，并且通过 C++ 加速了它。与 Python 版本的性能比较显示，加速后速度提高了约 100 倍。这可以让我们多模拟 6 ~ 7 个额外的量子比特，这对于本书所有剩下的算法而言都足够了。

还有其他方法可以模拟量子计算（Altman et al., 2021），正如我们在 4.1 节末尾所讨论的那样。有一种特定的、有趣的方式来稀疏地表示状态。对于许多电路来说，这是一种非常高效的数据结构。我们将在 4.6 节对这种结构进行简要概述，并在附录中提供完整的实现细节。

4.6 稀疏表示

到目前为止，我们用于表示量子态的数据结构是一个密集的数组，它保存了所有叠加态的所有概率振幅，其中特定状态的振幅可以通过二进制索引找到。然而，对于许多电路和算法来说，可能存在较大一部分概率接近零的状态。存储这些 0 态并将门作用于它们不会产生任何效果，是一种资源浪费。这个事实可以用稀疏表示来利用。这一原理的一个很好的参考实现可以在古老的开源 libquantum 库中找到（Butscher & Weimer, 2013）。

我们重新实现了该库中与本书相关的核心思想。libquantum 解决了量子信息的其他方面，这里没有涉及。因此，我们将我们的实现命名为 libq，以使其区别于最初的实现。最初的库是用纯 C 语言编写的，但我们的实现用 C++ 进行了适度更新，以提高可读性和性能。我们采用了一些关键变量和函数的 C 命名约定，以帮助进行直接比较。

以下是核心思想：假设有一个 N 量子比特量子态，所有量子比特都初始化为状态 $|0\rangle$。密集表示可以存储 2^N 个复数，其中只有第一个条目是 1.0，其他所有条目的值都是 0.0，对应于状态 $|00\cdots0\rangle$。

我们的 libq 库颠覆了这一点。状态以位掩码的形式存储（目前最多可以存储 64 个量子比特，但可以扩展），其中 0 和 1 对应状态 $|0\rangle$ 和 $|1\rangle$。这些比特组合中的每一个都与一个概率振幅配对。在上面的例子中，libq 将存储元组 $(0 \times 00\cdots0, 1.0)$，这表明唯一的非零概率状态是 $|00\cdots0\rangle$。对于 53 个量子比特，全状态表示将需要 72PB 的内存，而对于稀疏表示，

若振幅存储为双精度值则只需要 16B，若使用 4B 浮点数则只需要 12B。

将 Hadamard 门作用于最低有效位的量子比特将使其处于叠加态。在 libq 中，这意味着现在有两个非零概率状态：

- |000···00⟩ 概率为 50%。
- |000···01⟩ 概率为 50%。

相应地，libq 只存储两个元组，每个元组的概率振幅为 $1/\sqrt{2}$，使用 32B（对于 4B 浮点数，使用 24B）。

当电路运行时，会产生和破坏叠加态。libquantum 的一个关键方面是，门被认为会产生或破坏叠加态，需要进行相应的处理。应用叠加门后，会将概率接近 0.0 的所有状态滤除。这减少了要存储的元组的数量，并加速了后续的门作用。

门作用本身可以变得非常快。例如，假设需要将 X 门作用于最低有效位量子比特。如果采用密集表示，需要遍历和修改整个状态向量，如 4.5 节所述。如果采用 libq，只需要一个位翻转。在上面的例子中，假设所有量子比特的初始状态都是 |0⟩，将 X 门作用于最低有效位量子比特意味着只需要翻转位掩码中的最低有效位，元组 $(0 \times 00\cdots00, 1.0)$ 变成 $(0 \times 00\cdots01, 1.0)$。这比遍历和修改一个可能非常大的状态向量要快得多，特别是在非零概率状态很少的情况下。

为了维护状态元组，需要支持两个主要操作：

- 迭代所有可用的状态元组。
- 查找或创建一个特定的状态元组。

libquantum 实现了用一个哈希表来管理元组，稍后我们将看到，尽管哈希表具有良好的性能特征，但它最终会成为实现的性能瓶颈。我们的 libq 适度地改进了这种数据结构。

该实现大约有 500 行 C++ 代码。从附录中可以找到详细的、带注释的描述，其中还包括成功的优化和失败的优化。

这种设计也有缺点，可能会阻碍它扩展到大量的量子比特或有大量非零概率的电路。单个状态被高效地编码为位掩码元组，从而编码量子态和概率振幅。但是还有一些额外的数据结构，比如维护现有状态的哈希表。每个状态的内存需求高于全状态表示。这意味着存在一个交叉点，超过这个交叉点，稀疏表示的效率将低于全状态表示。特别是，它在 5.2 节中讨论的量子随机算法上表现得并不好。

另一个问题可能来自使用哈希表存储状态的方式。超过某个大小阈值，哈希表的随机内存访问将优于线性内存访问，这可能受益于缓存，并且可以有效地预取。此外，在分布式计算环境中，哈希表的条目可能会不可预测地分布在不同的机器上。因此，门作用可能会产生过高的通信成本。

基准测试

本书只提供零星的证据来证明稀疏表示的效率。在这样的书中进行全面的绩效评估是不明智的，因为当读者读到这本书的时候，结果可能已经过时了。

本书中最复杂的算法是 Shor 整数分解算法（见 6.5 节[-]）。该算法的量子部分被称为求阶。要分解数字 15，需要 18 个量子比特和 10 533 个门；要分解 21，需要 22 个量子比特和 20 671 个门；要分解 35，需要 26 个量子比特和 36 373 个门。以两种不同的方式运行这个电路：

❑ 按原样运行，使用加速量子电路实现。

❑ 将电路直接转译到 libq，而不执行它。我们将在 8.5 节中描述转译。它的输出是一个 C++ 源文件，我们可以编译它并将之与 libq 库链接以生成可执行文件。

两个版本将计算出相同的结果，文本输出只是略有不同。用 22 个量子比特分解数字 21，得到以下结果。请注意，在执行过程中，最多只有 1.6% 的状态在某一时间点获得非零概率：

```
# of qubits        : 22
# of hash computes : 2736
Maximum # of states: 65536, theoretical: 4194304, 1.562%
States with nonzero probability:
 0.499966 +0.000000i|4> (2.499658e-01) (|00 0000 0000 0000 0000 0100>)
 0.000001 -0.000000i|32772> (6.148556e-13) (|00 0000 1000 0000 0000
 ↪   0100>)
-0.499970 +0.000000i|65536> (2.499696e-01) (|00 0001 0000 0000 0000
 ↪   0000>)
 0.499966 +0.000000i|65540> (2.499658e-01) (|00 0001 0000 0000 0000
 ↪   0100>)
 0.000001 -0.000000i|98308> (6.148556e-13) (|00 0001 1000 0000 0000
 ↪   0100>)
 0.499970 -0.000000i|0> (2.499696e-01) (|00 0000 0000 0000 0000 0000>)
real    0m4.225s
```

libq 版本在现代工作站上运行时间不到 5s，而电路版本大约需要 2.5min，速度大约提高了 25 倍。要使用 26 个量子比特来分解 35 这个数字，libq 版本大约需要 3min，而全状态表示模拟大约需要 1h。同样，加速效果非常显著，这次大约提升了 20 倍。这里忽略了生成的 C++ 版本的编译时间，但在真正的科学评估中必须包括这些时间。

⊖ 此处原文是 4.6 节，实际应该是 6.5 节。——译者注

第 5 章

超 越 经 典

"超越经典"（Beyond Classical）这个词现在比"量子优势"（Quantum Advantage）更受欢迎，而"量子优势"又比"量子霸权"（Quantum Supremacy）更受欢迎。这个术语最初是由 John Preskill 教授创造的，用来描述那些可以在量子计算机上高效运行但在经典计算机上难以运行的计算（Preskill，2012；Harrow & Montanaro，2017）。

计算复杂性理论是计算机科学的一个支柱。文献（Dean，2016）中给出了很好的介绍以及大量的参考文献。复杂性类有许多，最著名的大致如下：

- ❑ P 类，一类决策问题（答案为"是"或"否"），问题大小为 n，运行时间为多项式时间（n^x）。
- ❑ NP 类，具有指数运行时间（x^n）的决策问题，可以在多项式时间内进行验证。
- ❑ NP 完备类，这是一个有点技术性的结构。它是一类 NP 问题，其他 NP 完备问题可以在多项式时间内映射到它。从这个类中找到一个属于 P 类的例子就意味着这个类的所有成员也都属于 P 类。
- ❑ NP-hard 类，这类问题至少和 NP 中最难的问题一样难。为了简化一点，这是一类可能不是决策问题的 NP 问题（例如整数分解），或者没有已知的多项式时间验证算法的 NP 问题（例如旅行商问题）(Applegate et al.，2006)。

这些复杂性类具有不同属性和相互关系。著名问题 $P=NP$ 成立与否仍然是当今计算机科学的巨大挑战之一（可以开玩笑地回答"是"——如果 $N=1$ 或 $P=0$ 的话）。

人们对量子计算的兴趣源于对量子算法属于 BQP 类的信念，这是一种可以用量子图灵机在多项式时间内以小于 1/3 的错误概率求解的算法复杂性类。该类被认为比 BPP 类更强大，BPP 类算法可以在多项式时间内用概率图灵机以类似错误率解决。简单地说，有一类算法在量子计算机上的运行速度比在经典计算机上快指数倍。

从复杂性理论的角度来看，由于 BQP 包含 BPP，因此量子计算机可以高效地模拟经典计算机。但是，我们会在量子计算机上运行文字处理器或电子游戏吗？经典计算和量子计算似乎是互补的。"超越"这个术语似乎是为了表明，存在一种算法只能在量子计算机上运行的复杂性类。

为了确立量子优势，本书中将不采用复杂性理论的方法。相反，我们将尝试估计和验证 Arute 等人（2019）的量子霸权论文的结果，以说服自己量子计算机确实达到了超越经典计算机的能力。

5.1　1 万年、2 天还是 200s

2019 年，Google 发表了一篇开创性的论文，声称他们终于通过 53 量子比特的 Sycamore 芯片取得了量子优势（Arute et al.，2019）。在短短 200s 内对一种量子随机算法进行了 100 万次计算和采样，据估计，这个结果通过世界上最快的超级计算机模拟需要 1 万年。

此后不久，Google 在量子计算领域的竞争对手——IBM 声称在一台经典超级计算机上只需几天就可以实现类似的结果，而且精度更高（Pednault et al.，2019）。2 天和 200s 之间的差距大约是 1000 倍。2 天和 1 万年差距更大。如此巨大的分歧令人惊讶。为什么这两家大公司的结果差距如此之大？

5.2　量子随机电路算法

为了对性能进行评估，首先需要一个适当的基准。典型的基准测试集是用于 CPU 性能的 SPEC（www.spec.org）和用于机器学习系统的 MLPerf 基准测试（http://mlcommons.org）。众所周知，基准测试发布后，就会有大量人群开始努力优化和调整各种基础设施，使其符合基准测试。当这些优化上的努力只用于基准测试的领域时，这些努力被称为基准测试博弈。

因此，我们面临的挑战是建立一个有意义的、通用的但难以博弈的基准。Google 建议使用量子随机电路（Quantum Random Circuit，QRC）和交叉熵基准测试（cross Entropy Benchmarking，XEB）的方法（Boixo et al.，2018）。XEB 观察到随机电路的测量概率遵循一定的模式，若系统中存在误差或混沌随机性，则该模式将被破坏。XEB 对结果比特串进行采样，并通过统计建模来确认芯片确实执行了非混沌计算。其中涉及的数学内容超出了本书的讨论范围，因此我们将参考 Boixo 等人（2018）的文章进行详细讨论。

如何构造随机电路？最初，Google 使用了一组 2×2 的算子和受控 Z 门——这种选择受限于 Sycamore 芯片的能力（Google，2019）。

53 量子比特随机电路的问题规模非常大。假设复数大小为 2^3B，传统的 Schrödinger 全状态模拟将需要 2^{56}B 或 72PB 的存储空间，是 16B 复数的两倍。假设实现全状态模拟不现实，Google 团队使用了一种混合模拟技术，将全状态模拟与基于 Schrödinger-Feynman 路径历史的模拟技术相结合（Rudiak-Gould，2006）。这种方法以指数级空间需求为代价换取了指数级运行时间。混合模拟技术将电路分成两个（或更多）块。它使用 Schrödinger 全状态法模拟每个块，对于跨越分半球的门，它使用路径历史技术。这些门对性能的消耗非常高，但它们的数量相对较少。基于混合技术的基准测试以及超级计算机上全状态模拟的评估（Häner & Steiger，2017），文章估计对 53 个量子比特进行全状态模拟需要约 1 万年，即使在 1 000 000 台服务器级机器上运行也是如此。

文章发表后不久，人们利用电路构造中一些不完美的模式找到了针对这种特定电路类型的模拟技术来进行基准测试博弈的方法。因此，需要改进原本的基准。幸运的是，通过相对简单的改变（如引入新的门类型）似乎可以对抗这些技术。详情可参见文献（Arute et al.，2020）。

当然，有人担心这种基准的选择是一种人为的命题——一种没有实际用途的算法，除了量子模拟之外，没有其他经典等效算法存在。为了反驳这种观点，让我们拿一个带有磁性配重的钟摆，让它在相反的磁极间摆动，运动的过程将会非常混乱。从理论上讲，从一些假设的起始条件模拟这种行为可以在多项式时间内完成，但需要大量的计算资源来长时间精确地模拟运动。即使这样，也不可能模拟所有的初始条件，众所周知，地球另一边蝴蝶翅膀的扇动最终会影响整体的运动。如果进行 n 次模拟并对最终位置进行采样，结果将是混沌随机的，并且与等价的物理实验不同。

使用摆动的钟摆作为物理系统实时"执行"问题，实际上不使用任何计算资源，并且会导致同样混乱的随机结果。我们真的证明了钟摆式计算机的优势吗？

这是一个有趣的论点，但它有缺陷。钟摆式计算机是一个混沌的、物理的模拟过程，最重要的是，它还是一个不可重复的过程。初始条件微小的变化将导致完全不同的、不可预测的、不可重复的结果。因此，它不执行计算（这就是上面使用"执行"的原因）。

随机量子电路是一种数字计算。设置中的重大变化（例如修改不同门的序列或从不同的初始状态开始）将没有规律地改变结果。然而，参数化门的微小变化、不同程度的噪声或适度的误差暴露不会导致结果概率发生有意义的变化，偏差是有界的。在未来的机器中，量子纠错将使结果更加鲁棒和可重复。

关键论点是：非混沌计算可以在量子计算机上高效地进行。它在经典计算机上的运行效率要低得多（其中的差距长达数千年），从而证明了量子优势。

在所有情况下，能够在量子计算机上运行一些大规模且有意义的东西只是时间问题——也许 Shor 算法通过纠错可以利用数百万个量子比特。与此同时，仔细看看 Google 的量子电路，并估计在我们的基础设施中对其进行模拟需要多长时间。

5.3 电路构造

Google 芯片上的门有特定的约束条件，并不能随意放置。因此，需要遵循 Boixo 等人（2018）提出的原始构造规则。

霸权实验使用了三种类型的门，每一种都绕着 Bloch 球赤道上的一个轴以 π/2 的速度旋转。请注意，门的定义与前面介绍的定义略有不同：

$$X^{1/2} \equiv R_X(\pi/2) = \frac{1}{\sqrt{2}} \begin{bmatrix} 1 & -i \\ -i & 1 \end{bmatrix}$$

$$Y^{1/2} \equiv R_Y(\pi/2) = \frac{1}{\sqrt{2}} \begin{bmatrix} 1 & -1 \\ 1 & 1 \end{bmatrix}$$

$$W^{1/2} \equiv R_{X+Y}(\pi/2) = \frac{1}{\sqrt{2}} \begin{bmatrix} 1 & -\sqrt{i} \\ \sqrt{-i} & 1 \end{bmatrix}$$

以下是电路的具体约束条件：

❏ 对于每个量子比特，第一个门和最后一个门必须是 Hadamard 门。这反映在电路深度的符号中为 $1-n-1$，表示在 Hadamard 门之间还有 n 个步骤或存在 n 级的门。

❏ 在图 5.1 所示的模式中应用 CZ 门，会导致水平和垂直布局交替。

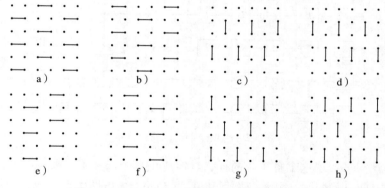

图 5.1 在 Sycamore 芯片上应用受控门的模式

❏ 按照以下标准，对不受 CZ 门影响的量子比特应用单量子比特算子 $X^{1/2}$、$Y^{1/2}$ 和 T（或 $W^{1/2}$）。对于我们的模拟（使用我们自己的基础设施，它不专门针对特定的门），门的选择实际上与计算复杂性无关：它们都是 2×2 门，我们可以使用任何标准门。对于更复杂的方法，如张量网络，门的选择可能会有不同的影响。

- 若前一个周期有一个 CZ 门，则应用三个单量子比特酉门中的任何一个。
- 若前一个周期有一个非对角的酉门，则应用 T 门。
- 若前一个周期没有酉门（Hadamard 门除外），则应用 T 门。
- 否则，不应用门。

❑ 对于给定的步骤（在实现中被称为"深度"）重复上述步骤。

❑ 应用最后的 Hadamard 门并测量。

对规则的这种解析产生了如图 5.2 所示的电路。请注意，自首次发布以来已经进行了改进，文献（Arute et al., 2020）有详细介绍。做出改变的主要动机是使新的电路更难被张量网络模拟，张量网络是这类网络最有效的模拟技术（Pan & Zhang, 2021）。在我们的例子中，我们在寻找数量级的差异。我们坚持采用这个原始定义并确保在最终估计中应用相应的模糊系数。

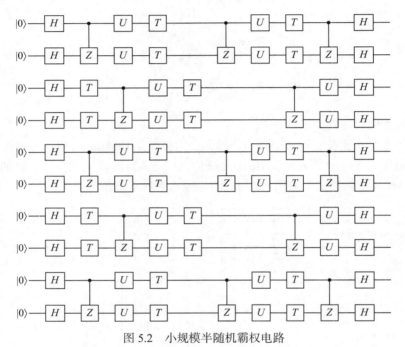

图 5.2 小规模半随机霸权电路

接下来，我们来实现这个解析。同样，具体应用哪个门并不重要，我们的基础设施中每个门的模拟时间是相同的。只要门类型和密度与 Google 电路大致一致，我们的估计就应该是相当准确的。请注意，其他基础设施（包括 Google 的 qsimh）确实应用了一系列优化来提高模拟性能。

将模式编码为索引列表，其中非零元素表示 CZ 门（从当前的索引到该位置偏移一定量的索引）。这八个模式被编码成这样：

```
# The paper suggests 8 patterns of size 6*6 of CZ gates. To fully
# encode the patterns one would need at least 36 qubits, but that's
# hard to simulate. We make a compromise and try to apply as many
# gates as possible. The patterns are encoded as simple lists, where
# a non-zero element at index i serves as the control and has
# the offset to the target qubit. To go right, the offset is 1, to
# go down the offset is 6.
```

```
#
pattern1 = [0, 0, 1, 0, 0, 0,
            1, 0, 0, 0, 1, 0] * 3

pattern2 = [1, 0, 0, 0, 1, 0,
            0, 0, 1, 0, 0, 0] * 3

[...] # similar for the remaining patterns

patterns = [pattern1, pattern2, pattern3, pattern4,
            pattern5, pattern6, pattern7, pattern8]
```

门由一个简单的枚举（*H*，*T*，*U*，*CZ*）表示。有了这些，就可以开始构建电路了。从水平和垂直模式开始，然后继续应用上述规则。注意，在我们的模拟中，实际是什么门并不重要：

```
def build_circuit(nbits, depth):
  """Construct the full circuit."""

  def apply_pattern(pattern):
    bits_touched = []
    for i in range(min(nbits, len(pattern))):
      if pattern[i] != 0 and i + pattern[i] < nbits:
        bits_touched.append((i, i + pattern[i]))
    return bits_touched

  print('\nBuild smaller circuit ({} qubits, depth {})\n'.
        format(nbits, depth))
  state0 = [Gate.H] * nbits
  states = []
  states.append(state0)

  for _ in range(depth - 1):
    state1 = [Gate.UNK] * nbits
    touched = apply_pattern(patterns[random.randint(0, 7)])
    for idx1, idx2 in touched:
      state1[idx1] = Gate.CZ
      state1[idx2] = Gate.CZ
    for i in range(len(state0)):
      if state0[i] == Gate.CZ and state1[i] != Gate.CZ:
        state1[i] = Gate.U
      if state0[i] == Gate.U and state1[i] != Gate.CZ:
        state1[i] = Gate.T
      if state0[i] == Gate.H and state1[i] != Gate.CZ:
        state1[i] = Gate.T
    state0 = state1
    states.append(state0)

  state0 = [Gate.H] * nbits
  states.append(state0)
  return states
```

输出一个包含 12 个量子比特，深度为 1-10-1 的示例电路：

```
def print_state(states, nbits, depth):
  [...]
>>
      0  1  2  3  4  5  6  7  8  9 10 11 12
 0: h cz cz  u  t                          h
 1: h  t cz  u  t                 cz cz  h
 2: h cz  u  t              cz  u  t cz  h
 3: h  t    cz  u  t cz cz cz cz cz  u  h
 4: h cz cz cz  u  t cz cz  u cz  u  t  h
 5: h  t cz  u  t                 cz  u  h
 6: h cz  u  t              cz  u  t     h
 7: h  t    cz  u  t cz cz cz cz cz  u  h
 8: h cz cz cz  u  t cz cz  u cz  u  t  h
 9: h  t cz  u  t                 cz cz  h
10: h cz  u  t              cz  u  t cz  h
11: h  t                    cz  u cz  u  h
```

5.4 估计

到目前为止，一切都很好：前面已经实现了构造给定数量量子比特和给定电路深度的电路的功能。为了进行自下而上的估计，接下来构建一个规模更小、易于处理的电路，对其进行模拟，并从模拟结果推断出 53 量子比特电路。

我们做了几个简化的假设，其中最值得注意的是，不考虑机器之间的通信成本。在估计的最后，应该应用适当的因素来描述这些开销。

模拟使用了一个期望执行函数（eager execution function），该函数遍历电路的深度并逐个模拟每个门：

```
def sim_circuit(states, nbits, depth, target_nbits, target_depth):
  """Simulate the generated circuit."""

  [...]
  qc = circuit.qc('Supremacy Circuit')
  qc.reg(nbits)

  for d in range(depth):
    s = states[d]
    for i in range(nbits):
      if s[i] == Gate.UNK:
        continue
      ngates += 1
      if s[i] == Gate.T:
        qc.t(i)
      [... similar for H, U/V, U/Yroot]
      if s[i] == Gate.CZ:
        ngates += 1  # This is just an estimate of the overhead
```

```
    if i < nbits - 1 and s[i + 1] == Gate.CZ:
        qc.cz(i, i+1)
        s[i+1] = Gate.UNK
    if i < nbits - 6 and s[i + 6] == Gate.CZ:
        qc.cz(i, i+6)
        s[i+6] = Gate.UNK
[...]
```

为了估计通过 53 个量子比特执行该电路所需的时间，我们做了以下假设：

❏ 假设单量子比特门和双量子比特门的作用时间与状态向量的大小呈线性关系。

❏ 性能受内存限制。

❏ 虽然我们知道我们必须在多台机器上分配计算，但我们忽略了通信成本。

❏ 假设有若干台机器，每台机器上有若干个内核。我们知道，高核机器上的少量内核可能会使可用内存带宽饱和，因此我们对被合理利用的内核数量进行了猜测（这里猜测为 16，但这个数字可以调整）。

有了这些假设，我们将使用"状态向量中每个门每个字节的时间"这个指标来推断结果。它在量子比特和电路深度上都非常稳定，因此可以用来近似估计更大电路的性能。为了估计在更大的电路中有多少门，我们计算一个门比，即电路中发现的门的数量除以（nbits*depth）。实现代码如下：

```
print('\nEstimate simulation time on larger circuit:\n')
gate_ratio = ngates / nbits / depth
print('Simulated circuit:')
print('  Qubits                : {:d}'.format(nbits))
print('  Circuit Depth         : {:d}'.format(depth))
print('  Gates                 : {:.2f}'.format(ngates))
print('  State Memory          : {:.4f} MB'.format(
    2 ** (nbits-1) * 16 / (1024 ** 2)))
print('Estimated Circuit Qubits  : {}'.format(target_nbits))
print('Estimated Circuit Depth   : {}'.format(target_depth))
print('Estimated State Memory    : {:.5f} TB'.format(
    2 ** (target_nbits-1) * 16 / (1024 ** 4)))
print('Machines used             : {}'.format(flags.FLAGS.machines))
print('Estimated cores per server: {}'.format(flags.FLAGS.cores))
print('Estimated gate density    : {:.2f}'.format(gate_ratio))

estimated_sim_time_secs = (
    # time per gate per byte
    (duration / ngates / (2**(nbits-1) * 16))
    # gates
    * target_nbits
    # gate ratio scaling factor to circuit size
    * gate_ratio
    # depth
    * target_depth
    # memory
    * 2**(target_nbits-1) * 16
```

```
                # number of machines
                / flags.FLAGS.machines
                # Active core per machine
                / flags.FLAGS.cores)

    print('Estimated for {} qbits: {:.2f} y or {:.2f} d or ({:.0f} sec)'
          .format(target_nbits,
                  estimated_sim_time_secs / 3600 / 24 / 365,
                  estimated_sim_time_secs / 3600 / 24,
                  estimated_sim_time_secs))
```

我们来看具体的结果。假设目标电路有 53 个量子比特，在 100 台机器上运行，每台机器有 16 个完全可用的内核。在我们的模拟中，门的数量（475）似乎与 Google 出版物公布的门的数量大致一致，虽然不完全一致（Google 公布的为 1200 个门，而推断 475 个门将产生大约 2000 个门）。对于这些参数，估计结果为：

```
Estimate simulation time on larger circuit:
Simulated circuit:
  Qubits                  : 25
  Circuit Depth           : 20
  Gates                   : 412.00
  State Memory            : 256.0000 MB
Estimated Circuit Qubits  : 53
Estimated Circuit Depth   : 20
Estimated State Memory    : 65536.00000 TB
Machines used             : 100
Estimated cores per server: 255
Estimated gate density    : 0.82
Estimated for 53 qbits: 0.01 y or 2.81 d or (242490 sec)
```

当然，这些参数都太理想了——如何在 100 台机器上提供 72PB 的内存呢？假设可以为每台服务器配置 1TB，那么至少需要 72 000 台主机。在这种规模下，不能再忽视通信成本。读者可能想尝试更现实的设置。

5.5　评估

为了进行比较，我们来看大规模的 Summit 超级计算机（Oak Ridge National Laboratory，2021）。理论上，它每秒可以执行 10^{17} 次单精度浮点运算。计算 2^{53} 个等价的 2×2 矩阵乘法的复杂度是 2^{56}。在 100% 的利用率下，Summit 只需要几秒钟就可以计算一次全状态模拟！

存储 53 个量子比特的全状态需要 72PB 的存储空间。Summit 在所有套接字上总共估计有 2.5PB 的 RAM，以及 250PB 的辅助存储。这意味着我们应该预料到将数据从永久存储设备移动到 RAM 时会产生很高的通信开销。大部分的永久储存空间也不得不为这个实验保留。IBM 的研究人员发现了一种令人印象深刻的减少数据传输的方法，采用这种技术后，预计运行速度会减慢为原来的约 1/500，因此估计两天左右就能完成一次全状态模拟

（Pednault et al.，2019）。

现在，我们来试着回答本章开始时的问题：1 万年和 2 天的差异从何而来？

Google Quantum X 团队基于不同的模拟器架构（Markov et al.，2018）进行估计，假设全状态模拟是不现实的。模拟技术在较小的规模上进行了基准测试。在超级计算机上对全状态模拟结果进行了评估。根据这些数据，推测计算成本为 1 000 000 台机器，针对 53 个量子比特和电路深度 20 的模拟时间估计为 1 万年。

IBM 的研究人员找到了一种优雅的方法来将这个问题压缩到世界上最大的超级计算机之一上。所得结果只是估计结果，没有进行实验。在实践中，很难确定这些估计结果有多实际，因为在 PB 的规模下，还必须考虑其他因素，例如磁盘错误率。这里还假设机器的大部分辅助存储都用于实验。

那这是对的还是错的？这并没有答案，因为我们是在拿苹果和橘子做比较。基于对超级计算机实际运行情况的不同假设，所评估的模拟技术有所不同。霸权实验结果是实际得到的，但 Summit 的论文结果是估计的。即使物理模拟在 Summit 上只花了一天的时间，增加一些额外的量子比特也会耗尽其存储容量。模拟技术必须改变模拟时间的存储要求，类似于 Schrödinger-Feynman 路径历史技术（Rudiak-Gould，2006）。在这一点上，也只有在这一点上，我们才能进行更公平的比较。

可以肯定的是，其他智能模拟技术将会出现。然而，只要 BPP ⊂ BQP 成立，我们就可以可靠地假设，增加额外的量子比特或适度修改基准将再次挫败通过经典计算模拟这些电路的尝试。

Chapter 6 | 第 6 章

复 杂 算 法

现在我们已经确信，量子计算机确实可以达到超越经典计算机的能力，至少在半随机电路上是如此的，接下来我们继续讨论更有意义的算法。前面关于简单算法的介绍为我们在本章探索复杂算法做好了充分的准备。我们仍将混合使用全矩阵和加速电路的实现方法，这取决于哪种方法看起来最合适。建议在学习本章之前，至少略读一下第 4 章。

在本章中，我们将首先介绍量子傅里叶变换（Quantum Fourier Transform，QFT）——许多复杂算法都会用到的重要技术，并通过在量子傅里叶域中执行运算来展示它的实际应用。接下来，将讨论相位估计，这是另一个重要工具，尤其是与量子傅里叶变换结合使用时。有了这些工具，我们将着手实现 Shor 著名的因式分解算法。

之后，我们将转换思路，讨论 Grover 搜索算法以及一些衍生算法和改进算法，将展示如何将 Grover 算法与相位估计相结合，从而得到有趣的量子计数算法。然后是关于量子随机游走算法。量子随机游走是一个复杂的话题，我们只讨论其实现的基本原理。

在高层次上，量子计算似乎对几类算法及其衍生的算法具有超过经典计算的计算复杂度优势。这些算法利用了量子搜索算法、基于量子傅里叶变换的算法、量子随机游走算法，以及第四类算法，即量子系统模拟。我们将详细介绍变分量子本征解（Variational Quantum Eigensolver，VQE）算法，该算法可以求出哈密顿量的最小特征值。我们将问题构造为一个哈密顿量，给出图的最大割算法。该算法是量子近似优化算法（Quantum Approximate Optimization Algorithm，QAOA）的一部分，我们对此做了简要的介绍。我们使用类似的机制来进一步探讨子集和问题。

最后，我们将深入讨论用于门近似的 Solovay-Kitaev 算法，这是量子计算的另一个开创性成果。

6.1　相位反冲

在本节中，我们将讨论作为量子傅里叶变换基础的相位反冲机制。

受控旋转门有一个有趣的特性，即它们可以以加法方式使用。基本原理可以通过一个通常被称为相位反冲电路的电路得到最好的解释。图 6.1 是一个相位反冲电路的例子。

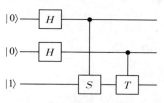

图 6.1　一个相位反冲电路

任意数量的量子比特（本例电路中最上面的两个量子比特）被初始化为 $|0\rangle$ 并通过 Hadamard 门生成叠加态。第三个辅助量子比特一开始处于状态 $|1\rangle$。我们使用受控 S 门和 T 门，但请记住，这些门只对状态的 $|1\rangle$ 的部分添加相位。

然后，顶部的每个量子比特将一个受控旋转门连接到其辅助位。在上面的例子中：

❑ 顶部的量子比特控制一个 90° 旋转门，即 S 门。

❑ 第二个量子比特控制一个 45° 的门，即 T 门。

用代码表示为：

```
psi = state.bitstring(0, 0, 1)
psi = ops.Hadamard(2)(psi)
psi = ops.ControlledU(0, 2, ops.Sgate())(psi)
psi = ops.ControlledU(1, 2, ops.Tgate())(psi, 1)
psi.dump()
```

由于叠加的原因，每个顶部量子比特的叠加态的 $|1\rangle$ 部分将激活受控门的旋转。利用这一点，我们可以进行相位相加。在这个例子中，我们可以得到以下概率振幅和相位：

```
|001> (|1>):   ampl: +0.50+0.00j prob: 0.25 Phase:     0.0
|011> (|3>):   ampl: +0.35+0.35j prob: 0.25 Phase:    45.0
|101> (|5>):   ampl: +0.00+0.50j prob: 0.25 Phase:    90.0
|111> (|7>):   ampl: -0.35+0.35j prob: 0.25 Phase:   135.0
```

注意这些相位是如何相加的，因为它们由相应量子比特中（叠加的）$|1\rangle$ 控制。将顶部的量子比特作为 $|1\rangle$ 会增加 90°，将第二个量子比特作为 $|1\rangle$ 会增加 45°。第三个量子比特是一个辅助位。另外请注意，我们可以使用任意旋转或 π 的分数。我们可以利用这种电路和相应的旋转门来表达以相位为单位的数值计算。当然，我们必须归一化为 2π 以避免溢出。

以可控方式添加相位的能力非常强大，它是量子傅里叶变换的基础。在准备这部分内容时，让我们简单了解一下如何用数学方法表达旋转。

❑ 旋转 180° 作为 2π 的分数是 $e^{2\pi i/2^1}$，用相位角表示为 -1。

❑ 旋转 90° 作为 2π 的分数是 $e^{2\pi i/2^2}$，相位为 i。

- ❑ 旋转 45° 作为 2π 的分数是 $e^{2\pi i/2^3}$。
- ❑ 最后，旋转 135°=90°+45° 作为 2π 的分数是 $e^{2\pi i(1/2^2+1/2^3)}$

那么，为什么这个电路被称为相位反冲电路？为了理解这一点，让我们来看看电路的简单版本和相应的数学计算。

对状态 $|\psi_1\rangle$ 应用 Hadamard 门后：

$$|+\rangle \otimes |1\rangle = \frac{1}{\sqrt{2}}(|0\rangle |1\rangle + |1\rangle |1\rangle)$$

通过受控 S 门，状态 $|\psi_2\rangle$ 变为：

$$|\psi_2\rangle = \frac{1}{\sqrt{2}}(|0\rangle |1\rangle + |1\rangle S |1\rangle)$$

$$= \frac{1}{\sqrt{2}}(|0\rangle |1\rangle + |1\rangle e^{i\pi/2} |1\rangle)$$

我们把右边的 $|1\rangle$ 提出来：

$$|\psi_2\rangle = \frac{1}{\sqrt{2}}(|0\rangle + e^{i\pi/2} |1\rangle) |1\rangle$$

我们注意到，第二个量子比特 $|1\rangle$ 保持不变。这里的诀窍在于 $|1\rangle$ 是 S 门的本征态。我们将在 6.4 节中进一步阐述特征值，总而言之，我们找到了一种可以将相位从量子比特 1 踢到控制位 0 的方法。

这一机制也使 3.7 节中的 Bernstein-Vazirani 算法得以实现。我们在实现过程中没有使用旋转门，而是在 Hadamard 基的状态上使用了受控非门。在此基础上的受控非门对应于一个简单的 Z 门（另见 8.4.5 小节），即围绕 Z 轴旋转 180°。

6.2 量子傅里叶变换

量子傅里叶变换（QFT）是量子计算的基础算法之一。值得注意的是，虽然它并不能加快经典数据的经典傅里叶分析，但却能实现其他重要算法，如相位估计，即近似估计算子的特征值。相位估计是 Shor 因式分解算法和其他算法的关键要素。以下我们先介绍一些预备知识。

6.2.1 二进制分数

在 6.3 节中，我们将学习如何把测量为 $|0\rangle$ 和 $|1\rangle$ 的量子比特解释为二进制数中的比特，在电路图中，最高的比特位于左侧或顶部。为了将二进制数转换为十进制数，我们在 lib/

helpers.py 中添加了例程 bits2val。

不过，我们也可以将比特解释为二进制分数的组成元素。我们可以选择从左到右或从右到左来解释比特顺序，并决定哪个比特应该是最低有效比特，例如：

$$|\psi\rangle = |x_0 x_1 \cdots x_{n-2} x_{n-1}\rangle$$

x_i 应解释为二进制位，其值为 0 或 1。这在下面的数学记号中显得很自然：

$$\frac{x_0}{2^1} = x_0 \frac{1}{2^1} = 0.x_0$$

$$\frac{x_0}{2^1} + \frac{x_1}{2^2} = x_0 \frac{1}{2^1} + x_1 \frac{1}{2^2} = 0.x_0 x_1$$

$$\frac{x_0}{2^1} + \frac{x_1}{2^2} + \frac{x_2}{2^3} = x_0 \frac{1}{2^1} + x_1 \frac{1}{2^2} + x_2 \frac{1}{2^3} = 0.x_0 x_1 x_2$$
$$\vdots$$

我们可以反过来定义，x_0 是二进制分数的最低有效小数部分，如 $0.x_{n-1} \cdots x_1 x_0$。需要注意的是，这只是符号上的区别。我们将在 6.4 节的相位估计推导中遇到这样的例子。

在下面的代码中，最高有效位代表分数的最大部分，例如，0.5 代表第一位，0.25 代表第二位，0.125 代表第三位，以此类推。同样，我们可以很容易地改变顺序。给定一个二进制状态串，我们使用文件 lib/helpers.py 中的例程来计算二进制分数：

```python
def bits2frac(bits: Iterable) -> float:
    """For given bits, compute the binary fraction."""

    return sum(bits[i] * 2**(-i-1) for i in range(len(bits)))
```

从单个 0 开始计算分数的结果是：

```python
val = helper.bits2frac((0,))
print(val)
>> 0
```

从单个 1 开始的分数：

```python
val = helper.bits2frac((1,))
print(val)
>> 0.5
```

对于两个比特，第一个比特表示分数的 0.5 部分，第二个比特表示分数的 0.25 部分：

```python
val = helper.bits2frac((0, 1))
print(val)
>> 0.25
val = helper.bits2frac((1, 0))
print(val)
>>0.5
val = helper.bits2frac((1, 1))
print(val)
>>0.75
```

6.2.2 相位门

我们已经在 2.6.5 小节单量子比特门中学习了两种不同的相位门。我们看到了离散相位门 R_k 和 U_1：

$$R_k = \begin{bmatrix} 1 & 0 \\ 0 & e^{2\pi i/2^k} \end{bmatrix} \text{和 } U_1(\lambda) = \begin{bmatrix} 1 & 0 \\ 0 & e^{i\lambda} \end{bmatrix}$$

其中

$$R_k(0) = U_1(2\pi / 2^0)$$
$$R_k(1) = U_1(2\pi / 2^1)$$
$$R_k(2) = U_1(2\pi / 2^2)$$
$$\vdots$$

回忆 Euler 公式，它将旋转表示为复指数化：

$$e^{i\phi} = \cos(\phi) + i\sin(\phi) \tag{6.1}$$

将其中一个门作用于一个状态，意味着只有基态 $|1\rangle$ 获得一个相位。重申一下，角度（cw 指顺时针，ccw 指逆时针）为

$$e^{i\frac{\pi}{2}} = i \Rightarrow 90°\text{ccw}$$
$$e^{i\pi} = -1 \Rightarrow 180°\text{ccw}$$
$$e^{i\frac{3\pi}{2}} = -i \Rightarrow 270°\text{ccw} = 90°\text{cw}$$

你可能已经注意到，我们在第 6.1 节中使用的 S 门和 T 门也是这种形式，但它们的旋转角度分别为固定值 $\pi/2$ 和 $\pi/4$。

6.2.3 量子傅里叶变换理论

现在，我们已经具备了 QFT 所需的所有要素，我们将用 Hadamard 门和受控离散相位门 R_k 来实现。稍后，例如在 6.3 节和 6.6 节中，我们还将看到使用 U_1 门实现 QFT 的版本。QFT 取一个状态 $|\psi\rangle$，其中每个量子比特都应被解释为二进制分数的一部分：

$$|\psi\rangle = |x_0 x_1 \cdots x_{n-1}\rangle$$

并且将其转换为小数值编码为小数相位的形式。由于我们使用了相位门，因此只有基态 $|1\rangle$ 获得了相位。这就是我们作用 QFT 电路后的状态。关于这种状态如何产生的详细推导将在后面的第 6.4 节中介绍。

$$QFT|x_0 x_1 \cdots x_{n-1}\rangle = \frac{1}{2^{n/2}}(|0\rangle + e^{2\pi i 0.x_0}|1\rangle)$$
$$\otimes (|0\rangle + e^{2\pi i 0.x_0 x_1}|1\rangle)$$
$$\vdots$$

$$\otimes \ (|\,0\rangle + e^{2\pi i 0.x_0 x_1 x_2 \cdots x_{n-1}} |\,1\rangle)$$

如果我们把二进制分数倒过来解释，就会得到这样的结果：

$$\frac{1}{2^{n/2}} (|\,0\rangle + e^{2\pi i 0.x_{n-1}} |\,1\rangle)$$

$$\otimes \ (|\,0\rangle + e^{2\pi i 0.x_{n-1} x_{n-2}} |\,1\rangle)$$

$$\vdots$$

$$\otimes \ (|\,0\rangle + e^{2\pi i 0.x_{n-1} x_{n-2} \cdots x_1 x_0} |\,1\rangle)$$

请注意，QFT 是一种酉算子，因为它是由其他酉算子组成的。既然是酉的，它就有一个逆，我们应该明确说明这一重要的逆关系：

$$QFT^{\dagger} \frac{1}{2^{n/2}} (|\,0\rangle + e^{2\pi i 0.x_0} |\,1\rangle)$$

$$\otimes \ (|\,0\rangle + e^{2\pi i 0.x_0 x_1} |\,1\rangle)$$

$$\vdots$$

$$\otimes \ (|\,0\rangle + e^{2\pi i 0.x_0 x_1 x_2 \cdots x_{n-1}} |\,1\rangle) \qquad (6.2)$$

$$= |\,x_0 x_1 \cdots x_{n-1}\rangle$$

这个数学公式为我们提供了构建电路的蓝图。必须将量子比特置于叠加态，并应用受控旋转门，按照二进制分数方案旋转量子比特。

根据对输入量子比特的解释，我们可以从两个方向构建 QFT 输入的量子比特。可以从上到下绘制：

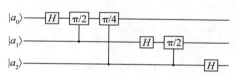

或从下到上绘制：

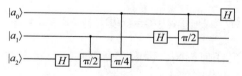

或者，可以用一种方式实现它，然后添加一个可选的交换门，这样只需一种实现方式就能获得两种可能的方向。在本书的其余部分，将看到所有这些样式的示例。请注意，我们还可以在下图中切换控制相位门和受控相位门。相位门是对称的，如 3.2.3 小节所述。

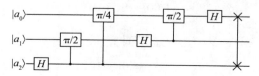

一个有趣的问题是精确度。我们需要多少个分数才能获得特定算法的可靠结果？这是一个有趣的指标。关于近似量子傅里叶变换的早期研究表明，对于 Shor 算法，当旋转角度小于 π / n^2 时，就可以停止增加旋转门了（Coppersmith，2002）。

6.2.4 双量子比特量子傅里叶变换

研究两个量子比特上的 QFT 是有帮助的，因为其只有四种基态，这可能有助于进一步直观理解。我们应该从一个简单的 QFT 电路和输入 $|00\rangle$ 开始。请注意，与 3.2 节中的受控 Z 门一样，受控 S 门的方向无关紧要。

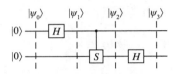

可以用以下代码片段来构建：

```
psi = state.bitstring(0, 0)
psi = ops.Hadamard()(psi)
psi = ops.ControlledU(0, 1, ops.Sgate())(psi)
psi = ops.Hadamard()(psi, 1)
psi.dump()
```

所有状态的概率相同：

```
|00> (|0>):  ampl: +0.50+0.00j prob: 0.25 Phase:  0.0
|01> (|1>):  ampl: +0.50+0.00j prob: 0.25 Phase:  0.0
|10> (|2>):  ampl: +0.50+0.00j prob: 0.25 Phase:  0.0
|11> (|3>):  ampl: +0.50+0.00j prob: 0.25 Phase:  0.0
```

让我们简单了解一下如何计算这个电路的结果，先将两个输入端的张量积设置为 $|0\rangle$。

$$|\psi_0\rangle = |0\rangle \otimes |0\rangle$$

将 Hadamard 门作用于第一个量子比特：

$$|\psi_1\rangle = (H \otimes I)(|0\rangle \otimes |0\rangle) = (H \otimes |0\rangle)(I \otimes |0\rangle) = \frac{|0\rangle + |1\rangle}{\sqrt{2}} |0\rangle$$

作用受控 S 门不会产生任何影响，因为它会影响一个状态的 $|1\rangle$ 部分，因此 $|\psi_2\rangle = |\psi_1\rangle$。作用最后的 Hadamard 门将得到：

$$|\psi_3\rangle = (I \otimes H)\left(\frac{|0\rangle + |1\rangle}{\sqrt{2}} |0\rangle \right)$$

$$= \frac{1}{2}(|00\rangle + |01\rangle + |10\rangle + |11\rangle)$$

现在，让我们以 $|0\rangle \otimes |1\rangle = |01\rangle$ 为输入进行计算。

$$|\psi_0\rangle = |0\rangle \otimes |1\rangle$$

$$|\psi_1\rangle = (H \otimes I)(|0\rangle \otimes |1\rangle)$$

$$= \frac{|0\rangle + |1\rangle}{\sqrt{2}} |1\rangle$$

$$= \frac{|01\rangle + |11\rangle}{\sqrt{2}}$$

在这种情况下，作用受控 S 门会产生影响：

$$|\psi_2\rangle = \frac{|01\rangle + e^{i\pi/2} |11\rangle}{\sqrt{2}}$$

最后作用 Hadamard 门的结果是：

$$|\psi_3\rangle = (I \otimes H)\left(\frac{|01\rangle + e^{i\pi/2} |11\rangle}{\sqrt{2}}\right)$$

$$= \frac{1}{2}(|0\rangle(|0\rangle - |1\rangle) + e^{i\pi/2} |1\rangle(|0\rangle - |1\rangle))$$

由于 $e^{i\pi/2} = i$，结果有：

$$|\psi_3\rangle = \frac{1}{2}(|00\rangle - |01\rangle + i|10\rangle - i|11\rangle)$$

现在我们来看看矩阵形式的四种不同输入。请记住，算子在电路中的作用意味着我们必须以相反的顺序对矩阵进行乘法运算：

$$(I \otimes H)CS(H \otimes I) = \frac{1}{2}\begin{bmatrix} 1 & 1 & 1 & 1 \\ 1 & -1 & i & -i \\ 1 & 1 & -1 & -1 \\ 1 & -1 & -i & i \end{bmatrix}$$

将该门作用于 $|0,0\rangle$ 基态时，会将第一行拉出，相应地，$|0,1\rangle$ 会将第二行拉出，这与上述结果一致。同样，对于其他三个基态以及第 2 列和第 3 列：

$$\frac{1}{2}\begin{bmatrix} 1 & 1 & 1 & 1 \\ 1 & -1 & i & -i \\ 1 & 1 & -1 & -1 \\ 1 & -1 & -i & i \end{bmatrix}\begin{bmatrix} 1 \\ 0 \\ 0 \\ 0 \end{bmatrix} = \begin{bmatrix} 1 \\ 1 \\ 1 \\ 1 \end{bmatrix}$$

$$= \frac{1}{2}(|00\rangle + |01\rangle + |10\rangle + |11\rangle)$$

事实上，其他三种情况产生的振幅分别对应于上表矩阵的第 1、2 和 3 行：

```
Input: |01>
|00> (|0>):  ampl: +0.50+0.00j prob: 0.25 Phase:    0.0
|01> (|1>):  ampl: -0.50+0.00j prob: 0.25 Phase:  180.0
|10> (|2>):  ampl: +0.00+0.50j prob: 0.25 Phase:   90.0
|11> (|3>):  ampl: +0.00-0.50j prob: 0.25 Phase:  -90.0
```

```
Input: |10>
|00> (|0>):  ampl: +0.50+0.00j prob: 0.25 Phase:    0.0
|01> (|1>):  ampl: +0.50+0.00j prob: 0.25 Phase:    0.0
|10> (|2>):  ampl: -0.50+0.00j prob: 0.25 Phase: 180.0
|11> (|3>):  ampl: -0.50+0.00j prob: 0.25 Phase: 180.0
Input: |11>
|00> (|0>):  ampl: +0.50+0.00j prob: 0.25 Phase:    0.0
|01> (|1>):  ampl: -0.50+0.00j prob: 0.25 Phase: 180.0
|10> (|2>):  ampl: +0.00-0.50j prob: 0.25 Phase: -90.0
|11> (|3>):  ampl: +0.00+0.50j prob: 0.25 Phase:   90.0
```

总之，QFT 将一个状态的二进制分数编码转换为相位代表基态的分数。它根据每个量子比特的二进制分数部分围绕状态旋转。在 6.3 节中，我们将看到这一点的直接应用：量子算术。我们将以加法的方式联合两个态，以实现傅里叶域中的加法和减法。

QFT 的一个非常重要的方面是，虽然它能够用相位编码（二进制）状态，但在测量时，状态将坍缩为仅一个基态。所有其他信息都将丢失。基于 QFT 的算法面临的挑战是应用转换，以便在测量时，可以找到手头问题的算法解决方案。实际上，在所有情况下，我们将应用 QFT 的逆来获得叠加态以测量结果，如式（6.2）。

6.2.5 量子傅里叶变换算子

下面是以全矩阵形式实现的 QFT 算子。我们将所有输入的量子比特叠加，然后对每个量子比特的每个分数部分进行受控旋转。有许多不同的方法可以对其进行编码，而且所有的实现都必须将索引排成正确的顺序。通常，将电路转译为文本格式，如 QASM（定义见 8.3.1 节）或类似格式，有助于检查索引。

```python
def Qft(nbits: int) -> Operator:
  """Make an n-bit QFT operator."""

  op = Identity(nbits)
  h = Hadamard()

  for idx in range(nbits):
    # Each qubit first gets a Hadamard
    op = op(h, idx)

    # Each qubit now gets a sequence of Rk(2), Rk(3), ..., Rk(nbits)
    # controlled by qubit (1, 2, ..., nbits-1).
    for rk in range(2, nbits - idx + 1):
      controlled_from = idx + rk - 1
      op = op(ControlledU(controlled_from, idx, Rk(rk)), idx)

  # Now the qubits need to change their order.
  for idx in range(nbits // 2):
    op = op(Swap(idx, nbits - idx - 1), idx)

  if not op.is_unitary():
```

```
    raise AssertionError('Constructed non-unitary operator.')
    return op
```

计算 QFT 算子的逆是简单的。QFT 是一个酉算子，因此逆的计算是简单的：

```
Qft = ops.Qft(nbits)
[...]
InvQft = Qft.adjoint()
```

如果 QFT 是通过电路中的显式门作用来计算的，那么逆必须按照 2.13 节关于可逆计算的概述，以逆序作用逆门的方式实现。我们很快就会看到这种显式结构的例子。

6.2.6 在线模拟

使用现有的在线模拟器之一来验证结果可能会有所帮助。我们必须意识到，模拟器在量子比特排序上可能并不一致。在实验中，我们可以在电路末尾添加交换门，以遵循在线模拟器的量子比特排序。或者，我们也可以在线模拟器本身的电路中添加交换门。

广泛使用的在线模拟器是 Quirk（Gidney，2021a）。让我们在 Quirk 中构建一个简单的双量子比特 QFT 电路，如图 6.2 所示。如果我们看右边并从灰色圆圈（网页上的蓝色）重建相位，我们可以看到状态 $|00\rangle$（左上）的相位为 0（x 轴方向）。状态 $|01\rangle$（右上）具有 $180°$ 的相位，状态 $|10\rangle$（左下）具有 $-90°$ 的相位，并且状态 $|11\rangle$ 具有 $90°$ 的相位。由此看来，Quirk 与我们的量子比特排序一致（或者说我们的量子比特与 Quirk 的一致）。

Quirk 还能在 Bloch 球上显示单个量子比特的状态。由于我们处理的是双量子比特张量态，而 Bloch 球只代表单量子比特，这又是如何做到的呢？我们在 2.14 节谈到了分迹，它从一个状态中求迹去掉量子比特。输出求迹操作后的结果是一个密度矩阵。由于它只代表了部分状态，因此被称为约化密度矩阵。在 2.9 节中，我们展示了如何从密度矩阵计算 Bloch 球坐标。需要注意的是，对于两个以上量子比特的系统，所有不在其中的量子比特都会被剔除，因此只剩下一个 2×2 的密度矩阵。

让我们试一试。根据图 6.2 所示的状态，我们分别对量子比特 0 和量子比特 1 求迹，并计算 Bloch 球坐标：

```
psi = state.bitstring(1, 1)
psi = ops.Qft(2)(psi)

rho0 = ops.TraceOut(psi.density(), [1])
rho1 = ops.TraceOut(psi.density(), [0])

x0, y0, z0 = helper.density_to_cartesian(rho0)
x1, y1, z1 = helper.density_to_cartesian(rho1)

print('x0: {:.1f} y0: {:.1f} z0: {:.1f}'.format(x0, y0, z0))
print('x1: {:.1f} y1: {:.1f} z1: {:.1f}'.format(x1, y1, z1))

>>
```

```
x0: -1.0 y0: 0.0 z0: -0.0
x1: -0.0 y1:-1.0 z1: -0.0
```

这一结果似乎也与 Quirk 的一致。第一个量子比特位于 Bloch 球 x 轴上的 -1（从页面背面到页面正面），而第二个量子比特位于 y 轴上的 -1 处（从左到右）。

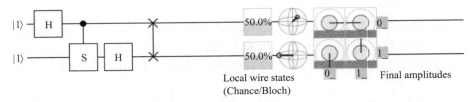

图 6.2　双量子比特 QFT 电路（部分截图来自 https://algassert.com/quirk）

6.3　量子算术

我们在 3.3 节中看到了如何使用量子电路来模拟经典全加器，使用量子门而不利用量子计算的任何独特功能，如叠加或纠缠。可以说，这是展示量子计算普遍性的一个很好的练习，但除此之外，这是构建全加器的一个相当低效的方法。

在本节中，我们将讨论另一种执行加减法的算法。这次的数学运算是在傅里叶域中进行的，采用的技术是 Draper(2000) 首次描述的技术。

为了进行加法运算，我们将用一个 QFT、一些魔术和最后的 QFT 的逆来获得数值结果。我们只用少量数学知识和大量代码就能解释这种算法。这种实现方式使用了从控制器到受控量子比特的不同方向作为我们的早期 QFT 算子。这不难理解，只需将寄存器中的量子比特反转就能得到相同的实现。我们使用显式角度和受控 U_1 门。代码可以在开源库中的 src/arith_quantum.py 文件中找到。

我们首先需要指定输入 a 和 b 的比特宽度。如果要进行 n 位算术运算，我们需要将结果存储为 $(n+1)$ 位，以防溢出。

我们的入口点的签名将获取比特宽度为 n 以及两个初始整数 init_a 和 init_b，这两个值必须符合可用的位数。加法运算的参数系数为 1.0，减法运算的参数系数为 -1.0。我们很快就会看到这个因子是如何作用的。

```
def arith_quantum(n: int, init_a: int, init_b: int,
                  factor: float = 1.0, dumpit: bool = False) -> None:
```

我们将两个比特宽度为 $n+1$ 的寄存器实例化。由于在本例中我们以相反的顺序解释比特，因此在初始化寄存器时必须反转比特：

```
a = qc.reg(n+1, helper.val2bits(init_a, n)[::-1], name='a')
b = qc.reg(n+1, helper.val2bits(init_b, n)[::-1], name='b')
```

该算法执行三个基本操作：

- 在代表 a 的量子比特上作用 QFT，将比特编码为状态上的相位。
- 由 b 演化 a。这个听起来很神秘的步骤，基本上是利用与常规 QFT 相同的受控旋转机制，对 a 进行另一组类似 QFT 的旋转。但它并不是一个完整的 QFT。也没有初始 Hadamard 门，因为状态已经处于叠加状态。我们将在下文详细介绍具体步骤。
- 执行逆 QFT，将相位解码回比特。

以下是高级代码：

```
for i in range(n+1):
    qft(qc, a, n-i)
for i in range(n+1):
    evolve(qc, a, b, n-i, factor)
for i in range(n+1):
    inverse_qft(qc, a, i)
```

让我们以双量子比特加法为例，详细了解这三个步骤。如 8.5.6 小节所述，我们可以在每个循环之后插入转储器，以转储和可视化电路。在第一个循环之后，我们以 QASM 格式生成了这个电路（Cross et al.，2017）：

```
OPENQASM 2.0;
qreg a[3];
qreg b[3];

h a[2];
cu1(pi/2) a[1],a[2];
cu1(pi/4) a[0],a[2];
h a[1];
cu1(pi/2) a[0],a[1];
h a[0];
```

这个序列相当于一个标准的三量子比特 QFT 电路。我们可以选择枚举从 0 到 2 的量子比特，也可以选择枚举从 2 到 0 的量子比特。只要保持一致，这并没有什么实际区别。在第一个循环之后，我们构建了一个标准的 QFT 电路。

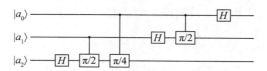

图 6.3 中的中间环路是神奇的地方——演化步骤以 QASM 格式生成该电路。下面我们将解释其工作原理。

```
cu1(pi) b[2],a[2];
cu1(pi/2) b[1],a[2];
cu1(pi/4) b[0],a[2];
cu1(pi) b[1],a[1];
cu1(pi/2) b[0],a[1];
cu1(pi) b[0],a[0];
```

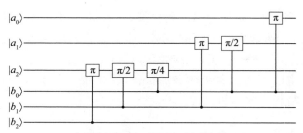

图 6.3   量子算法在傅里叶域的演化步骤

反向 QFT 电路的构建发生在第三个环路中。第一个 QFT 的所有门都被反转,并以相反的顺序作用。请记住,Hadamard 门的逆就是另一个 Hadamard 门,而旋转的逆就是以相同的角度朝相反的方向旋转。

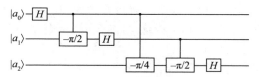

这就是组合电路的外观。门电路太小,无法读取,但整个电路优雅的旋律结构清晰可见[注]:

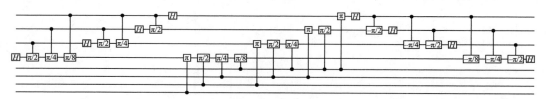

为什么以及如何做到这一点?在通过观察状态向量来解释之前,让我们先试着从数学上解释一下。首先,请记住,QFT 采取的是这种状态:

$$|\psi\rangle = |x_{n-1}\,x_{n-2}\cdots x_1\,x_0\rangle$$

并将其再次变为这种形式。根据比特排序,可能有两种形式:

$$\frac{1}{2^{n/2}}(|0\rangle + e^{2\pi i\,0.x_{n-1}}|1\rangle)$$
$$\otimes\;(|0\rangle + e^{2\pi i\,0.x_{n-1}x_{n-2}}|1\rangle)$$
$$\vdots$$
$$\otimes\;(|0\rangle + e^{2\pi i\,0.x_{n-1}x_{n-2}\cdots x_1 x_0}|1\rangle)$$

施加 evolve 步骤的旋转,将 b 的二进制分数加到 a 中。例如,上述状态的第一部分为 a:

$$(|0\rangle + e^{2\pi i\,0.a_{n-1}}|1\rangle)$$

变成:

$$(|0\rangle + e^{2\pi i\, 0.(a_{n-1}+b_{n-1})}|1\rangle)$$

以此类推，所有小数部分都是如此。量子运算的"诀窍"在于不把量子比特解释为二进制分数，而是解释为完整二进制整数的位。这样解释后，最终结果就是一个完整的二进制加法。

　　另一种解释方法是查看状态向量和演化电路本身。假设我们想在寄存器 a 和寄存器 b 中分别加上 1。前三个量子比特属于寄存器 a，其中量子比特 0 现在是最低有效量子比特。接下来的三个量子比特属于 b。这就是我们初始化状态的方式，因此，只有一种状态的概率为非零：

```
|100100> (|34>):    ampl: +1.00+0.00j prob: 1.00 Phase:    0.0
```

在初始 QFT 之后，我们得到了这个状态向量：

```
|543210> after qft
|000100> (|4>):     ampl: +0.35+0.00j prob: 0.12 Phase:    0.0
|001100> (|12>):    ampl: +0.25+0.25j prob: 0.12 Phase:   45.0
|010100> (|20>):    ampl: +0.00+0.35j prob: 0.12 Phase:   90.0
|011100> (|28>):    ampl: -0.25+0.25j prob: 0.12 Phase:  135.0
|100100> (|36>):    ampl: -0.35+0.00j prob: 0.12 Phase:  180.0
|101100> (|44>):    ampl: -0.25-0.25j prob: 0.12 Phase: -135.0
|110100> (|52>):    ampl: -0.00-0.35j prob: 0.12 Phase:  -90.0
|111100> (|60>):    ampl: +0.25-0.25j prob: 0.12 Phase:  -45.0
```

　　由于我们只对前三个量子比特作用 QFT，所以现在我们有 8 个叠加态，它们都具有相同的概率。 现在让我们看看演化阶段的电路图。b 的最低有效量子比特是全局量子比特 3，对应于图中的 b_0。因为它被设置，演化电路控制完整 π 到量子比特 a_0 的旋转，$\pi/2$ 到量子比特 a_1 的旋转，以及 $\pi/4$ 到量子比特 a_2 的旋转。

　　这就像钟表的工作原理一样，小齿轮驱动大齿轮。在这里，我们处理的是旋转，高位量子比特的旋转速度比低位量子比特慢：

　　❏ 最低有效的量子比特被完全旋转 π。如果没有设置，它的相位将为 π。

　　如果已设置，则相位为 0。

　　❏ 对于寄存器 a 的位 1，它的旋转相位为 $\pi/2$。

　　❏ 寄存器 a 的最高有效位旋转 $\pi/4$。

　　举例来说，这意味着当数字 1 相加两次时，最低有效位会在 0 和 π 之间反转，位 1 以 $\pi/2$ 的增量运行，位 2 以 $\pi/4$ 的增量运行。同样的方案也适用于寄存器 b 中的高位量子比特。以 1+1 为例，在完成演化步骤后，状态向量的相位如下：

```
|543210> after evolve
|000100> (|4>):     ampl: +0.35+0.00j prob: 0.12 Phase:    0.0
|001100> (|12>):    ampl: -0.00+0.35j prob: 0.12 Phase:   90.0
|010100> (|20>):    ampl: -0.35+0.00j prob: 0.12 Phase:  180.0
|011100> (|28>):    ampl: -0.00-0.35j prob: 0.12 Phase:  -90.0
|100100> (|36>):    ampl: +0.35-0.00j prob: 0.12 Phase:   -0.0
|101100> (|44>):    ampl: -0.00+0.35j prob: 0.12 Phase:   90.0
|110100> (|52>):    ampl: -0.35+0.00j prob: 0.12 Phase:  180.0
|111100> (|60>):    ampl: -0.00-0.35j prob: 0.12 Phase:  -90.0
```

如果我们将 *a* 初始化为 2 而不是 1，结果会如何？这是初始化后的状态。请注意，前三个量子比特现在处于状态 $|010\rangle$：

```
|010100> (|20>):   ampl: +1.00+0.00j prob: 1.00 Phase:    0.0
```

这是初始 QFT 后的状态。我们可以看到，演化后的相位与上述 1+1 状态完全相同：

```
|543210> after qft
|000100> (|4>):    ampl: +0.35+0.00j prob: 0.12 Phase:    0.0
|001100> (|12>):   ampl: +0.00+0.35j prob: 0.12 Phase:   90.0
|010100> (|20>):   ampl: -0.35+0.00j prob: 0.12 Phase:  180.0
|011100> (|28>):   ampl: -0.00-0.35j prob: 0.12 Phase:  -90.0
|100100> (|36>):   ampl: +0.35+0.00j prob: 0.12 Phase:    0.0
|101100> (|44>):   ampl: +0.00+0.35j prob: 0.12 Phase:   90.0
|110100> (|52>):   ampl: -0.35+0.00j prob: 0.12 Phase:  180.0
|111100> (|60>):   ampl: -0.00-0.35j prob: 0.12 Phase:  -90.0
```

回到我们的 1+1 例子。在经过演化和 QFT 的逆之后，值 *a*=2 对应的状态是唯一概率不为零的状态，加法运算成功。请记住，前三个量子比特与寄存器 *a* 相对应，量子比特 0 是最低有效位。

```
|543210> after inv
|000100> (|4>):    ampl: +0.00+0.00j prob: 0.00 Phase:   90.0
|001100> (|12>):   ampl: +0.00-0.00j prob: 0.00 Phase:  -26.6
|010100> (|20>):   ampl: +1.00+0.00j prob: 1.00 Phase:    0.0
|011100> (|28>):   ampl: -0.00-0.00j prob: 0.00 Phase: -180.0
|100100> (|36>):   ampl: -0.00-0.00j prob: 0.00 Phase: -112.5
|101100> (|44>):   ampl: -0.00-0.00j prob: 0.00 Phase:  157.5
|110100> (|52>):   ampl: -0.00+0.00j prob: 0.00 Phase:  112.5
|111100> (|60>):   ampl: -0.00-0.00j prob: 0.00 Phase: -157.5
```

使用 cu1 门，QFT 和演化函数的代码非常简单。指数则很难掌握。以文本方式（例如 QASM）转储电路，并检查门的作用顺序是否正确（如上所述），是一项很好的练习：

```python
def qft(qc: circuit.qc, reg: state.Reg, n: int) -> None:
  qc.had(reg[n])
  for i in range(n):
    qc.cu1(reg[n-(i+1)], reg[n], math.pi/float(2**(i+1)))

def evolve(qc: circuit.qc, reg_a: state.Reg, reg_b: state.Reg,
           n: int, factor: float) -> None:
  for i in range(n+1):
    qc.cu1(reg_b[n-i], reg_a[n], factor * math.pi/float(2**(i)))

def inverse_qft(qc: circuit.qc, reg: state.Reg, n: int) -> None:
  for i in range(n):
    qc.cu1(reg[i], reg[n], -1*math.pi/float(2**(n-i)))
  qc.had(reg[n])
```

由于了解傅里叶变换域中的旋转有助于加法，实现减法几乎太容易了——我们给 *b* 添加一个因子，并且对于减法，我们以相反的方向演化状态。这已经在上面的代码中 evolve

函数中实现了。

使用同样的推理，形如 $a+cb$ 的乘法，其中 c 是除了 ± 1 之外的常数，也只是将因子 c 作用于旋转。我们必须小心溢出，因为我们只考虑了一个溢出位。

可以认为这有点不真实，因为旋转是固定在给定的经典因子 c 上的。该算法不实现实际的乘法（如 Gidney（2019）最近提出的），其中因子 c 是另一个量子寄存器用作算法的输入。以这种方式辩论，这种乘法确实不是纯粹的量子乘法。尽管如此，以这种方式执行乘法是有有效用例的。在 6.5 节 Shor 算法中，我们将处理已知整数值。在以上述未知的量子态进行乘法之前，我们可以经典地计算乘法结果。也许我们应该称之为半量子乘法。命名是困难的。

在即将进行的有关求阶算法的讨论中，我们将看到对于某些更复杂的计算，你确实需要在量子领域实现完整的算术功能。

为了测试我们的代码，我们使用一个执行测量的例程来检查结果。实际上，我们并没有进行测量，只是找到具有最高概率的状态。输入状态中，用于代表 a 的位模式的概率为 1.0。经过旋转和叠加态的输出后，状态 $a+b$ 也会具有接近 1.0 的概率。请注意，我们再次反转比特顺序以获得有效的结果。

```python
def check_result(psi: state.State, a, b,
                 nbits: int, factor: float = 1.0) -> None:
  """Find most likely result, dump it, compare against expected."""

  maxbits, _ = psi.maxprob()
  result = helper.bits2val(maxbits[0:nbits][::-1])
  if result != a + factor * b:
    print(f'{a} + ({factor} * {b}) != {result}')
    raise AssertionError('Incorrect addition.')
```

我们的测试程序通过一些循环来驱动它，将 factor 传递给 arith_quantum 和 evolve，以允许测试减法和（伪）乘法。

```python
def main(argv):
  print('Check quantum addition...')
  for i in range(7):
    for j in range(7):
      arith_quantum(6, i, j, +1.0)

  print('Check quantum subtraction...')
  for i in range(8):
    for j in range(i):  # Note: Results can be 2nd complements.
      arith_quantum(6, i, j, -1.0)

  print('Check quantum multiplication...')
  for i in range(7):
    for j in range(7):
      arith_quantum(6, 0, i, j)
```

由于我们使用的是具有加速门的电路实现，我们可以轻松处理多达 14 个量子比特，因此我们以 6 位（每个输入加一个溢出位）的比特宽度测试每个单独的输入。

加一个常数

将一个已知的常数加到一个量子寄存器中并不需要第二个量子寄存器。我们可以简单地预先计算旋转角度并直接运用它们，就像它们被第二个寄存器控制一样。为了预先计算所需的角度：

```python
def precompute_angles(a: int, n: int) -> List[float]:
  """Precompute angles used in the Fourier Transform, for fixed a."""

  # Convert 'a' to a string of 0's and 1's.
  s = bin(int(a))[2:].zfill(n)

  angles = [0.] * n
  for i in range(n):
    for j in range(i, n):
      if s[j] == '1':
        angles[n-i-1] += 2**(-(j-i))
    angles[n-i-1] *= math.pi
  return angles
```

我们还需要修改量子加法中的 evolve 步骤。我们不再添加受控门，而是直接添加旋转门。这也是我们之后在 Shor 算法中将使用的方法。

```python
for i in range(n+1):
    qft(qc, a, n-i)

angles = precompute_angles(c, n)
for i in range(n):
    qc.u1(a[i], angles[i])

for i in range(n+1):
    inverse_qft(qc, a, i)
```

对于 3 量子比特的 1+1 加法，电路不再需要 b 寄存器，并且变成：

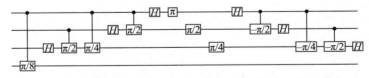

这是用于 1+2 加法的相同电路，但请注意演化步骤中改变的旋转角度：

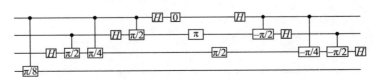

6.4 相位估计

量子相位估计（quantum phase estimation，QPE）是本章中介绍的先进算法的关键构建模块。没有对特征值和特征向量概念的讨论，就无法讨论 QPE。我们简要重述我们已经了解的内容。

6.4.1 特征值与特征向量

我们已经看到算子如何通过矩阵 – 向量乘法应用于矩阵。在 1.6 节的介绍中，我们也简要提到了特征值和特征向量，对于它们，以下方程成立，其中 A 是一个算子，$|\psi\rangle$ 是一个状态，λ 是一个简单的（复数）标量：

$$A|\psi\rangle = \lambda|\psi\rangle$$

例如，单位矩阵 I 具有特征值 1.0。它不改变作用于其上的任何向量。相应地，每个非零的大小可兼容向量都是 I 的特征向量。另一个例子是 Pauli 矩阵，其特征值为 +1 和 –1。注意，特征向量的任何倍数也是特征向量。给定矩阵的特征值是通过求解特征方程来找到的[⊖]：

$$\det(A - \lambda I) = 0$$

在这段文本中，我们保持简单，并借助 numpy 找到给定矩阵的特征值。

```
import numpy as np
[...]
umat = ... # some matrix
eigvals, eigvecs = np.linalg.eig(umat)
```

对于对角矩阵来说，找到特征值是很简单的一个特例——只需要直接取对角线上的数即可，而相应的特征向量则是计算基 $(1,0,0,\cdots)^T$，$(0,1,0,\cdots)^T$ 等。如果你是一个细心的读者，你会注意到，在量子傅里叶变换中我们使用的相位旋转门具有类似的形式。

$$R_k = \begin{bmatrix} 1 & 0 \\ 0 & e^{2\pi i/2^k} \end{bmatrix} \text{和} \ U_1(\lambda) = \begin{bmatrix} 1 & 0 \\ 0 & e^{i\lambda} \end{bmatrix}$$

6.4.2 相位估计理论

相位估计的定义如下。给定一个具有特征向量 $|u\rangle$ 和特征值 $e^{2\pi i\phi}$ 的酉矩阵 U，估计 ϕ 的值。

特征值中的 ϕ 是一个在 0.0 到 1.0 范围内计算 2π 的分数的因子。在较高层次上，这个过程分为两个步骤：

1. 用一个电路对未知相位进行编码，其产生的结果与前文中 6.2 节讨论的 QFT 的结果完全相同。我们将结果量子比特解释为二进制小数的一部分。

2. 运用 QFT[†] 计算相位 ϕ。

详细说明第一步，我们定义一个有 t 个量子比特的寄存器，其中 t 由我们想要实现的精

⊖ det 表示矩阵的行列式。

度确定。就像 QFT 一样，我们将解释量子比特作为二进制小数的一部分，量子比特越多，我们就能够将更多的 2 的幂的精细分数相加，直到得到最终的结果。我们用 $|0\rangle$ 初始化寄存器，并用 Hadamard 门将其置于叠加态中。

我们添加一个表示特征向量 $|u\rangle$ 的第二个寄存器。然后，我们将这个寄存器连接到酉门 U 的 t 个实例序列，每一个门对应不断增加的 2 的幂 $(1,2,4,8,\cdots,2^{t-1})$。与 QFT 类似，我们将 t 寄存器的量子比特作为受控门连接到酉门上。为了得到 2 的幂，我们将 U 与自身相乘并累加结果。整个过程在图 6.4 的电路表示中显示。

现在，与量子傅里叶旋转门的关系变得显而易见 -U 的 2 的幂越大，分数相位角乘以的 2 的幂也就越大。请注意量子比特的排序及其对应的 2 的幂。

一个问题是：为什么 $|u\rangle$ 必须用一个特征向量初始化？这个过程对于任何归一化的状态向量 $|x\rangle$ 都适用吗？答案是否定的。这个方程只对特征向量成立。

$$A|u\rangle = \lambda|u\rangle$$

这意味着我们可以随意地将 U 和 U 的任意幂次作用到 $|u\rangle$ 上。由于 $|u\rangle$ 是一个特征向量，它只会被一个数字缩放：复数特征值 ϕ 的模为 1（我们将在下面证明）。让我们在下一节中详细讲解这些细节。如果你对数学不感兴趣，你可以跳到 6.4.4 节。

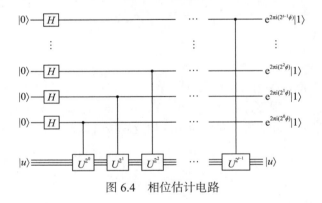

图 6.4　相位估计电路

6.4.3　推导细节

首先要了解的是，一个酉矩阵的特征值具有模长为 1 的特性，这一点很容易证明。

证明：我们知道特征值可以定义为

$$U|x\rangle = \lambda|x\rangle$$

将方程平方得：

$$\langle xU^{\dagger}|Ux\rangle = \langle x\lambda^{*}|\lambda x\rangle$$

我们知道 $UU^{\dagger} = I$，而 λ^2 是我们可以提到内积前面的一个因子。状态向量也通过内积归一化为 1.0：

$$\langle xU^{\dagger}|Ux\rangle = (\lambda^{*}\lambda)\langle x|x\rangle$$
$$\langle x|x\rangle = |\lambda|^{2}\langle x|x\rangle$$
$$1 = |\lambda|^{2} = |\lambda|$$

由于 $|\lambda|=1$，我们知道特征值具有以下形式，其中 ϕ 是一个介于 0 和 1 之间的因子：

$$\lambda = e^{2\pi i \phi}$$

在 6.2 节中，我们使用了以下符号表示具有 t 位分辨率的二进制小数，其中 ϕ_i 是具有值 0 或 1 的二进制位。

$$\phi = 0.\phi_{0}\phi_{1}\cdots\phi_{t-1}$$
$$= \phi_{0}\frac{1}{2^{1}} + \phi_{1}\frac{1}{2^{2}} + \cdots + \phi_{t-1}\frac{1}{2^{t}}$$

在这些准备工作完成之后，让我们来看看以下电路中的一个状态发生了什么，这是相位估计电路的第一个小部分。较低的量子比特处于 $|\psi\rangle$ 状态，它必须是 U 的一个本征态。

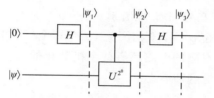

我们将从 U 的特征值的精度限制为仅有一个分数位开始。一旦我们理解了在一个分数位上的工作原理，我们就将其扩展到两个分数位，然后很容易推广到更多位数。

让我们以 U 的特征值 $\lambda = e^{2\pi i \, 0.\phi_0}$ 开始，其中只有一个二进制的小数部分，对应于 2^{-1}。因此，相位只能取值为 0.0 或 0.5。经过第一个 Hadamard 门后，状态 $|\psi_1\rangle$ 为：

$$|\psi_1\rangle = |+\rangle \otimes |\psi\rangle = \frac{1}{\sqrt{2}}(|0\rangle|\psi\rangle + |1\rangle|\psi\rangle)$$

作用受控 U 算子后，状态 $|\psi_2\rangle$ 将变为：

$$|\psi_2\rangle = \frac{1}{\sqrt{2}}(|0\rangle|\psi\rangle + |1\rangle U|\psi\rangle)$$
$$= \frac{1}{\sqrt{2}}(|0\rangle|\psi\rangle + e^{2\pi i \, 0.\phi_0}|1\rangle|\psi\rangle)$$
$$= \frac{1}{\sqrt{2}}(|0\rangle + e^{2\pi i \, 0.\phi_0}|1\rangle)|\psi\rangle$$

我们观察到 $|\psi\rangle$ 保持不变，这是因为它是 U 的特征态。我们可以随时作用 U，$|\psi\rangle$ 保持不变。然而，特征值变成了第一个量子比特的 $|1\rangle$ 部分的相位。我们将相位传递给了量子比特 0，如 6.1 节所述。

仍然存在一个问题，当测量第一个量子比特时，状态可能仍然坍缩到 $|0\rangle$ 或 $|1\rangle$，而两

种结果的概率相等，都是 1/2，与相位值为 0.0 或 0.5 无关。将相位上移不改变概率。为了解决这个问题，我们在顶部量子比特上作用另一个 Hadamard 门，得到状态 $|\psi_3\rangle$（为简单起见，省略尾部的量子比特 $|\psi\rangle$）。

$$|\psi_3\rangle = \frac{1}{\sqrt{2}} H(|0\rangle + e^{2\pi i 0.\phi_0} |1\rangle)$$

$$= \frac{1}{2}(1 + e^{2\pi i 0.\phi_0})|0\rangle + \frac{1}{2}(1 - e^{2\pi i 0.\phi_0})|1\rangle$$

项 ϕ_0 是一个二进制数，只能是 0 或 1。如果它是 0，那么分数 $0(2^{-1})=0$。因子 $e^{2\pi i 0.\phi_0} = e^0$ 变为 1，$|\psi_3\rangle$ 变为：

$$|\psi_3\rangle = \frac{1}{2}|0\rangle + \frac{1}{2}|0\rangle + \frac{1}{2}|1\rangle - \frac{1}{2}|1\rangle = |0\rangle$$

另一方面，如果数字 $\phi_0 = 1$，那么 $1(2^{-1})=1/2$。因子 $e^{2\pi i 0.\phi_0}$ 变为 $e^{2\pi i/2} = -1$，$|\psi_3\rangle$ 变为：

$$|\psi_3\rangle = \frac{1}{2}|0\rangle - \frac{1}{2}|0\rangle + \frac{1}{2}|1\rangle + \frac{1}{2}|1\rangle = |1\rangle$$

我们现在将确切地测量 $|0\rangle$ 或 $|1\rangle$，取决于 ϕ 是 0.0 还是 0.5。

现在让我们继续考虑相位 $\phi = 0.\phi_0\phi_1$ 的两个（或更多个）分数二进制部分，它们现在可以是 0.0、0.25、0.5 和 0.75。对应的电路还有两个指数化的 U 门，如图 6.5 所示。根据上面的内容，我们知道 $|\psi_1\rangle$ 将具有这种形式：

$$|\psi_1\rangle = \frac{1}{\sqrt{2^3}} \underbrace{(|0\rangle + e^{2\pi i 0.\phi_0\phi_1})|1\rangle}_{\text{量子比特0}} \otimes \underbrace{(|0\rangle + |1\rangle)}_{\text{量子比特1}} \otimes \underbrace{|\psi\rangle}_{\text{量子比特2}}$$

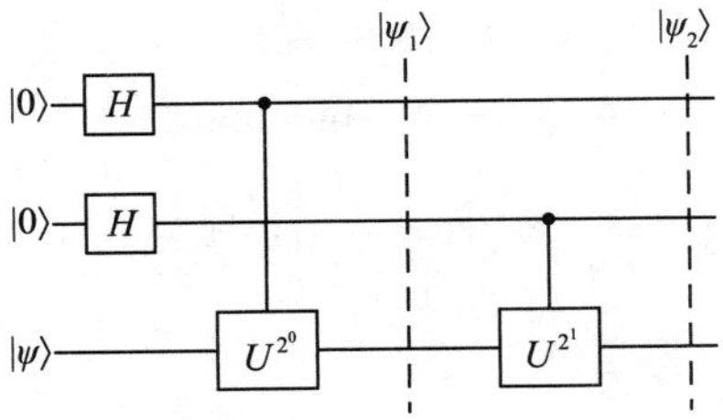

图 6.5　使用两位数字和酉算子的相位估计

现在让我们研究受控 U^{2^1} 对量子比特 1 的影响。我们知道，将一个旋转平方意味着将旋转角度加倍：

$$U^2|\psi\rangle = e^{2\pi i(2\phi)}|\psi\rangle$$

观察分数表示和 U^2 的影响，我们可以看到二进制点向左移动一位。

$$2\phi = 2(0.\phi_0\phi_1)$$

$$= 2(\phi_0 2^{-1} + \phi_1 2^{-2})$$

$$= \phi_0 + \phi_1 2^{-1} = \phi_0.\phi_1$$

我们在小数点处把这个分数分开：

$$e^{2\pi i(2\phi)} = e^{2\pi i(\phi_0.\phi_1)}$$
$$= e^{2\pi i(\phi_0 + 0.\phi_1)}$$
$$= e^{2\pi i(\phi_0)}e^{2\pi i(0.\phi_1)}$$

ϕ_0 项对应于二进制位，它只能是 0 或 1。这意味着第一个因子对应于 0 或 2π 的旋转，这没有任何效果。最终结果是：

$$e^{2\pi i(2\phi)} = e^{2\pi i(0.\phi_1)}$$

我们可以将其概括为：

$$e^{2\pi i(2^k\phi)} = e^{2\pi i0.\phi_k}$$

对于我们上面的三个量子比特电路，最终的状态为：

$$|\psi_2\rangle = \frac{1}{\sqrt{2^3}}\underbrace{(|0\rangle + e^{2\pi i0.\phi_0\phi_1}|1\rangle)}_{\text{量子比特0}} \otimes \underbrace{(|0\rangle + e^{2\pi i0.\phi_1}|1\rangle)}_{\text{量子比特1}} \otimes \underbrace{|\psi\rangle}_{\text{量子比特2}}$$

这是将 QFT 算子作用于两个量子比特得到的形式！这意味着我们可以作用两量子比特伴随的 QFT† 算子来恢复 $\phi = 0.\phi_0\phi_1$ 的二进制小数作为量子比特状态 $|0\rangle$ 或 $|1\rangle$。

$$QFT^\dagger_{0,1}|\psi_2\rangle = |\phi_1\rangle \otimes |\phi_0\rangle \otimes |\psi\rangle$$

总结一下，我们将 2 的 0 次幂连接到寄存器 t 的最后一个量子比特上，将 2 的（t–1）次幂连接到第一个量子比特上（或者反过来，取决于我们如何解释二进制小数）。因此，最终状态为：

$$\frac{1}{2^{t/2}}(|0\rangle + e^{i\pi2^{t-1}\phi}|1\rangle)$$
$$\otimes (|0\rangle + e^{i\pi2^{t-2}\phi}|1\rangle)$$
$$\vdots$$
$$\otimes (|0\rangle + e^{i\pi2^0\phi}|1\rangle)$$

类似于 QFT，我们将 ϕ 以小数的形式表示为 t 个比特，如下：

$$\phi = 0.\phi_{t-1}\phi_{t-2}\cdots\phi_0$$

将如上所示的角度与 2 的幂相乘，其二进制表示的数位将向左移动，经电路作用后状态将为：

$$\frac{1}{2^{t/2}}(|0\rangle + e^{i2\pi0.\phi_{t-1}}|1\rangle)$$
$$\otimes (|0\rangle + e^{i2\pi0.\phi_{t-1}\phi_{t-2}}|1\rangle)$$
$$\vdots$$
$$\otimes (|0\rangle + e^{i2\pi0.\phi_{t-1}\phi_{t-2}\cdots\phi_1\phi_0}|1\rangle)$$

以上的形式类似于 QFT 的结果，其中旋转是根据输入量子比特以二进制表示初始化的方式确定的。位指数与我们通常看到的相反，但这只是重命名或排序问题。相位估计的最后一步是对 QFT 进行反转。它运用了 QFT† 来允许重新构建输入，而在我们的情况下，输入 ϕ 用二进制小数表示。完整的电路布局在图 6.6 中显示。

在代码和符号中，不要混淆顺序是很重要的。像往常一样，所有的教科书对符号和顺序都有不同意见。在我们的案例中，这并不那么重要，因为我们可以按正确的顺序解释二进制小数以获得所需的结果。

我们现在可以测量量子比特，将它们解释为二进制小数，并将它们组合起来以近似 ϕ，正如我们将在实施中所展示的。还记得我们如何使用 $|1\rangle$ 来初始化相位反冲电路中的辅助量子比特吗？其底层机制是相同的。状态 $|1\rangle$ 既是 S 门的本征态也是 T 门的本征态。

6.4.4 实现

在代码中，这可能看起来比上面的数学更简单。完整的实现可以在开源存储库的 src/phase_estimation 文件中找到。我们从 main() 驱动这个算法，为 t 保留六个量子比特，为酉算子保留三个量子比特。用这些数字做实验是很有启发性的。我们进行十次实验：

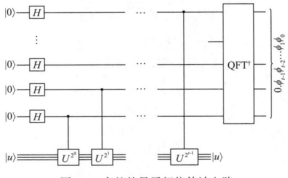

图 6.6　完整的量子相位估计电路

```python
def main(argv):
  nbits = 3
  t = 6
  print('Estimating {} qubits random unitary eigenvalue '
        .format(nbits) + 'with {} bits of accuracy.'.format(t))
  for i in range(10):
    run_experiment(nbits, t)
```

在每个实验中，我们创建一个随机算子，并获取它的特征值和特征向量，以确保我们以下的估计是接近的。

```python
def run_experiment(nbits: int, t: int = 8):
  """Run single phase estimation experiment."""
```

```
# Make a unitary and find eigenvalue/vector to estimate.
# We use functions from scipy for this purpose.
umat = scipy.stats.unitary_group.rvs(2**nbits)
eigvals, eigvecs = np.linalg.eig(umat)
u = ops.Operator(umat)
```

我们选择特征向量 0 作为这里的一个例子，但该过程适用于所有其他特征向量和特征值的配对。为了检查算法是否有效，我们先计算待估计的角度 phi。既然我们假设特征值的形式是 $e^{2\pi i\phi}$，如 6.4.2 节中所讨论的，我们要除以 2j*np.pi。另外，我们不希望处理负值。再次强调，这个角度不参与算法。我们只是提前计算它，以便确认后面我们确实计算出了一个正确的近似值：

```
# Pick eigenvalue at eigen_index
# (any eigenvalue / eigenvector pair will work).
eigen_index = 0
phi = np.real(np.log(eigvals[eigen_index]) / (2j*np.pi))
if phi < 0:
  phi += 1
```

针对整个电路，注意我们如何使用 t 个处于态 $|0\rangle$ 的量子比特来初始化状态 psi，再与另一个通过特征向量初始化的状态进行张量积。

```
# Make state + circuit to estimate phi.
# Pick eigenvector 'eigen_index' to match the eigenvalue.
psi = state.zeros(t) * state.State(eigvecs[:, eigen_index])
```

在我们拥有这个初始化的状态之后，我们将其与指数算子相连，从相位中"解包"出二进制分数。然后我们对得到的状态运行逆量子傅里叶变换。

```
psi = expo_u(psi, u, t)
psi = ops.Qft(t).adjoint()(psi)
```

该电路的核心是算子与 2 的幂的受控连接，在 expo_u 中实现（命名很困难）：

```
def expo_u(psi: state.State, u: ops.Operator, t: int) -> state.State:
  """Exponentiate U."""

  psi = ops.Hadamard(t)(psi)
  for idx, inv in enumerate(range(t-1, -1, -1)):
    u2 = u
    for _ in range(idx):
      u2 = u2(u2)
    psi = ops.ControlledU(inv, t, u2)(psi, inv)
  return psi
```

完成的唯一任务是通过选择具有最高概率的状态来模拟一次测量，从该状态计算出二进制小数，并将结果与目标值进行比较。由于我们只有有限的位数来表示结果，我们允许误差范围为 2%。更多 t 的比特会使电路运行得更慢，但也会改善误差容限。

```
# Find state with highest measurement probability and show results.
maxbits, maxprob = psi.maxprob()
phi_estimate = sum(maxbits[i] * 2**(-i-1) for i in range(t))
```

```
delta = abs(phi - phi_estimate)
print('Phase    : {:.4f}'.format(phi))
print('Estimate: {:.4f} delta: {:.4f} probability: {:5.2f}%'
      .format(phi_estimate, delta, maxprob * 100.0))
if delta > 0.02 and phi_estimate < 0.98:
  print('*** Warning: Delta is large')
```

在没有为 t 保留足够的比特数时，delta 的潜在值可能会超过百分之二，这个情况特别值得关注。另一个有趣的错误情况是当特征值四舍五入为 1.0 时，在这种情况下，小数点后的所有数字都是 0。因此，从二进制小数中估计的值也将是 0.0，而不是正确的值 1.0。代码会对这种情况进行警告。

结果应该类似于以下输出。请注意，找到的最高概率可能不接近 1.0。这意味着在实际的、概率的量子计算机上进行测量时，我们可能会得到一个相当嘈杂的结果，而正确的解决方案希望能够与其他测量结果有足够的区别。

```
Estimating 3 qubits random unitary eigenvalue with 6 bits of accuracy
Phase    : 0.5180
Estimate: 0.5156 delta: 0.0024 probability: 31.65%
Phase    : 0.3203
Estimate: 0.3125 delta: 0.0078 probability:  7.30%
[...]
Phase    : 0.6688
Estimate: 0.6719 delta: 0.0030 probability: 20.73%
```

6.5 Shor 算法

Shor 的因式分解算法是一个在量子计算中引起了极大兴趣的算法（Shor, 1994）。互联网上的 RSA（Rivest, Shamir, Adlemen）加密算法（Rivest et al., 1978）基于一个假设，即因式分解是一个难以解决的问题。如果量子计算机能够破解这个编码，将会产生严重的影响。

Shor 算法在实现上非常复杂，至少根据目前所介绍的知识背景来看是这样。要分解像 15 或 21 这样的数字，它需要大量的量子比特和非常多的门电路，数量级达到数千个。

这看起来是一个巨大的挑战，那么让我们直接深入研究。该算法由两部分组成：

1. 它有一个经典部分，建立在数论的基础上，依赖于模运算和一个称为求阶的过程。

2. 当使用经典方法进行求阶时，它是难以解决的，但可以有效地映射到一个概率性的量子算法中。

相应地，我们将算法的描述分为两部分。这一节将讨论经典部分，而量子部分将在 6.6 节关于求阶的内容中讨论。

6.5.1 模运算

模运算是一种在整数范围内进行的完整算术运算，其会包含一个给定的数，称为模数，并考虑余数。模数与 C++ 或 Python 中的取模算子相似，但并不完全相同。一个定义如下：

$$a \equiv b \bmod N \Rightarrow b \equiv qN + a, \text{for some } q$$

或，等价地

$$a \equiv b \bmod N \Rightarrow a \bmod N \equiv b \bmod N$$

如果两个数的模同余于 N，那么它们具有相同的余数，这样它们就属于同一个等价类。以下是在模为 12 的情况下的例子：

$$15 \equiv 3 \bmod 12$$
$$15 \equiv -9 \bmod 12$$

数字 15、3 和 -9 属于同一个模 12 的等价类。请注意，在 Python 中，使用 % 算子的结果为 $-9 \% 12 = 3$。简单的代数规则成立：

$$(x + y) \bmod N \equiv x \bmod N + y \bmod N$$
$$(xy) \bmod N \equiv (x \bmod N)(y \bmod N)$$

我们可以使用这些规则来简化大数的运算，例如：

$$(121 + 241) \bmod 12 \equiv 1 + 1 = 2$$
$$(121 \cdot 241) \bmod 12 \equiv 1 \cdot 1 = 1$$

6.5.2 最大公因数

我们需要计算两个整数的最大公因数（greatest common divisor，GCD）。再次强调，对于两个数，我们会将其分解为素因数，并找到最大的公共因数。例如，整数 15 和 21 的最大公因数是 3：

$$15 = 3 \cdot 5$$
$$21 = 3 \cdot 7$$

当然，我们使用著名的欧几里得算法计算最大公因数：

```python
def gcd(a: int, b: int) -> int:
    while b != 0:
        t = b
        b = a % b
        a = t
    return a
```

6.5.3 因数分解

现在，我们来看看如何利用模运算和最大公因数将一个大数分解成两个素数。我们只考虑具有两个素因数的数。为什么这个很重要呢？一般来说，任何数都可以分解成几个素因数 P_i：

$$N = p_0^{e_0} p_1^{e_1} \cdots p_{n-1}^{e_{n-1}}$$

但是，如果 N 只有两个长度大致相等的素因数，那么因数分解是最困难的。这就是为什么在 RSA 加密中使用了这种机制。因此，我们假设

$$N = pq$$

我们可以用一种有趣的方式来重述这个问题。将一个大数 N 分解成两个素数的问题等价于解这个方程。

$$x^2 \equiv 1 \bmod N \qquad\qquad (6.3)$$

这个方程有两个平凡解：$x=1$ 和 $x=-1$。是否还存在其他解？在接下来的内容中，N 的典型例子是 15 和 21。正如我们稍后将看到的，这主要取决于我们能够模拟的量子比特的数量。

让我们选择 21 作为我们的示例整数。我们将对从 0 到 N 的所有值进行迭代，并查看是否能找到另一个 x 满足方程（6.3）。

```
1*1 =  1 =  1 mod N
2*2 =  4 =  4 mod N
3*3 =  9 =  9 mod N
4*4 = 16 = 16 mod N
5*5 = 25 =  4 mod N
6*6 = 36 = 15 mod N
7*7 = 49 =  8 mod N
8*8 = 64 =  1 mod N
[...]
```

事实上，我们发现另一个满足这个方程的 x，即 $x=8$。我们可以改变搜索的方向，不再寻找满足 $n^2 = 1 \bmod N$ 的 n，而是寻找满足 $c^n = 1 \bmod N$ 的 n。这就是我们在求阶时将使用的机制。下面是一个以 $c=2$ 为例的示例：

```
2^0 =  1 =  1 mod N
2^1 =  2 =  2 mod N
2^2 =  4 =  4 mod N
2^3 =  8 =  8 mod N
2^4 = 16 = 16 mod N
2^5 = 32 = 11 mod N
2^6 = 64 =  1 mod N
```

由于

$$x^2 \equiv 1 \bmod N$$

$$x^2 - 1 \equiv 0 \bmod N$$

我们可以通过平方差公式将其分解为

$$(x+1)(x-1) \equiv 0 \bmod N$$

模为 0 意味着 N 可以整除这个乘积。因此，我们可以通过计算来找到素因数：

```
factor1 = gcd(N, x+1)
factor2 = gcd(N, x-1)
```

这看起来很简单，但存在一个"小技术问题"，就是需要找到那个数字 x。在经典情况下，我们的选择只能是迭代所有数字或选择随机值，将它们平方，并检查是否得到模为 1 的数字。选择随机值意味着生日悖论适用，而找到 N 位数的正确值的概率大致为 $\sqrt{2N}$。对于互联网加密中使用的大量数字和长度为 1024 位、4096 位及更高的数字来说，这是完全棘手的。现在怎么办呢？

6.5.4　周期寻找

我们将采取以下三个步骤，这些步骤可能有些出人意料。稍后我们将找到第 2 步的高效量子算法。

第一步：选择种子数字

我们取一个随机数 $a<N$，它与 N 没有相同的非平凡因数，我们也说 a 和 N 互素。这可以在 GCD 的帮助下测试。如果它们的 GCD 为 1，则这两个数没有公因数并且是互素的。如果 a 能除 N，我们很幸运已经找到了一个因数。

第二步：求阶

使用此序列找到模 N 下的幂次数：

$$a^0 \bmod N = 1,$$
$$a^1 \bmod N = \ldots,$$
$$a^2 \bmod N = \ldots,$$
$$\vdots$$

借助这个涉及 a、N 和 x 的函数（已知 a 和 N，x 未知）：

$$f_{a,N}(x) = a^x \bmod N$$

数论保证对于与 N 的任何互素数 a，这个函数将计算出对于某个 $x<N$ 的结果为 1。一旦序列产生了 1（对于 $x>0$），之前计算出的数列将会重复出现。请记住，这个序列从指数为 0 开始，结果为 a^x=1。序列的长度，通常被称为 r，被称为函数的阶或周期：

$$f_{a,N}(s+r) = f_{a,N}(s)$$

我们将在接下来的部分看到如何构建一个量子算法来求阶。现在，让我们暂时假装我们有一种高效的计算方法。

第三步：分解

一旦我们获得了阶，如何帮助我们找到 N 的因数呢？

如果我们发现阶 r 是奇数，我们给予放弃，丢弃结果，并在第一步中尝试不同的初始值 a。

如果我们找到一个偶数阶 r，我们可以利用之前发现的东西，也就是说，如果我们能找到此方程中的 x，我们就可以找到因数：

$$x^2 \equiv 1 \bmod N$$

我们刚刚在上述的第二步中发现：

$$a^r \equiv 1 \bmod N$$

如果 r 是偶数，我们可以这样重写：

$$(a^{r/2})^2 \equiv 1 \bmod N$$

这意味着我们现在可以计算类似于上面的因数，(r=order) 为：

```
factor1 = gcd(N, a ** (order // 2) + 1)
factor2 = gcd(N, a ** (order // 2) - 1)
```

还有一个小小的陷阱——我们不知道给定的 a 的初始值是否会导致偶数或奇数的阶。可以证明获得偶数阶的概率为 1/2。我们可能需要多次运行算法。

选择种子数字、求阶和分解这三个步骤是 Shor 算法的核心，除了量子部分。让我们先写一些代码来探讨这些概念，然后在 6.6 节解释量子求阶算法。

6.5.5 Playground

在本节中，我们将随机选择数字并应用上述的思想。我们仍然经典地计算阶并导出素因数。由于我们的数字很小，这仍然是可解决的。让我们首先写几个辅助功能（完整的源代码位于文件 src/shor_classic.,py）。

在选择要操作的随机数时，我们必须确保它确实可分解且不是素数：

```
def is_prime(num: int) -> bool:
    """Check to see whether num can be factored at all."""

    for i in range(3, num // 2, 2):
        if num % i == 0:
            return False
    return True
```

该算法需要选择一个随机数作为种子来启动。该数字不能是较大数字的相对素数，否则算法可能会失败：

```
def is_coprime(num: int, larger_num: int) -> bool:
    """Determine if num is coprime to larger_num."""

    return math.gcd(num, larger_num) == 1
```

在从 fr 到 to 的数的范围内找到一个随机的、奇数的、非素数的数，并找到一个相应的互素数：

```
def get_odd_non_prime(fr: int, to: int) -> int:
    """Get a non-prime number in the range."""

    while True:
        n = random.randint(fr, to)
```

```
    if n % 2 == 0:
        continue
    if not is_prime(n):
        return n

def get_coprime(larger_num: int) -> int:
    """Find a number < larger_num which is coprime to it."""

    while True:
        val = random.randint(3, larger_num - 1)
        if is_coprime(val, larger_num):
            return val
```

最后，我们需要一个用于计算给定模数的阶的例程。当然，这个例程是经典的，并且迭代直到找到保证存在的结果为1。

```
def classic_order(num: int, modulus: int) -> int:
    """Find the order classically via simple iteration."""

    order = 1
    while True:
        newval = (num ** order) % modulus
        if newval == 1:
            return order
        order += 1
    return order
```

这是主要的算法，我们对随机选择的数字执行多次。我们首先选择一个随机数 a 和 N，如上所述。N 是我们要进行分解的数，所以它不能是素数。a 的值不能是一个互素的数。一旦我们有了这些，我们就会计算阶：

```
def run_experiment(fr: int, to: int) -> (int, int):
    """Run the classical part of Shor's algorithm."""

    n = get_odd_non_prime(fr, to)
    a = get_coprime(n)
    order = classic_order(a, n)
```

剩下的就是从偶数顺序计算因数，并输出和检查结果：

```
factor1 = math.gcd(a ** (order // 2) + 1, n)
factor2 = math.gcd(a ** (order // 2) - 1, n)
if factor1 == 1 or factor2 == 1:
    return None

print('Found Factors: N = {:4d} = {:4d} * {:4d} (r={:4d})'.
    format(factor1 * factor2, factor1, factor2, order))
if factor1 * factor2 != n:
    raise AssertionError('Invalid factoring')

return factor1, factor2
```

我们运行了大约 25 个测试，应该会看到如下结果。对于高达 9999 的随机数，阶已经可以达到大约 4000：

```
def main(argv):
  print('Classic Part of Shor\'s Algorithm.')
  for i in range(25):
    run_experiment(21, 9999)

[...]
Classic Part of Shor's Algorithm.
Found Factors: N = 3629 =  191 *   19 (r=1710)
Found Factors: N = 4295 =    5 *  859 (r=1716)
[...]
Found Factors: N = 2035 =    5 *  407 (r= 180)
Found Factors: N = 9023 = 1289 *    7 (r=3864)
Found Factors: N = 1781 =  137 *   13 (r= 408)
```

总结一下，根据求阶和模运算，我们已经了解了如何将数 N 分解为两个素因数。经典情况下，对于非常大的数进行求阶是困难的，但在接下来的部分，我们将学习一种高效的量子算法来完成这个任务。整个算法非常神奇，尤其是考虑到其中的量子部分时更加如此！

6.6　求阶

在上一节中，我们学习了如何找到特定函数的阶，让我们有效地将一个数分解为它的两个素因数。在本节中，我们将讨论一种有效的量子算法来代替这个经典任务。我们首先从一个目标开始——找到一个特定算子的相位。最初，这与求阶的关系可能并不明显，但不用担心，我们将在接下来的几节中展开所有细节。

量子求阶是将相位估计作用于算子 U。

$$U\,|\,y\rangle = |\,xy \bmod N\rangle \tag{6.4}$$

相位估计需要一个特征向量才能正确运行。我们首先找到这个算子的特征值。我们知道，特征值被定义为：

$$U\,|\,v\rangle = \lambda\,|\,v\rangle$$

我们使用类似于幂迭代过程的方法。我们知道特征值的模必须为 1。否则，状态向量中的概率总和将不等于 1。因此有：

$$U^k\,|\,v\rangle = \lambda^k\,|\,v\rangle$$

将其替换到方程（6.4）的算子中。这是一个关键步骤，不幸的是，在文献中经常被忽略。

$$U^k\,|\,y\rangle = |\,x^k y \bmod N\rangle$$

如果 r 是 $x \bmod N$ 的阶，且 $x^r = 1 \bmod N$，那么我们得到以下结果：

$$U^r\,|\,v\rangle = \lambda^r\,|\,v\rangle = |\,x^r y \bmod N\rangle = |\,v\rangle$$

从这个可以得出的是：

$$\lambda^r = 1$$

这意味着 U 的特征值是单位根的 r 次方。单位根是一个复数，当它被某个整数 n 的幂次方时，结果为 1。它的定义如下：

$$\lambda = e^{2\pi is/r} \text{ 其中 } s=0,\cdots,r-1$$

通过这个结果，我们将展示以下这个算子的特征向量对于阶为 r 和取值在 $0 \leqslant s < r$ 的 s 是这样的：

$$|v_s\rangle = \frac{1}{\sqrt{r}} \sum_{k=0}^{r-1} e^{2\pi iks/r} |a^k \bmod N\rangle$$

通过相位估计，我们可以找到特征值 $e^{2\pi is/r}$。最后的技巧是从分数 s/r 获得阶。

当然，有一个大问题——对于相位估计电路，我们需要知道一个特征向量。因为我们不知道阶 r，所以我们也不能确定任何特征向量。这里又来了一个巧妙的技巧。我们确实知道方程（6.4）中的算子是一个置换算子。根据模运算的模式，状态与具有阶 r 的其他状态之间具有唯一的映射关系。在这个背景下，我们应该将状态解释为整数，状态 $|1\rangle$ 表示 10 进制数 1，状态 $|1001\rangle$ 表示 10 进制数 9。对于小于 r 的所有值，这种映射是一对一的。对于我们的算子：

$$U|y\rangle = |xy \bmod N\rangle$$

我们看到状态 $|y\rangle$ 被乘以 $x \bmod N$。当我们对指数进行迭代时，这变成了：

$$U^n|y\rangle = |x^n y \bmod N\rangle$$

对于上面的例子，假设 $a=2$ 且 $N=21$，每个应用程序将输入寄存器的状态乘以 $2 \bmod N$。我们从 $2^0=1=1 \bmod N$ 开始，对应于状态 $|1\rangle$。然后：

$$U|1\rangle = |2\rangle$$
$$U^2|1\rangle = UU|1\rangle = U|2\rangle = |4\rangle$$
$$U^3|1\rangle = |8\rangle$$
$$U^4|1\rangle = |16\rangle$$
$$U^5|1\rangle = |11\rangle$$
$$U^6|1\rangle = U^r|1\rangle = |1\rangle$$

我们可以推断出这个算子的第一个特征向量是所有状态的叠加态。从一个简单的例子来看，这一点很容易理解[注]。假设一个酉门仅在状态 $|0\rangle$ 和 $|1\rangle$ 之间进行置换，有

$$U|0\rangle = |1\rangle \text{ 与 } U|1\rangle = |0\rangle$$

⊖ https://quantumcomputing.stackexchange.com/a/15590/11582.

作用 U 到这两个状态的叠加上会得到以下结果，其特征值为 1：

$$U\left(\frac{|0\rangle+|1\rangle}{\sqrt{2}}\right) = \frac{U|0\rangle+U|1\rangle}{\sqrt{2}}$$

$$= \frac{|1\rangle+|0\rangle}{\sqrt{2}} = \frac{|0\rangle+|1\rangle}{\sqrt{2}}$$

$$= 1.0\frac{|0\rangle+|1\rangle}{\sqrt{2}}$$

对于方程（6.4）中的算子，我们可以推广到多个基态。基态的叠加是 U 的特征向量，特征值为 1.0：

$$|u_1\rangle = \frac{1}{\sqrt{r}}\sum_{k=0}^{r-1}|a^k \bmod N\rangle$$

我们还推导出以上的其他特征值有如下形式：

$$\lambda = e^{2\pi is/r} \text{ 其中} s = 0,\cdots,r-1$$

让我们来看一下本征态，其中第 k 个基态的相位与 k 成比例。

$$|u_1\rangle = \frac{1}{\sqrt{r}}\sum_{k=0}^{r-1}e^{2\pi ik/r}|a^k \bmod N\rangle \tag{6.5}$$

举例来说，对于这个特征向量作用这个算子，遵循算子 U 的排列规则
$U(|1\rangle \rightarrow |2\rangle, |2\rangle \rightarrow |4\rangle, \cdots)$：

$$|u_1\rangle = \frac{1}{6}(|1\rangle + e^{2\pi i/6}|2\rangle + e^{4\pi i/6}|4\rangle + e^{6\pi i/6}|8\rangle + e^{8\pi i/6}|16\rangle + e^{10\pi i/6}|11\rangle)$$

$$U|u_1\rangle = \frac{1}{6}(|2\rangle + e^{2\pi i/6}|4\rangle + e^{4\pi i/6}|8\rangle + e^{6\pi i/6}|16\rangle + e^{8\pi i/6}|11\rangle + e^{10\pi i/6}|1\rangle)$$

我们可以将因子 $e^{-2\pi i/6}$ 提出来，得到

$$U|u_1\rangle = \frac{1}{6}e^{-2\pi i/6}\left(e^{\frac{2\pi}{6}}|2\rangle + e^{\frac{4\pi}{6}}|4\rangle + e^{\frac{6\pi}{6}}|8\rangle + e^{\frac{8\pi}{6}}|16\rangle + e^{\frac{10\pi}{6}}|11\rangle + \underset{=1}{e^{\frac{12\pi}{6}}}|1\rangle\right)$$

$$= e^{-2\pi i/6}|u_1\rangle$$

请注意，现在分母中的阶 $r=6$。为了使这个对所有特征向量都成立，我们乘上一个因子 s：

$$|u_s\rangle = \frac{1}{\sqrt{r}}\sum_{k=0}^{r-1}e^{2\pi iks/r}|a^k \bmod N\rangle$$

因此，对于我们的算子，我们现在对于每个整数 $s=0,\cdots,r-1$ 得到了一个唯一的特征向量，其特征值如下（注意，如果我们在上述方程（6.5）中加入负号，这里的负号将会消失，我们可以忽略它）：

$$e^{-2\pi is/r}|u_s\rangle$$

此外，这还有一个重要的结果：如果我们将所有这些特征向量相加，除了 $|1\rangle$ 以外，相位都会相互抵消（这里没有显示出来，它是庞大的，但并不具有挑战性）。这对我们很有帮助，因为现在我们可以将 $|1\rangle$ 作为特征向量输入到相位估计电路中。相位估计将给我们以下结果：

$$\phi = \frac{s}{r}$$

但为什么我们可以使用 $|1\rangle$ 来初始化相位估计呢？以下是一个解释[⊖]：相位估计应该适用于一个特征向量 / 特征值对。但在这种情况下，我们使用所有特征向量的总和来初始化电路，我们可以将其视为所有本征态的叠加态。在测量时，状态将坍缩为其中之一。哪一个呢？我们不知道，但我们从上面知道它将具有相位 $\phi=s/r$。这对于使用连分数方法求阶是所有我们需要的。

有了所有这些准备工作，我们现在可以构建一个如图 6.7 所示的相位估计电路。对于给定的待分解 N，我们将表示 N 所需的位数定义为 $L=\log_2 N$。该电路的输出将小于 N，我们可能需要多达 L 个输出比特。为了能够可靠地采样阶，我们需要评估至少 N^2 个 x 的酉算子，因此我们需要 $2L$ 个输入比特。

$$\log_2 N^2 = 2 \log_2 N = 2L$$

在我们实施算法时，我们还将使用一个辅助寄存器来存储 $L+2$ 比特宽加法的中间结果。（通常，你会为加法溢出保留一个单独的比特，但我们实现的是受控加法，需要额外的辅助寄存器。）总之，为了对一个适应 L 个经典比特的数字进行因数分解，我们需要 $L+2L+L+2=4L+2$ 个量子比特。要对适应四个经典比特的数字 15 进行因数分解，我们将需要 18 个量子比特。要对适应五个经典比特的数字 21 进行因数分解，我们将需要 22 个量子比特。这个数字与文献中通常引用的理论值 $2L+1$ 有所不同。这种差异似乎是实施细节的产物。

这个电路的一个巨大的实际挑战是如何实现大型的酉算子 U。我们的解决方案基于 Stephane Beauregard 的一篇论文 (Beauregard, 2003)，以及 Tiago Leao 和 Rui Maia 的参考实现 (Leao，2021)。这是一个相当复杂的实现，但幸运的是，我们已经看到了大部分的构建模块。

为了对数字 21 进行素因数分解，我们需要 22 个量子比特和超过 20 000 个门。由于存在大量的量子傅里叶变换和对消计算，门的数量增长很快。通过我们快速实现的方法，我们仍然能够方便地模拟这个电路。总体实现大约是 250 行 Python 代码。

与所有的 oracle 或高层酉算子一样，你可能会期望一些量子技巧，一种特殊制作的矩阵正好可以计算模幂。不幸的是，这样的神奇矩阵并不存在。相反，我们必须通过实现在傅里叶变换域中的加法和乘法（乘以一个常数）来明确计算模幂。我们还必须实现模算子，这是我们之前没有见过的。

　⊖　https://quantumcomputing.stackexchange.com/q/15589/11582.

我们描述实现如下：首先，我们概述整个过程驱动的主要例程。然后，我们描述辅助例程，例如加法。我们之前在其他节中已经见过其中的大部分内涵。最后，我们描述构建这些酉算子并将它们连接起来计算相位估计的代码。然后我们通过连分数的帮助从估计的相位中得到实际的实验结果。

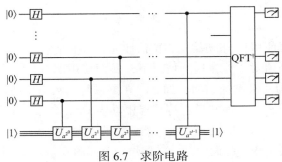

图 6.7　求阶电路

6.6.1　主程序

该实现可以在开源代码库的文件 src/order_finding.py 中找到。我们从命令行参数中获取数字 N 和 a。根据这些值，我们计算所需的比特宽度，并构建了三个寄存器：

❑ 辅助寄存器（aux）。

❑ up 是图 6.7 中所示电路中的顶部寄存器。我们将对该寄存器执行 QFT 的逆来获得相位估计。

❑ down 是我们将连接到酉算子的寄存器。我们还将其初始化为 $|1\rangle$。

```
def main(argv):
  print('Order finding.')

  number = flags.FLAGS.N
  a = flags.FLAGS.a

  # Test some of the basic routines.
  test_preliminaries(a, number)

  # The classical part are handled in 'shor_classic.py'
  nbits = number.bit_length()
  print('Shor: N = {}, a = {}, n = {} -> qubits: {}'
        .format(number,      a, nbits, nbits*4 + 2))
  qc = circuit.qc('order_finding')

  # Aux register for addition and multiplication.
  aux = qc.reg(nbits+2, name='q0')

  # Register for QFT. This reg will hold the resulting x-value.
  up = qc.reg(nbits*2, name='q1')
```

```
# Register for multiplications.
down = qc.reg(nbits, name='q2')
```

我们会按照图 6.7 中的电路图进行一对一的实施。我们对 up 寄存器的所有量子比特作用 Hadamard 门，并将 X 门作用于 down 寄存器，以 |1⟩ 初始化它。请注意，为了更接近参考实现（Leao，2021），我们将 down 寄存器按照相反的顺序解释。然后，我们对 up 位的数量（nbits*2）进行计数，并使用受控乘法模（2 的幂）例程 cmultmodn 创建和连接西门，如下所示。然后，所有这些都在最后跟随一个最终的 QFT[†]：

```
qc.had(up)
qc.x(down[0])
for i in range(nbits*2):
    cmultmodn(qc, up[i], down, aux, int(a**(2**i)), number, nbits)
inverse_qft(qc, up, 2*nbits, with_swaps=1)
```

最后，我们检查结果。对于给定的数字（N=15，a=4），我们预期在 up 寄存器中得到一个 128 或 0 的结果，对应于二进制分数的解释为 0.5 和 0.0。我们将在本节末尾详细介绍如何得出因数的下一步骤。这段代码片段与最终实现不同。再次注意，我们使用 [::-1] 来反转比特顺序：

```
# -- Results. An x-value of 128 would result in
#    the correct continuous fractions later.
print('Measurement...')
total_prob = 0.0
for bits in helper.bitprod(nbits*4 + 2):
  prob = qc.psi.prob(*bits)
  if prob > 0.01:
    print('Final x-value. Got: {:3d} Want: 128, probability: {:.3f}'
        .format(
          helper.bits2val(bits[nbits+2 : nbits+2 + nbits*2][::-1]),
          prob.real))
    total_prob += qc.psi.prob(*bits)
    if total_prob > 0.999:
      break

print(qc.stats())
```

的确，我们以 50% 的概率得到这个结果。这是这个算法的实际情况——它是概率性的。在真实的机器上，我们可能只找到 1 和 N，并需要多次运行算法，直到找到至少一个素因数。在我们的基础设施中，当然可以直接查看结果的概率，不需要多次运行。

```
[...]
Swap...
Uncompute...
Measurement...
Final x-value. Got:   0 Want: 128, probability: 0.250
Final x-value. Got:   0 Want: 128, probability: 0.250
Final x-value. Got: 128 Want: 128, probability: 0.250
Final x-value. Got: 128 Want: 128, probability: 0.250
```

```
Circuit Statistics
    Qubits: 18
    Gates : 10553
```

6.6.2　支撑程序

我们使用变量 a 来计算一个模数。由于我们需要进行对消计算，因此需要该数的模逆。x mod N 的模逆是数 x_{inv}，满足 xx_{inv}=1 mod N。我们可以借助扩展的欧几里得算法（维基百科，2021c）来计算这个数。

```python
def modular_inverse(a: int, m: int) -> int:
  """Compute Modular Inverse."""

  def egcd(a: int, b: int) -> (int, int, int):
    """Extended Euclidian algorithm."""

    if a == 0:
      return (b, 0, 1)
    else:
      g, y, x = egcd(b % a, a)
    return (g, x - (b // a) * y, y)

  # Modular inverse of x mod m is the number x^-1 such that
  #   x * x^-1 = 1 mod m
  g, x, _ = egcd(a, m)
  if g != 1:
    raise Exception(f'Modular inverse ({a}, {m}) does not exist.')
  else:
    return x % m
```

我们将运行大量的量子傅里叶变换和逆量子傅里叶变换。其中许多操作都是为了将已知常数值的量子寄存器加入进来。正如我们在 6.3 节的量子算术中所看到的，这使得量子加法的实现更加容易。我们预先计算要作用的角度，直接作用到目标寄存器上。

```python
def precompute_angles(a: int, n: int) -> List[float]:
  """Pre-compute angles used in the Fourier transform, for a."""

  # Convert 'a' to a string of 0's and 1's.
  s = bin(int(a))[2:].zfill(n)

  angles = [0.] * n
  for i in range(0, n):
    for j in range(i, n):
      if s[j] == '1':
        angles[n-i-1] += 2**(-(j-i))
    angles[n-i-1] *= math.pi
  return angles
```

我们将需要电路来计算加法、受控加法和双重受控加法。基本代码与我们之前在 6.3 节中看到的使用常量的量子算术类似。我们通过使用 u1 和 cu1 实现常量加法和受控加法中的

cadd。对于 ccadd 中的双重受控加法，我们使用下面概述的 ccphase 门。

```python
def add(qc, q, a: int, n: int, factor: float) -> None:
    """Add in fourier space."""

    angles = precompute_angles(a, n)
    for i in range(n):
        qc.u1(q[i], factor * angles[i])

def cadd(qc, q, ct1, a: int, n: int, factor: float -> None):
    """Controlled add in Fourier space."""

    angles = precompute_angles(a, n)
    for i in range(n):
        qc.cu1(ct1, q[i], factor * angles[i])

def ccadd(qc, q, ctl1: int, ctl2: int, a: int, n: int,
          factor: float) -> None:
    """Double-controlled add in Fourier space."""

    angles = precompute_angles(a, n)
    for i in range(n):
        ccphase(qc, factor*angles[i], ctl1, ctl2, q[i])
```

我们需要一个双重受控相位门来进行上述的双重受控 ccadd 操作。在 3.2.7 节中，我们了解了如何通过受控根和逆来构建双重受控门。对于围绕角度 x 旋转，受控根就是一个绕 $x/2$ 的旋转，而逆旋转则是反方向的旋转。

```python
def ccphase(qc, angle: float, ctl1: int, ctl2: int, idx: int) -> None:
    """Controlled controlled phase gate."""

    qc.cu1(ctl1, idx, angle/2)
    qc.cx(ctl2, ctl1)
    qc.cu1(ctl1, idx, -angle/2)
    qc.cx(ctl2, ctl1)
    qc.cu1(ctl2, idx, angle/2)
```

使用加法电路的伴随，如果 $b \geqslant a$，则得到 $(b-a)$，如果 $b < a$，则得到 $(2^{n-1}-(a-b))$。因此，我们可以使用它来进行减法和比较数字。如果 $b < a$，则最高有效位量子比特将是 $|1\rangle$。我们稍后利用该量子比特来控制其他门。

$$
\boxed{b} - \boxed{\text{QFT}} - \boxed{\text{Add}^\dagger(a)} - \boxed{\text{QFT}^\dagger} \quad = \quad \begin{cases} |b-a\rangle & \text{if } b \geqslant a, \\ |2^{n-1}-(a-b)\rangle & \text{if } b < a \end{cases}
$$

我们在 up 寄存器上实施 QFT 和 $\text{QFT}^\dagger$，这次还加入了可选的交换选项（但实际上在这个算法中我们并未使用）。

```python
def qft(qc, up_reg, n: int, with_swaps: bool = False) -> None:
    """Apply the H gates and Cphases."""

    for i in range(n-1, -1, -1):
```

```
      qc.h(up_reg[i])
      for j in range(i-1, -1, -1):
        qc.cu1(up_reg[i], up_reg[j], math.pi/2**(i-j))

    if with_swaps:
      for i in range(n // 2):
        qc.swap(up_reg[i], up_reg[n-1-i])


def inverse_qft(qc, up_reg, n: int, with_swaps: bool = False) -> None:
    """Function to create inverse QFT."""

    if with_swaps == 1:
      for i in range(n // 2):
        qc.swap(up_reg[i], up_reg[n-1-i])

    for i in range(n):
      qc.had(up_reg[i])
      if i != n-1:
      j = i+1
      for y in range(i, -1, -1):
        qc.cu1(up_reg[j], up_reg[y], -math.pi / 2**(j-y))
```

6.6.3 模加法

在这一点上，我们知道如何相加数字，并通过检查符号量子比特来检查一个值是否已变为负数。这意味着我们应该具备模加法所需的所有要素：我们计算一个 $a+b$，并在 $a+b>N$ 时减去 N。

我们通过在初始状态为 $|0\rangle$ 的辅助量子比特上添加一个量子比特来实现这一点。我们首先像之前一样把 a 和 b 相加。我们还保留一个溢出比特。然后，我们使用加法器的伴随运算来减去 N（这是一种在上述加法例程中应用负因子的高级方法）。为了到达最高有效比特并确定该结果是否为负数，我们必须执行 QFT†。我们用一个受控非门连接最高有效比特和辅助量子比特。只有当 $a+b-N$ 为负数时，它才会被设置为 $|1\rangle$。

此后，我们通过另一个 QFT 返回傅里叶域。如果 $a+b-N$ 为负数，我们使用辅助量子比特来控制将 N 相加以使结果再次为正数。电路如图 6.8 所示。

存在一个无法轻易解决的问题——辅助量子比特仍然是纠缠的。它已变成了垃圾比特。我们必须找到一种方法将其恢复到原始状态 $|0\rangle$，否则它会干扰我们的结果，因为垃圾比特经常会产生问题。

为了解决这个问题，我们再次使用几乎完全相同的电路，但有一个小变化。我们观察到，在模运算之后，寄存器 b 处于一种状态：

$$(a+b)\bmod N \geq a \Rightarrow a+b < N$$

这次我们进行的是逆加法运算，从上面的结果中减去 a，并计算 $(a+b)\bmod N-a$。如果

$(a+b) \bmod N \geqslant a$ ，则最高有效位将为 $|0\rangle$ 。

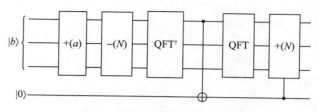

图 6.8　模加法电路的前半部分

我们作用一个非门，并将其作为受控非门的控制器作用到辅助量子比特上。通过这样做，辅助量子比特已经恢复。现在我们需要撤销我们刚才做的操作。我们对最高有效量子比特作用另一个非门，然后进行量子傅里叶变换（QFT）和加法操作，以恢复初始减法。最终的计算结果是 $(a+b) \bmod N$ 的简洁计算。在电路符号中，电路的后半部分如图 6.9 所示。在代码中表示为：

```
def cc_add_mod_n(qc, q, ctl1, ctl2, aux, a, number, n):
  """Circuit that implements doubly controlled modular addition by a."""

  ccadd(qc, q, ctl1, ctl2, a, n, factor=1.0)
  add(qc, q, number, n, factor=-1.0)
  inverse_qft(qc, q, n, with_swaps=0)
  qc.cx(q[n-1], aux)
  qft(qc, q, n, with_swaps=0)
  cadd(qc, q, aux, number, n, factor=1.0)

  ccadd(qc, q, ctl1, ctl2, a, n, factor=-1.0)
  inverse_qft(qc, q, n, with_swaps=0)
  qc.x(q[n-1])
  qc.cx(q[n-1], aux)
  qc.x(q[n-1])
  qft(qc, q, n, with_swaps=0)
  ccadd(qc, q, ctl1, ctl2, a, n, factor=1.0)
```

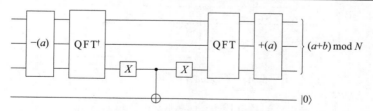

图 6.9　模加法电路的后半部分，解开辅助电路

我们还需要这个过程的逆过程。与之前一样，并且如在对消计算部分所解释的，我们只需按照相反的顺序作用逆门。

```
def cc_add_mod_n_inverse(qc, q, ctl1, ctl2, aux, a, number, n):
  """Inverse of the double controlled modular addition."""
```

```
ccadd(qc, q, ctl1, ctl2, a, n, factor=-1.0)
inverse_qft(qc, q, n, with_swaps=0)
qc.x(q[n-1])
qc.cx(q[n-1], aux)
qc.x(q[n-1])
qft(qc, q, n, with_swaps=0)
ccadd(qc, q, ctl1, ctl2, a, n, factor=1.0)

cadd(qc, q, aux, number, n, factor=-1.0)
inverse_qft(qc, q, n, with_swaps=0)
qc.cx(q[n-1], aux)
qft(qc, q, n, with_swaps=0)
add(qc, q, number, n, factor=1.0)
ccadd(qc, q, ctl1, ctl2, a, n, factor=-1.0)
```

对消计算这样的电路是冗长乏味的。在 8.5.5 节中，我们展示了如何以优雅的方式自动化对消计算。

6.6.4 受控模乘法

现在，下一步是从我们刚刚构建的模加法器中构建一个受控模乘法器。我们的电路将由一个量子比特 $|c\rangle$ 控制，并将状态 $|c,x,b\rangle$ 转换为状态 $|c,x,b+(ax)\bmod N\rangle$，如果 $|c\rangle=|1\rangle$，则将保持原始状态不变。

我们通过对 x 的各个位 x_i 进行控制，连续作用受控模加法门。比特的位置对应着 2 的幂，使用以下等式进行计算：

$$(ax)\bmod N =$$
$$(\ldots(((2^0 ax_0)\bmod N + 2^1 ax_1)\bmod N) + \cdots + 2^{n-1} ax_{n-1})\bmod N$$

这个表达式的计算电路如图 6.10 所示。

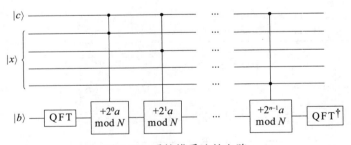

图 6.10 受控模乘法的电路

正如在对消计算部分所描述的那样，为了消除与 $|b\rangle$ 的纠缠，我们交换了 $|x\rangle$，并在交换后对电路进行对消计算。在代码中，我们看到了三个部分。在第一部分中，它计算模 N 的乘法。在第二部分中，它使用受控门将结果连接到辅助寄存器中以交换出 $|x\rangle$（在量子电路的 4.3 节中引入了 cswap）。在第三部分中，它对结果进行对消计算，就像我们在可逆计

算的 2.13 节中所看到的那样。这意味着我们必须使用模逆来实现第一个块的对消计算。

```python
def cmultmodn(qc, ctl, q, aux, a, number, n):
  """Controlled Multiply of q by number, with n bits."""

  print('Compute...')
  qft(qc, aux, n+1, with_swaps=0)
  for i in range(n):
    cc_add_mod_n(qc, aux, q[i], ctl, aux[n+1],
                 ((2**i)*a) % number, number, n+1)
  inverse_qft(qc, aux, n+1, with_swaps=0)

  print('Swap...')
  for i in range(n):
    qc.cswap(ctl, q[i], aux[i])
  a_inv = modular_inverse(a, number)

  print('Uncompute...')
  qft(qc, aux, n+1, with_swaps=0)
  for i in range(n-1, -1, -1):
    cc_add_mod_n_inverse(qc, aux, q[i], ctl, aux[n+1],
                         ((2**i)*a_inv) % number, number, n+1)
  inverse_qft(qc, aux, n+1, with_swaps=0)
```

总之，模乘电路执行：

$$|x\rangle|0\rangle \rightarrow |ax \bmod N\rangle|0\rangle$$

我们将命名这个电路为 CU_a。仍存在一个问题——相位估计算法需要这个电路的幂。这是否意味着我们必须将该电路自乘 n 次以得到所需的 $(CU_a)^n$ 的每个 2 的幂的结果？幸运的是，我们并不需要这样做。我们只需使用以下经典计算公式：

$$(CU_a)^n = CU_{a^n}$$

这可以在代码的最高层次上看到，我们迭代调用模运算电路（那些包含 2 ** i 的表达式）。

6.6.5 连分数

我们已离最终结果非常接近。在 6.6.1 节中，我们提到了预期的 up 寄存器结果为 128。这是将该寄存器解释为整数的一种解释。然而，我们进行了相位估计，因此我们必须将寄存器的比特解释为二进制小数。0 的值对应于 0.0 的相位，而 128 的值对应于 0.5 的相位。我们还知道，相位估计将给予以下 r 阶形式的相位：

$$\phi = \frac{s}{r}$$

难道这不意味着如果我们能找到一个近似于这个相位的整数分数的一小部分，我们就可以得到对于阶 r 的一个初始猜测吗？

为了以任意精度近似一个分数值,我们可以使用连分数(continued fraction)的技巧。幸运的是,Python 库中已经存在了一个实现它的模块。我们导入这个模块:

```
import fractions
```

当我们解码 x 寄存器时,我们需要将其解释为二进制小数(请注意,我们再次以相反的顺序解释寄存器位)。

```
phase = helper.bits2frac(
    bits[nbits+2 : nbits+2 + nbits*2][::-1], nbits*2)
```

我们通过连分数算法获得最低分母。我们还希望通过使用 limit_denominator 来限制精度,以确保我们获得合理大小的分母。

```
r = fractions.Fraction(phase).limit_denominator(number).denominator
```

有了这个 r,我们就可以按照 Shor 算法中的非量子部分的解释,并试图计算因子。我们可能会得到 1s,或者我们可能会得到 N s,这两者都是无用的。通过一点运气和按照实际概率的推断,我们也许只能找到一个或两个真正的因子。

```
guesses = [math.gcd(a**(r//2)-1, number),
           math.gcd(a**(r//2)+1, number)]

print('Final x: {:3d} phase: {:3f} prob: {:.3f} factors: {}'.
      format(intval, phase, prob.real, guesses))
```

6.6.6 实验

让我们运行一些示例来证明这台机器工作正常。为了将 15 分解为 a 值为 4,我们运行一个有 10 553 个门的电路,并得到两组因数,即平凡的因数为 1 和 15,同时,我们还得到了真正的因数 3 和 5。

```
../../order_finding -- --a=4 --N=15
Final x-value int:   0 phase: 0.000000 prob: 0.250 factors: [15, 1]
Final x-value int: 128 phase: 0.500000 prob: 0.250 factors: [3, 5]
Circuit Statistics
  Qubits: 18
  Gates : 10553
```

将 a 取值为 5 时,对 21 进行因数分解,所需的量子比特数从 18 增加到 22,从而将门数量增加到 20 000 以上,运行时间大约增加了 8 倍。除了平凡的因数之外,该程序能找到一个真实因数,其值为 3。

```
Final x-value int:   0 phase: 0.000000 prob: 0.028 factors: [21, 1]
Final x-value int: 512 phase: 0.500000 prob: 0.028 factors: [1, 3]
Final x-value int: 853 phase: 0.833008 prob: 0.019 factors: [1, 21]
Final x-value int: 171 phase: 0.166992 prob: 0.019 factors: [1, 21]
Final x-value int: 683 phase: 0.666992 prob: 0.019 factors: [1, 3]
Circuit Statistics
  Qubits: 22
  Gates : 20671
```

使用初始 a 值为 4，对 35 进行因数分解需要超过 36 000 个门和大约 60min 的运行时间。

```
Final x-value int:    0 phase: 0.000000 prob: 0.028 factors: [35, 1]
Final x-value int: 2048 phase: 0.500000 prob: 0.028 factors: [1, 5]
Final x-value int: 1365 phase: 0.333252 prob: 0.019 factors: [1, 5]
Final x-value int: 3413 phase: 0.833252 prob: 0.019 factors: [7, 5]
Final x-value int:  683 phase: 0.166748 prob: 0.019 factors: [7, 5]
Final x-value int: 2731 phase: 0.666748 prob: 0.019 factors: [1, 5]
Circuit Statistics
   Qubits: 26
   Gates : 36373
```

你可能希望尝试并可能将此代码转换为 libq，利用 8.5 节中描述的转译工具。在 libq 中，代码运行速度显著加快，允许对更多量子比特进行实验。作为粗略且不科学的估计，使用 22 个量子比特进行因数分解在标准工作站上大约需要 2min。编译为 libq 后，由于稀疏表示的加速，此过程只需不到 5s 完成，加速倍数超过 25 倍。使用 26 个量子比特对 35 进行因数分解大约需要 1h，但使用 libq 仅需约 3min，仍然显著提速约 20 倍。

总结而言，从经典部分到量子部分，再到使用连分数求阶，整个算法都是真正神奇的。难怪它引起了如此多的关注，并成为当今量子计算领域的关键贡献之一。

6.7　Grover 算法

Grover 算法是量子计算中的基本算法之一（Grover, 1996）。它允许在 $O(\sqrt{N})$ 时间内搜索一个域中的 N 个元素。所谓"搜索"，是指存在一个函数 $f(x)$ 和一个（或多个）特殊输入 x'，满足以下条件：

$$f(x) = 0 \quad \forall x \neq x'$$
$$f(x) = 1 \quad x = x'$$

在最坏情况下，找到 x' 的经典算法的复杂度为 $O(N)$。它需要评估所有可能的输入 f。严格来说，需要 $N-1$ 步，因为一旦所有元素（包括倒数第二个）返回 0，我们就知道最后一个元素必定是难以捉摸的 x'。当然，能够以复杂度 $O(\sqrt{N})$ 完成这一点是令人兴奋的前景。

为了理解和实现该算法，我们首先以相当抽象的方式概述了算法的高级概念。我们需要学习两个新概念——相位反转和关于均值的反转。一旦这些概念被理解，我们将详细介绍它们的几个实现变体。最后，我们将所有的部分联合组合到 Grover 算法中，并进行了一些实验。

6.7.1　高层次概述

在高层次上，该算法执行以下步骤：

1. 通过对初始状态 $|00\cdots0\rangle$ 作用 Hadamard 门创建一个等概率叠加态 $|++\cdots+\rangle$。
2. 构造一个围绕特殊输入 $|x'\rangle$ 的相位反转算子 U_f，定义为：

$$U_f = I^{\otimes n} - 2|x'\rangle\langle x'|$$

3. 构造一个关于均值的反转算子 $U_\perp$，定义为：

$$U_\perp = 2(|+\rangle\langle +|)^{\otimes n} - I^{\otimes n}$$

4. 将 $U_\perp$ 和 U_f 合并成 Grover 算子 G（在这种符号表示法中，先作用 U_f）：

$$G = U_\perp U_f$$

5. 我们将重复 k 次迭代，并对状态作用 G。我们在下面推导出迭代次数 k。得到的状态将接近于特殊状态 $|x'\rangle$：

$$G^k |+\rangle^{\otimes n} \sim |x'\rangle$$

这基本上解释了整个过程。一些人可能很容易理解。对于我们其他人来说，接下来的部分将以多种不同的方式详细解释这个过程。Grover 算法是基础性的，所以我们希望确保我们充分理解和欣赏它。

6.7.2 相位反转

我们需要学习的第一个新概念是相位反转。假设给定一个具有概率振幅 c_x 的状态 $|\psi\rangle$。

$$|\psi\rangle = \sum_x c_x |x\rangle$$

为了简化起见，让我们假设所有 c_i 都等于 $1/\sqrt{N}$（请记住，对于 n 个量子比特，$N = 2^n$）。图 6.11 展示了一个条形图，其中 x 轴列出了状态 $|x_i\rangle$ 的编号，y 轴绘制了相应概率振幅 c_i 的高度。我们可以忽略实际的数值，我们只是想阐述一个观点。

现在让我们进一步假设我们希望将其中一个输入状态视为特殊状态，对应于上述提到的元素 $|x'\rangle$。相位反转将原始状态转换为一个状态，在该状态中特殊元素 $|x'\rangle$ 的相位被取反：

$$|\psi\rangle = \sum_x c_x |x\rangle \rightarrow |\psi\rangle = \sum_{x \neq x'} c_x |x\rangle - c_{x'}|x'\rangle$$

在图 6.12 中，我们给出了状态 $|4\rangle$ 的相位取反，它应该作为我们的特殊状态 $|x'\rangle$。

为了将其与我们正在分析的函数 $f(x)$ 联系起来，我们使用相位反转来仅对特殊元素取反相位，我们可以用以下闭合形式表示：

$$|\psi\rangle = \sum_x c_x |x\rangle \ \rightarrow inv \ \ |\psi\rangle = \sum_x c_x (-1)^{f(x)} |x\rangle \tag{6.6}$$

这个过程的关键是要知道函数 f。否则，我们怎么能够实现和执行这个操作呢？有一个重要的区别：尽管实现必须知道函数，但试图重建和测量函数的观察者在经典情况下仍然需要经过 N 个步骤，而在量子情况下只需 $\sqrt{N}$ 个步骤。这仍然与在数据库中找到满足某些条件的元素不同。

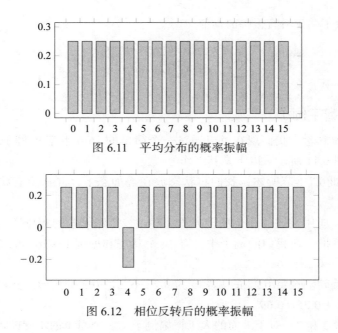

图 6.11 平均分布的概率振幅

图 6.12 相位反转后的概率振幅

6.7.3 关于均值的反转

第二个新概念是关于均值的反转。我们可以计算原始状态的概率幅度 c_x 的均值 μ。

$$\mu = (\sum_x c_x) / N$$

关于均值的反转是对每个 c_x 进行镜像处理的过程。为了实现这一点，我们需要计算每个值与均值的距离，即 $\mu - c_x$，并将其加上均值。对于高于均值的值，$\mu - c_x$ 是负数，该值将反映在均值下方。相反，对于低于均值的值，$\mu - c_x$ 是正数，该值将反映在均值上方。图 6.13（实线）显示了一个随机值集的示例。

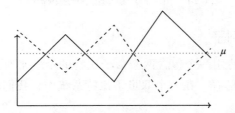

图 6.13 随机数据（实线）及其关于均值的反转（虚线）的示例

我们计算每个 c_i 的值：

$$c_i \rightarrow \mu + (\mu - c_i) = (2\mu - c_i)$$

这反映了关于均值的每个值。以图 6.13 中的例子为例，所反映的值用虚线表示。每个

振幅 c_i 都已经反映了关于所有振幅的均值。

$$c_x \to \mu + (\mu - c_x) = (2\mu - c_x)$$
$$\sum_x c_x |x\rangle \to \sum_x (2\mu - c_x)|x\rangle$$

（6.7）

6.7.4 简单的数字例子

有了这些新的概念，我们现在可以通过一个简单的 16 个状态的例子来描述 Grover 算法中的一步，如图 6.11 所示。以下是其工作方式：

1. **初始化**。如 6.7.1 节所述，我们将状态放在叠加态下，并从所有状态均等可能性开始，振幅为 $1/\sqrt{N}$。

2. **相位反转**。应用上述的相位反转方程（6.6）。特殊元素的相位变为负数，从而将所有振幅的均值向下推。在我们的例子中，有 16 个状态和振幅 $1/\sqrt{16} = 0.25$，整体均值大约被推到 (0.25 * 15 − 0.25)/16=0.22。

3. **围绕均值反转**。这将 0.25 的振幅变为 0.22+(0.22−0.25)=0.19，但将特殊元素的振幅放大到 0.22+(0.22 + 0.25)=0.69。

然后重复步骤 2 和 3。对于上面的人工振幅例子，一个简单的步骤就可以将初始状态转换为图 6.14 所示的状态。

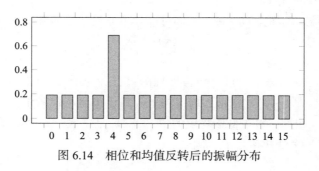

图 6.14　相位和均值反转后的振幅分布

6.7.5 双量子比特的例子

让我们这样具体化并使用一个包含两个量子比特的示例来对这个过程进行可视化。在图 6.15 中展示了一个几何解释。在一个双量子比特系统中，我们的特殊元素 x' 及其相对应的外积应为：

$$|x'\rangle = |11\rangle = \begin{bmatrix} 0 \\ 0 \\ 0 \\ 1 \end{bmatrix} \quad \text{和} \quad |x'\rangle\langle x'| = \begin{bmatrix} 0 & 0 & 0 & 0 \\ 0 & 0 & 0 & 0 \\ 0 & 0 & 0 & 0 \\ 0 & 0 & 0 & 1 \end{bmatrix}$$

解决方案 $|x'\rangle$ 对应于图 6.15 中的解空间 $|\beta\rangle$。在 6.7.1 节中的步骤 2 中，相位反转算子 U_f 变

为如下形式（注意，在下面的实现中，我们使用了一种不同的方法来获取这个算子）：

$$U_f = I - 2|x'\rangle\langle x'| = \begin{bmatrix} 1 & 0 & 0 & 0 \\ 0 & 1 & 0 & 0 \\ 0 & 0 & 1 & 0 \\ 0 & 0 & 0 & -1 \end{bmatrix}$$

我们知道如何创建一个等叠加态 $|s\rangle = |++\rangle$。态 $|x^\perp\rangle$ 与态 $|x'\rangle$ 正交，非常接近 $|s\rangle$，$|s\rangle$ 几乎与 $|x'\rangle$ 正交。

$$|s\rangle = H^{\otimes 2}|00\rangle = |++\rangle = \frac{1}{2}\begin{bmatrix} 1 \\ 1 \\ 1 \\ 1 \end{bmatrix} \quad |x^\perp\rangle = \frac{1}{\sqrt{3}}\begin{bmatrix} 1 \\ 1 \\ 1 \\ 0 \end{bmatrix}$$

请注意，$|x^\perp\rangle = |s\rangle - |x'\rangle$ 是去掉了 $|x'\rangle$ 的等叠加态 $|s\rangle$，它对应于图 6.15 中的轴 $|\alpha\rangle$。图中的态 $|\psi\rangle$ 对应于初始状态 $|s\rangle$。很容易看出，应用算子 U_f 可以反转 $|s\rangle$ 中 $|x'\rangle$ 分量的相位：

$$U_f|s\rangle = \frac{1}{2}\begin{bmatrix} 1 \\ 1 \\ 1 \\ -1 \end{bmatrix}$$

在图 6.15 中，这对应着态 $|\psi\rangle$（也就是我们的 $|s\rangle$）关于 α 轴的反射。根据 6.7.1 节步骤 3 中定义的关于均值的反转算子 $U_\perp$，其表示为：

$$U_\perp = 2(|+\rangle\langle+|)^{\otimes 2} - I^{\otimes 2}$$
$$= 2|s\rangle\langle s| - I^{\otimes 2}$$

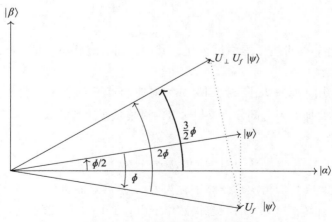

图 6.15　Grover 旋转的几何诠释

算子 $U_\perp$ 将 $U_f|\psi\rangle$ 关于初始状态 $|s\rangle$ 反射到新的态 $U_\perp U_f|\psi\rangle=|11\rangle$ 中。对于我们的例子，只需进行一次迭代就可以将态 $|s\rangle$ 移动到 $|x'\rangle$。在代码中表示为：

```
x = state.bitstring(1, 1)
s = ops.Hadamard(2)(state.bitstring(0, 0))

Uf = ops.Operator(ops.Identity(2) - 2 * x.density())
Ub = ops.Operator(2 * s.density() - ops.Identity(2))
(Ub @ Uf)(s).dump()
>>
|11> (|3>):  ampl: +1.00+0.00j prob: 1.00 Phase:   0.0
```

迭代次数为 1 与式（6.11）相符，接下来我们将推导该式。

6.7.6　迭代次数

我们应该执行多少次迭代 k？我们怎么知道什么时候停下来？我们需要 k 次迭代，其中：

$$k = \frac{\pi}{4}\sqrt{N}$$

我们如何得出这个数字呢？首先，我们定义两个子空间：不包含解决方案的所有状态空间和特殊状态空间。请注意，在实现中，我们只搜索一个特殊元素 $|x'\rangle$，但在这里我们将这个推导推广到在 N 个元素的总体中搜索 M 个解。

$$|\alpha\rangle = \frac{1}{\sqrt{N-M}}\sum_x |x\rangle$$

$$|\beta\rangle = \frac{1}{\sqrt{M}}\sum_{x'} |x'\rangle$$

我们可以将整个状态定义为这两个子空间的组合：

$$|\psi\rangle = \sqrt{\frac{N-M}{N}}|\alpha\rangle + \sqrt{\frac{M}{N}}|\beta\rangle \tag{6.8}$$

我们可以将这个空间在二维中可视化，其中 x 轴对应状态空间 $|\alpha\rangle$，y 轴对应解空间 $|\beta\rangle$，如图 6.15 所示。

相位反转的应用（如前所述，我们称其为对应的算子 U_f）反映关于 $|\alpha\rangle$ 的状态。实质上，这就是取反了叠加的第二部分，类似于 Z 门对单量子比特的效应，其中 a 和 b 是子空间 α 和 β 的概率振幅：

$$U_f(a|\alpha\rangle + b|\beta\rangle) = a|\alpha\rangle - b|\beta\rangle$$

先围绕均值反转（我们再次将此算子称为 $U_\perp$）然后对向量 $|\psi\rangle$ 进行另一个反射。这两次反射相当于一个旋转，这意味着状态仍然位于由 $|\alpha\rangle$ 和 $|\beta\rangle$ 张成的空间中。此外，状态会逐渐向解空间 $|\beta\rangle$ 旋转。我们在上面的式（6.8）中已经看到：

$$|\psi\rangle = \sqrt{\frac{N-M}{N}}|\alpha\rangle + \sqrt{\frac{M}{N}}|\beta\rangle$$

我们可以利用简单的三角法将状态向量进行几何定位。我们定义 $|\psi\rangle$ 和 $|\alpha\rangle$ 之间的初始角度为 $\phi/2$。式（6.9）是重要的，我们将在 6.9 节的量子计数中使用它：

$$\cos\left(\frac{\phi}{2}\right) = \sqrt{\frac{N-M}{N}}$$

$$\sin\left(\frac{\phi}{2}\right) = \sqrt{\frac{M}{N}} \tag{6.9}$$

$$|\psi\rangle = \cos\left(\frac{\phi}{2}\right)|\alpha\rangle + \sin\left(\frac{\phi}{2}\right)|\beta\rangle$$

从图 6.16 中，我们可以看到在相位反转和围绕均值反转之后，状态向 $|\beta\rangle$ 方向旋转了 ϕ 角度。$|\alpha\rangle$ 和 $|\psi\rangle$ 之间的角度现在为 $3\phi/2$。我们称这个组合算子为 Grover 算子 $G = U_\perp U_f$：

$$G|\psi\rangle = \cos\left(\frac{3\phi}{2}\right)|\alpha\rangle + \sin\left(\frac{3\phi}{2}\right)|\beta\rangle$$

从这一点中，我们可以看到反复作用 Grover 算子 G 将状态转换为：

$$G^k|\psi\rangle = \cos\left(\frac{2k+1}{2}\phi\right)|\alpha\rangle + \sin\left(\frac{2k+1}{2}\phi\right)|\beta\rangle$$

为了最大化测量 $|\beta\rangle$ 的概率，$\sin\left(\frac{2k+1}{2}\phi\right)$ 这个术语应尽可能接近 1.0。对这个表达式取反正弦可以得到：

$$\sin\left(\frac{2k+1}{2}\phi\right) = 1$$

$$\frac{2k+1}{2}\phi = \pi/2$$

$$k = \frac{\pi}{2\phi} - \frac{1}{2} = \frac{\pi}{4\frac{\phi}{2}} - \frac{1}{2} \tag{6.10}$$

请注意，迭代次数必须是一个整数，所以我们现在面临的问题是如何处理 $-1/2$。我们可以忽略它，用它来向上舍入，或者向下舍入。在我们的实现中，我们选择忽略它。对于我们下面的例子，找到解的概率大约为 40% 或更高，这个项没有影响。

现在让我们解 k 的值。根据式（6.9），我们知道：

$$\sin\left(\frac{\phi}{2}\right) = \sqrt{\frac{M}{N}}$$

我们使用近似公式，即对于小角度，$\sin(x) \approx x$。将 $\frac{\phi}{2} = \sqrt{M/N}$ 和 $M=1$ 代入式（6.10）

中，我们得到迭代次数 k 的最终结果：

$$k = \frac{\pi}{4}\sqrt{\frac{N}{M}} = \frac{\pi}{4}\sqrt{N} \qquad (6.11)$$

6.7.7 相位反转的实现

我们将介绍三种实现相位反转的不同策略。第一种策略，即我们已经了解了的数学方式，它仅计算算子 $U_f = I - 2|x'\rangle\langle x'|$。但是我们如何构建一个实际的电路呢？第二种策略将使用一个 oracle 算子，我们认为可以将其实现为一个电路（我们还想再次展示 oracle 算子的实用性）。第三种策略，我们为相位反转开发一个实际的量子电路。

我们的第二种实现策略使用了一个我们之前见过的机制：oracle 算子！ oracle 结构类似于 Deutsch-Jozsa oracle——输入是一个完整的寄存器（初始状态为 $|0\rangle$），然后是等量的叠加）状态。

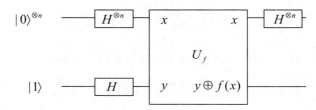

需要注意的是，底部的辅助量子比特被初始化为 $|1\rangle$。Hadamard 门将其转变为状态 $|-\rangle$。这一点很重要，因为它意味着输入态会被 U_f 转换为所期望的状态：

$$|\psi\rangle = \sum_x c_x |x_i\rangle \quad \rightarrow inv \quad |\psi\rangle = \sum_x c_x (-1)^{f(x)} |x\rangle$$

怎么说？状态 $|-\rangle$ 是

$$|-\rangle = \frac{|0\rangle - |1\rangle}{\sqrt{2}}$$

由于我们使用的是一个 oracle，所有输入值都是并行计算的。如果 $f(x) = 0$，则状态 $|-\rangle$ 的底部量子比特与 0 进行异或运算，这意味着量子比特的状态保持不变：

$$|-\rangle \rightarrow |-\rangle$$

如果 $f(x) = 1$，则状态 $|-\rangle$ 的底部量子比特与 1 进行异或运算，这意味着状态变为：

$$\frac{|1\rangle - |0\rangle}{\sqrt{2}}$$

这意味着它有一个相位：

$$|-\rangle \rightarrow -|-\rangle$$

对于辅助量子比特，现在的输出是：

$$(-1)^{f(x)}|-\rangle$$

输入比特加上辅助量子比特的组合变为：

$$\sum_x c_x|x\rangle(-1)^{f(x)}|-\rangle$$

我们可以稍微重新排列一下术语，忽略辅助量子比特，就能得到我们想要的确切形式：

$$|\psi\rangle = \sum_x c_x(-1)^{f(x)}|x\rangle$$

6.7.8 相位反转算子

我们将相位反转算子构造为一个巨型矩阵，但在更多量子比特的情况下效率不高。以下是一种更高效的构造方法，使用多重受控 X 门。要求使用 $n-2$ 个辅助量子比特，但性能更高，详见 3.2.8 节。我们正试图计算一个酉算子 U，满足以下条件：

$$U_f|x\rangle|y\rangle = |x\rangle|y \oplus f(x)\rangle \quad \text{其中} \begin{cases} f(x)=0 \ \forall x \neq x', \\ f(x)=1 \ \ x=x' \end{cases}$$

我们只希望将 XOR 作用于特殊状态 $|x'\rangle$，对于这个状态，$f(x)=1$。这意味着我们可以像图 6.16 所示的那样进行多重控制，确保所有的控制位都是 $|1\rangle$。

6.7.9 关于均值的反转的实现

再次强调，关于均值的反转是下述过程：

$$\sum_x c_x|x\rangle \rightarrow \sum_x (2\mu - c_x)|x\rangle$$
$$|x'\rangle = |11010\rangle$$

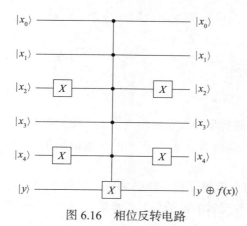

图 6.16 相位反转电路

以矩阵形式表示，我们可以通过将状态向量乘以一个每个元素都为 $2/N$ 的矩阵来完成这一操作，除了对角线元素为 $2/N-1$。请注意，该矩阵是接下来几段推导的期望结果。它代表了这个表达式，正如本节介绍中所示：

$$U_\perp = 2(|+\rangle\langle+|)^{\otimes n} - I^{\otimes n} \qquad (6.12)$$

这个矩阵也被称为扩散算子，因为它的形式类似于扩散方程的离散版本，但我们可以忽略这个有趣的事实。这就是我们希望构建的算子：

$$U_\perp = \begin{pmatrix} 2/N-1 & 2/N & \cdots & 2/N \\ 2/N & 2/N-1 & \cdots & 2/N \\ \vdots & \vdots & & \vdots \\ 2/N & 2/N & \cdots & 2/N-1 \end{pmatrix} \qquad (6.13)$$

为什么我们要寻找这个特定的算子？记住式（6.10）。我们想要构造一个能执行这个转换的算子。

$$\sum_x c_x |x\rangle \to \sum_x (2\mu - c_x)|x\rangle$$

为什么这个方法有效？每一行都是将每个状态向量元素乘以 $2/N$，然后再减去对角线上对应的元素。这正是式（6.12）中所示的闭合形式求逆过程的精确定义。

$$\begin{pmatrix} 2/N-1 & 2/N & \cdots & 2/N \\ 2/N & 2/N-1 & \cdots & 2/N \\ \vdots & \vdots & & \vdots \\ 2/N & 2/N & \cdots & 2/N-1 \end{pmatrix} \begin{pmatrix} c_0 \\ c_1 \\ \vdots \\ c_{n-1} \end{pmatrix}$$

$$= \begin{pmatrix} (2c_0/N + 2c_1/N + \cdots + 2c_{n-1}/N) - c_0 \\ (2c_0/N + 2c_1/N + \cdots + 2c_{n-1}/N) - c_1 \\ \vdots \\ (2c_0/N + 2c_1/N + \cdots + 2c_{n-1}/N) - c_{n-1} \end{pmatrix}$$

$$= \begin{pmatrix} 2\mu - c_0 \\ 2\mu - c_1 \\ \vdots \\ 2\mu - c_{n-1} \end{pmatrix}$$

我们如何根据我们目前所学的内容得出这个矩阵呢？我们已经看到了以上的几何解释，即我们可以把关于均值的反转看作关于一个子空间的反射。因此，可能的推导包括三个步骤：

1. 理想情况下，我们会希望以相等的叠加方式围绕空间旋转，即 $|++\cdots+\rangle$。但是在这个基础上构造一个进行这种反射的算子是很困难的。因此，我们使用 Hadamard 门来进入计算基并在那里构造反射。

2. 从 Hadamard 基出来，$|++\cdots+\rangle$ 变成了 $|00\cdots0\rangle$。显然，对于 $|00\cdots0\rangle$ 进行反射是很自然的。我们可以选择另一个状态进行反射，只要那个状态仍然几乎正交于 α 子空间，但对于状态 $|00\cdots0\rangle$，反转算子有一个优雅的构造（我们在 6.7.10 节中展示）。

3. 用 Hadamard 门将基转换回 X 基。

这三个步骤定义了图 6.17 中显示的电路。对于步骤 1 和 3，只需作用 Hadamard 算子，因为在相位反转之前我们处于 Hadamard 基下。

对于步骤 2，我们希望保持状态 $|00\cdots0\rangle$ 不变，但是反射所有其他状态。如果我们考虑状态在二进制中的表示以及矩阵 – 向量乘法的工作原理，我们可以通过构建矩阵 W 来实现这一点，该矩阵很容易导出。

$$
W = \begin{pmatrix} 1 & & & \\ & -1 & & \\ & & \ddots & \\ & & & -1 \end{pmatrix}
$$

$$
= 2(P_{|0\rangle})^{\otimes n} - I^{\otimes n} = \begin{pmatrix} 2 & & & \\ & 0 & & \\ & & \ddots & \\ & & & 0 \end{pmatrix} - \begin{pmatrix} 1 & & & \\ & 1 & & \\ & & \ddots & \\ & & & 1 \end{pmatrix}
$$

同样，我们可以选择任何状态作为要反映的轴，但是在选择状态 $|00\cdots0\rangle$ 时，数学计算是优雅而简单的。这将在下面的推导中变得更加清楚。

只有状态向量中的第一个比特保持不变，而第一个比特对应着状态 $|00\cdots0\rangle$。请记住，该状态的状态向量全是 0，除了第一个元素为 1。因此，所有其他状态都被取反。综合起来，我们想要计算以下内容：

$$
H^{\otimes n} W H^{\otimes n} = H^{\otimes n} \begin{pmatrix} 1 & & & \\ & -1 & & \\ & & \ddots & \\ & & & -1 \end{pmatrix} H^{\otimes n}
$$

$$
= H^{\otimes n} \left[\begin{pmatrix} 2 & & & \\ & 0 & & \\ & & \ddots & \\ & & & 0 \end{pmatrix} - I \right] H^{\otimes n}
$$

$$
= H^{\otimes n} \begin{pmatrix} 2 & & & \\ & 0 & & \\ & & \ddots & \\ & & & 0 \end{pmatrix} H^{\otimes n} - H^{\otimes n} I \, H^{\otimes n}
$$

由于 Hadamard 算子是自反的，第二项简化为单位矩阵 I。左乘和右乘 Hadamard 门：

$$= \begin{pmatrix} 2/\sqrt{N} & 0 & \cdots & 0 \\ 2/\sqrt{N} & 0 & \cdots & 0 \\ \vdots & \vdots & & \vdots \\ 2/\sqrt{N} & 0 & \cdots & 0 \end{pmatrix} H^{\otimes n} - I$$

$$= \begin{pmatrix} 2/N & 2/N & \cdots & 2/N \\ 2/N & 2/N & \cdots & 2/N \\ \vdots & \vdots & & \vdots \\ 2/N & 2/N & \cdots & 2/N \end{pmatrix} - I$$

最后，将单位矩阵 I 从中减去，得到一个所有元素为 $2/N$ 的矩阵，除了对角线上的元素为 $2/N-1$：

$$U_\perp = \begin{pmatrix} 2/N-1 & 2/N & \cdots & 2/N \\ 2/N & 2/N-1 & \cdots & 2/N \\ \vdots & \vdots & & \vdots \\ 2/N & 2/N & \cdots & 2/N-1 \end{pmatrix} \tag{6.14}$$

这就是我们一直在寻找的矩阵 $U_\perp$。将这个矩阵作用到一个状态上，会将每个元素 c_x 转换成 $2\mu - c_x$，这正是我们希望通过均值反转程序实现的效果，如式（6.9）所示！

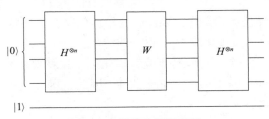

图 6.17　均值电路的反转

6.7.10　关于均值反转的算子

作为第三种实施策略，我们可以使用类似于相位反转算子（Mermin，2007）的推理来构建一个关于均值的量子电路。

构建均值反转算子的主要"技巧"是意识到振幅放大的旋转方向并不重要，它可以是负的或者正的。这意味着我们不再构建之前的 $W = 2(P_{|0\rangle})^{\otimes n} - I^{\otimes n}$，而是构建：

$$W' = I^{\otimes n} - 2(P_{|0\rangle})^{\otimes n} = I^{\otimes n} - 2|00\cdots0\rangle\langle00\cdots0|$$

不是为了预示下面的实施，但我们可以通过更改 src/grover.py 中的这行代码来进行验证。

```
<<
    reflection = op_zero * 2.0 - ops.Identity(nbits)
>>
    reflection = ops.Identity(nbits) - op_zero * 2.0
```

我们想要构建一个门，保持每个状态都不变，除了 $|00\cdots0\rangle$，它应该被相位取反。一个 Z 门可以帮助我们实现这一目标。因为 Z 门必须被控制只作用于 $|00\cdots0\rangle$，我们预期所有的输入都是 $|0\rangle$。因此，为了控制 Z 门，我们将其夹在 X 门之间（从式（6.13）的构造中省略了左右 Hadamard 门），如图 6.18 所示。

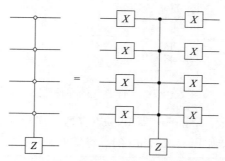

图 6.18 关于均值的反转电路（省略了作用于所有量子比特之前及之后的 Hadamard 门）

因此，对于式（6.13）中的大反转算子 $U_\perp$，图 6.18 中的电路对应于下面的闭合形式，得到 $-U_\perp$：

$$H^{\otimes n} X^{\otimes n} (CZ)^{n-1} X^{\otimes n} H^{\otimes n} = -U_\perp$$

6.7.11 Grover 算法的实现

现在让我们将所有的部分放在一起（源代码可以在文件 src/grover.py 中找到）。完整的 Grover 迭代电路如图 6.19 所示。在代码中，我们首先定义要分析的函数 f。make_f 函数创建一个全为 0 的数组，除了一个特殊的元素设置为 1，对应于 $|x'\rangle$。其次，该函数还创建了一个函数对象 func，将其参数（地址位序列）转换为十进制索引，并返回该索引处的数组值。最后，该函数作为可调用的函数对象返回：

```
def make_f(d: int = 3):
  """Construct function that will return 1 for only one bitstring."""

  num_inputs = 2**d
  answers = np.zeros(num_inputs, dtype=np.int32)
  answer_true = np.random.randint(0, num_inputs)

  bit_string = format(answer_true, '0{}b'.format(d))
  answers[answer_true] = 1

  def func(*bits):
    return answers[helper.bits2val(*bits)]

  return func
```

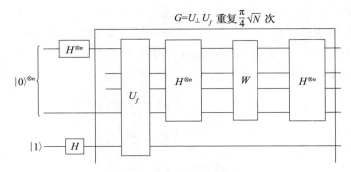

图 6.19 Grover 迭代的完整电路

电路的初始状态是一个具有量子比特 $|0\rangle$ 的寄存器，还有一个附加的辅助量子比特处于状态 $|1\rangle$。对所有的量子比特作用 Hadamard 门，将辅助量子比特置于状态 $|-\rangle$。

```
# State initialization:
psi = state.zeros(nbits) * state.ones(1)
for i in range(nbits + 1):
  psi.apply(ops.Hadamard(), i)
```

为了实现相位反转，我们使用上面创建的函数对象生成一个 oracle。为了创建这个 oracle 本身，我们使用了可靠的 OracleUf 算子，并将函数对象传递给它。需要注意的是，以这种方式使用 oracle 很慢，因为它使用了完整的矩阵实现。当然，任何给定的算子都可以用量子门实现，但这可能会变得烦琐。幸运的是，对于我们来说，这在这里不是问题，因为我们在图 6.18 中展示了优雅的相位反转算子的情况。

```
# Make f and uf. Note:
# We reserve space for an ancilla 'y', which is unused in
# Grover's algorithm. This allows reuse of the Deutsch Uf builder.
#
# We use the Oracle construction for convenience. It is rather
# slow (full matrix) for larger qubit counts. One can construct
# a 'regular' function for the Grover search algorithm, but this
# function is different for each bitstring and that quickly gets
# confusing.
#
f = make_f(nbits)
uf = ops.OracleUf(nbits+1, f)
```

现在是均值反转。我们首先构造一个全 0 矩阵，其中只有一个元素 (0,0) 的值为 1.0。这相当于构建一个 nbits 维的 $|0\rangle\langle0|$ 投影仪。

```
# A projector of all |00...0><0...00| is an all-0 matrix
# with just element (0, 0) set to 1:
#
zero_projector = np.zeros((2**nbits, 2**nbits))
zero_projector[0, 0] = 1
op_zero = ops.Operator(zero_projector)
```

使用这个,我们构建了一个 $2|00\cdots0\rangle\langle00\cdots0|-I^{\otimes n}$ 的反射矩阵。

```
reflection = op_zero * 2.0 - ops.Identity(nbits)
```

完整的反转算子 $U_\perp$ 由包围反射矩阵 W 的 Hadamard 门组成。然后,我们添加了一个单位门来解释之前为了相位反转 oracle 而添加的辅助量子比特。最后,我们构建了完整的 Grover 算子 G =grover 作为均值反转 inversion 与相位反转算子 uf 的组合。

```
# Build Grover operator, note Identity() for the ancilla.
# The Grover operator is the combination of:
#    - phase inversion via the uf unitary operator
#    - inversion about the mean (see matrix above)
#
hn = ops.Hadamard(nbits)
reflection = op_zero * 2.0 - ops.Identity(nbits)
inversion = hn(reflection(hn)) * ops.Identity()
grover = inversion(uf)
```

我们根据上面讨论的状态的大小来计算所需的次数(见式(6.10)):

```
iterations = int(math.pi / 4 * math.sqrt(2**nbits))

for _ in range(iterations):
  psi = grover(psi)
```

为了检查我们是否计算出了正确的结果,我们通过窥视法进行测量,并将状态与最高概率的期望输出进行比较。

```
# Measurement - pick element with highest probability.
#
# Note: We constructed the oracle with n+1 qubits, to allow
# for the 'XOR-ancilla'. To check the result, we need to

# ignore this ancilla.
#
maxbits, maxprob = psi.maxprob()
result = f(maxbits[:-1])
print('Got f({}) = {}, want: 1, #: {:2d}, p: {:6.4f}'
      .format(maxbits[:-1], result, solutions, maxprob))
if result != 1:
  raise AssertionError('Something went wrong, invalid state.')
```

尝试几种比特宽度的实验:

```
def main(argv):
  [...]

  for nbits in range(3, 8):
    run_experiment(nbits)
```

应该会产生这样的结果:

```
Got f((1, 0, 1)) = 1, want: 1, #:  1, p: 0.3906
Got f((1, 0, 1, 1)) = 1, want: 1, #:  1, p: 0.4542
```

```
Got f((1, 0, 1, 0, 0)) = 1, want: 1, #:  1, p: 0.4485
Got f((1, 0, 0, 1, 1, 1)) = 1, want: 1, #:  1, p: 0.4818
Got f((0, 1, 0, 1, 0, 0, 0)) = 1, want: 1, #:  1, p: 0.4710
```

6.8　振幅放大

我们应该如何修改 Grover 算法以考虑多个解？我们需要调整相位反转、关于均值的反转和迭代次数。

针对多个解的相位反转很容易实现。我们修改函数 make_f，并给它一个参数 solutions 来指示要标记多少个解。我们还要在代码中传递这个参数（这里没有显示，但在开源存储库中可用）。

```python
def make_f(d: int = 3, solutions: int = 1):
  """Construct function that will return 1 for 'solutions' bits."""

  num_inputs = 2**d
  answers = np.zeros(num_inputs, dtype=np.int32)
  for i in range(solutions):
    idx = random.randint(0, num_inputs - 1)

    # Avoid collisions.
    while answers[idx] == 1:
      idx = random.randint(0, num_inputs - 1)
    # Found proper index. Populate 'answers' array.
    answers[idx] = 1

  # The actual function just returns an array elements.
  # pylint: disable=no-value-for-parameter
  def func(*bits):
    return answers[helper.bits2val(*bits)]

  # Return the function we just made.
  return func
```

在我们对 Grover 算法的推导中，我们已经得出了适当的迭代次数，其表示为方程（6.11）中的：

$$k = \frac{\pi}{4}\sqrt{\frac{N}{M}}$$

我们在那里假设了 $M = 1$（6.7.6 节）。为了考虑到多个解，我们必须调整迭代次数的计算，并且除以 M，它是代码中的参数 solutions：

```python
iterations = int(math.pi / 4 * math.sqrt(2**nbits / solutions))
```

我们在主驱动程序代码中添加一个测试序列，以检查是否可以找到任何解，以及最大概率是多少。为了获得良好的性能，我们将量子比特的数量固定为 8，并逐渐将解的数量从 1 增加到 32：

```
for solutions in range(1, 33):
    run_experiment(8, solutions)
```

如果我们输出具有非零概率的状态的数量，我们发现它们的概率都是相同的，并且具有非零概率的状态的数量是解的数量的两倍！这是我们的 oracle 构建和与辅助量子比特纠缠的产物。我们应该得到如下输出：

```
Got f((1, 1, 0, 0, 1, 0, 0, 0)) = 1, want: 1, solutions:  1, found 1
↪  with P: 0.4913
Got f((1, 0, 1, 1, 1, 1, 0, 1)) = 1, want: 1, solutions:  2, found 1
↪  with P: 0.2355
Got f((1, 1, 1, 0, 0, 1, 1, 0)) = 1, want: 1, solutions:  3, found 1
↪  with P: 0.1624
Got f((0, 0, 1, 0, 0, 0, 1, 0)) = 1, want: 1, solutions:  4, found 1
↪  with P: 0.1204
Got f((0, 0, 1, 1, 1, 1, 1, 1)) = 1, want: 1, solutions:  5, found 1
↪  with P: 0.0908
Got f((1, 1, 1, 0, 1, 1, 1, 1)) = 1, want: 1, solutions:  6, found 1
↪  with P: 0.0804
```

请注意概率是如何迅速下降的。我们可以通过图 6.20 可视化这一点。在横轴上，我们有解的数量范围从 5 到 64。在纵轴上，我们忽略了前几个概率较高的情况，并设置了最大概率为 0.1。我们可以看到概率是如何迅速下降的，并在解的总数超过 40 之后下降到 0。

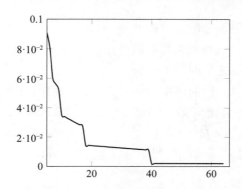

图 6.20 当解的总数在 128 个元素的状态空间中从 5 增加到 64 时，找到解的概率

如果有更多的解，甚至可能占据了大部分状态空间，该怎么办呢？为了回答这个问题，Brassard 等人（2002 年）将 Grover 算法推广为量子振幅放大（Quantum Amplitude Amplification，QAA）。

Grover 算法预期只有一个特殊元素，并通过将算法 $A = H^{\otimes n}$ 作用于输入来等概率初始化搜索过程（请注意这里术语"算法"的不寻常用法）。但是，我们可能已经对系统的状态有先验知识，可以通过不同的方式准备状态。QAA 支持使用任何算法 A 来初始化输入，并将 Grover 迭代更改为更一般的形式：

$$Q = AWA^{-1}U_f$$

算子 U_f 是多解的相位反转算子，而 W 是 Grover 算法中我们看到的关于均值矩阵的反转算子。改变的是迭代次数 k 的推导，已经被证明与找到解的概率 $p$good 成正比（Kaye et al.，2007），即 M/N（在 Grover 算法的情况下，$M=1$）。

$$k = \sqrt{\frac{1}{p\text{good}}}$$

让我们看看概率在新的和改进的迭代次数下如何提高。作为一个实验⊖，我们保持 $A = H^{\otimes n}$，并计算新的迭代次数如下，其中我们现在除以 solution 的数量来反映找到解的概率。

```
iterations = int(math.sqrt(2**nbits / solutions))
```

图 6.21 显示了两次迭代的概率，其中粗黑线表示新的迭代次数得到的概率。我们看到，情况明显改善，但在超过 64 个解时，概率仍然下降到 0。由于附加纠缠，我们有解的两倍的非零概率状态。一旦我们达到空间的一半大小，概率就会降到 0。解决这个问题的一个简单方法就是再加一个量子比特。这个额外的量子比特将使状态空间的大小加倍，并消除这个问题。

振幅放大技术需要对好的解的数量以及它们的概率分布有所了解。一种称为振幅估计的通用技术可以帮助解决这个问题（Kaye et al.，2007）。在下一节中，我们详细介绍振幅估计的特殊情况，即量子计数，量子计数假设搜索空间与算法 $A = H^{\otimes n}$（类似于 Grover 算法）处于等叠加态。

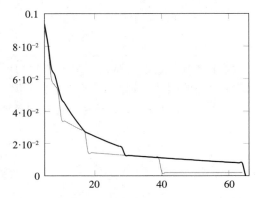

图 6.21 在有 128 个元素的状态空间中，用振幅放大算法在 64 个解中找到 1 个解的概率:(粗黑线) 振幅放大算法和（浅灰线）Grover 搜索算法

6.9 量子计数

量子计数是对我们先前用 Grover 算法和振幅放大解决的搜索问题的有趣拓展。它以有趣的方式将这些搜索算法与相位估计结合起来，解决了在一个由 N 个元素组成的总体中不知道有多少解 M 存在的问题。正如我们在前一部分中所看到的，振幅放大需要知道 M 的信息来确定正确的迭代次数。量子计数是振幅估计的一种特殊情况，旨在估计这个数目 M。因为它期望在搜索空间中具有等叠加态，类似于 Grover 算法的 $A = H^{\otimes n}$，我们可以在下面

⊖ 不是开源的，但可以通过修改文件 grover.py 轻松获得。

的代码中重新使用很多 Grover 的实现。

如同 Grover 算法一样，我们将状态空间分为一个没有解的空间 $|\alpha\rangle$ 和一个只有解的空间 $|\beta\rangle$。

$$|\psi\rangle = \sqrt{\frac{N-M}{N}}|\alpha\rangle + \sqrt{\frac{M}{N}}|\beta\rangle$$

作用 Grover 算子相当于沿着解空间向量 $|\beta\rangle$ 进行角度为 ϕ 的旋转。你可以参考图 6.15 以几何方式说明这个过程。由于这是一个逆时针旋转，我们将 Grover 算子表示为一个标准的旋转矩阵：

$$G(\phi) = \begin{pmatrix} \cos\phi & -\sin\phi \\ \sin\phi & \cos\phi \end{pmatrix}$$

旋转矩阵是具有以下特征值的酉矩阵：

$$\lambda_{0,1} = e^{\pm i\phi}$$

在分析 Grover 算法的过程中，我们还了解到，这里重复的等式（6.9）成立，其中 N 是元素的个数，M 是解的个数：

$$\sin\left(\frac{\phi}{2}\right) = \sqrt{\frac{M}{N}}$$

如果我们找到了 ϕ，我们就可以估计 M，因为我们已经知道 N。我们还知道，我们可以使用相位估计器来找到 ϕ。为了这个，我们按照图 6.22 所示搭建电路。

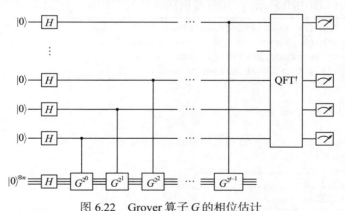

图 6.22　Grover 算子 G 的相位估计

让我们将这个电路翻译成代码（实现在文件 src/counting.py 中）。首先我们定义一个函数，如果有解则返回 1，否则返回 0。这个函数和我们在 6.8 节中为振幅放大开发的函数是一样的：

```
def make_f(d: int = 3, solutions: int = 1) -> Callable:
    """Construct function that will return 1 for 'solutions' bits."""
    [...]
```

接下来，我们按照 6.7 节 Grover 算法中的方法构建相位反转算子。参数 nbits_phase 指定用于相位估计的量子比特的数量，参数 nbits_grover 指定用于 Grover 算子本身的量子比特数量。由于此代码采用了完整的矩阵实现，我们只能使用有限数量的量子比特。然而，我们使用于相位估计的量子比特越多，结果的数值精度也将越高。

```
def run_experiment(nbits_phase: int, nbits_grover: int,
                   solutions: int) -> None:
    """Run full experiment for a given number of solutions."""

    # Building the Grover operator.
    # A projector of all |00...0><0...00| is an all-0 matrix
    # with just element (1, 1) set to 1:
    #
    n = 2**nbits_grover
    zero_projector = np.zeros((n, n))
    zero_projector[0, 0] = 1
    op_zero = ops.Operator(zero_projector)

    # Construct function (with f(x*) = 1) and corresponding oracle:
    #
    f = make_f(nbits_grover, solutions)
    u = ops.OracleUf(nbits_grover + 1, f)
```

我们按照图 6.22 构建电路。请注意，Grover 算子需要一个辅助量子比特 |1⟩，我们需要将其添加到状态中（图中未显示）。我们对包括辅助量子比特在内的输入作用 Hadamard：

```
    # The state for the counting algorithm.
    # We reserve nbits_phase for the phase estimation.
    # We also reserve nbits_grover for the Oracle.
    # These numbers could be adjusted to achieve better
    # accuracy.
    #
    # We also add the |1> for the Oracle.
    #
    psi = (state.zeros(nbits_phase) * state.zeros(nbits_grover)
           * state.ones(1))
    # Apply Hadamard to all the qubits.
    for i in range(nbits_phase + nbits_grover + 1):
      psi.apply(ops.Hadamard(), i)
```

我们接下来构造 Grover 算子。这与之前介绍 Grover 算法的部分非常相似。

```
    # Construct the Grover operator.
    reflection = op_zero * 2.0 - ops.Identity(nbits_grover)
    hn = ops.Hadamard(nbits_grover)
    inversion = hn(reflection(hn)) * ops.Identity()
    grover = inversion(u)
```

我们在此之后采取指数门的序列，然后进行最终的逆傅里叶变换。

```
# Now that we have the Grover operator, we have to perform
# phase estimation. This loop is a copy from phase_estimation.py
# with more comments there.
#
for idx, inv in enumerate(range(nbits_phase - 1, -1, -1)):
  u2 = grover
  for _ in range(idx):
    u2 = u2(u2)
  psi = ops.ControlledU(inv, nbits_phase, u2)(psi, inv)

# Reverse QFT gives us the phase as a fraction of 2*pi.
psi = ops.Qft(nbits_phase).adjoint()(psi)
```

这样可以完成电路。我们测量并找出具有最高概率的状态。我们从二进制分数中重构相位，然后使用式（6.9）来估计 M。

```
# Get the state with highest probability and compute the phase
# as a binary fraction. Note that the probability decreases
# as M, the number of solutions, gets closer and closer to N,
# the total number of states.
maxbits, maxprob = psi.maxprob()
phi_estimate = (sum(maxbits[i] * 2**(-i - 1)
                    for i in range(nbits_phase)))

# We know that after phase estimation, this holds:
#
#     sin(phi/2) = sqrt(M/N)
#             M = N * sin(phi/2)^2
#
# Hence we can compute M. We keep the result to 2 digit to visualize
# the errors. Note that the phi_estimate is a fraction of 2*pi, hence
# the 1/2 in above formula cancels out against the 2 and we compute:
M = round(n * math.sin(phi_estimate * math.pi)**2, 2)

print('Estimate: {:.4f} prob: {:5.2f}% --> M: {:5.2f}, want: {:2d}'
      .format(phi_estimate, maxprob * 100.0, M, solutions))
```

让我们用 7 个量子比特进行相位估计的实验，用 5 个量子比特进行 Grover 算子的实验。在每个实验中，我们将 M 增加 1。对于 $N=64$，我们让 M 的范围从 1 到 10：

```
def main(argv):
  [...]
  for solutions in range(1, 11):
    run_experiment(7, 5, solutions)
```

运行这段代码应该会产生以下类似的输出。我们可以看到我们的估计值是"在正确范围内"的，并且会四舍五入到正确的解决方案。随着 M 的值越高，解决方案的概率也显著降低。用所有这些参数进行实验是有指导意义的。

```
Estimate: 0.0547 prob: 10.05% --> M:  0.94, want:  1
Estimate: 0.0781 prob:  4.56% --> M:  1.89, want:  2
Estimate: 0.8984 prob:  2.85% --> M:  3.15, want:  3
Estimate: 0.8828 prob:  2.36% --> M:  4.14, want:  4
[...]
Estimate: 0.8203 prob:  1.16% --> M:  9.16, want:  9
Estimate: 0.1875 prob:  1.13% --> M:  9.88, want: 10
```

6.10　量子随机游走

一个经典的随机游走描述了一个在给定拓扑结构上的随机运动过程，例如在数轴上随机向左或向右移动，或在二维网格上向左 / 向右和向上 / 向下移动，或沿着图的边缘移动。随机游走似乎能准确地模拟出各种领域的真实现象，如物理学、化学、经济学和社会学。在计算机科学中随机游走被有效地应用于随机算法，例如用于确定图中顶点的连通性。其中一些算法比之前已知的非随机算法具有更低的计算复杂度。

随机游走有着迷人的特性。例如，假设两个随机步行者在二维网格上开始他们的旅程。他们是否会在未来再次相遇，如果会，频率如何？答案是肯定的，且频率是无限的。

量子随机游走是经典随机游走的量子等形式（Kempe，2003）。某些问题比如 Childs 等人开发的粘连树算法（Childs et al.，2003，2009），不能在经典计算机上精确计算。这正是对量子随机游走的巨大兴趣所在：一些这类难题在量子计算机上变得可解。在本节中，我们会涉及一些基础原理，比如概率如何在拓扑结构中传播。

6.10.1　一维游走

让我们首先考虑在数轴上进行的经典一维游走。每一步都会通过抛硬币决定是向左还是向右移动。经过多次移动后，最终位置的概率分布将呈现出经典的钟形曲线，最高概率会聚集在起始地点附近。图 6.23 显示了一次简单实验的结果[⊖]，这个实验可以在开源资源库的 tools/random_walk.py 中找到。

等效的量子游走方式与抛硬币和移动类似。由于这是量子的，我们利用叠加效应同时在两个方向上移动。简而言之，量子随机游走是重复作用算子 $U=CM$，其中 C 是抛硬币的结果，M 是移动算子。

我们可以想到最简单的抛硬币算子就是一个 Hadamard 门。在这种情况下，硬币被称为 Hadamard 硬币。结果叠加态中的 $|0\rangle$ 部分控制向左移动，而 $|1\rangle$ 部分则控制向右移动。

运动电路可以按照（Douglas & Wang，2009）所示的方式构建。一个无限长的数轴，无法正确表示出来。我们应该假设一个具有 N 个状态的圆作为运动的基础拓扑结构。简单的上升和下降计数器，在 N 和 0 之间溢出和下溢的运动算子将起用。我们可以按照图 6.24a

---

⊖　客观来说，曲线只反映了实验中选择的随机数分布。

所示方式构建一个 n 量子比特的增量电路，对应的 Python 代码如下（完整实现在文件 src/quantum_walk.py 中）：

```
def incr(qc, idx: int, nbits: int, aux, controller=[]):
"""Increment-by-1 circuit."""

#   -X--
#   -o--X--
#   -o--o--X--
#   -o--o--o--X--
#   ...
for i in range(nbits):
  ctl=controller.copy()
  for j in range(nbits-1, i, -1):
    ctl.append(j+idx)
  qc.multi_control(ctl, i+idx, aux, ops.PauliX(), 'multi-1-X')
```

类似的 n 量子比特减量电路也很容易构建，如图 6.24b 所示，使用下面的代码：

```
def decr(qc, idx: int, nbits: int, aux, controller=[]):
"""Decrement-by-1 circuit."""

# Similar to incr, except controlled-by-0's are being used.
#
#   -X--
#   -O--X--
#   -O--O--X--
#   -O--O--O--X--
#   ...
for i in range(nbits):
  ctl=controller.copy()
  for j in range(nbits-1, i, -1):
    ctl.append([j+idx])
  qc.multi_control(ctl, i+idx, aux, ops.PauliX(), 'multi-0-X')
```

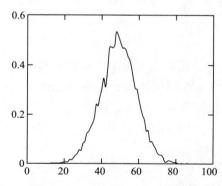

图 6.23 模拟经典随机游走的结果，绘制了从区间中间开始后最终位置的似然性

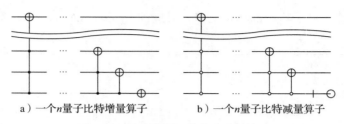

a) 一个n量子比特增量算子　　　　b) 一个n量子比特减量算子

图 6.24　量子游走的增量和减量算子

对于这两种情况，N 是 2 的幂。我们可以构造其他类型的计数器，例如，步长大于 1 的计数器，或对另一个数取模增量的计数器。举个例子，为了构造一个模 9 的计数器，我们添加与 9 的二进制表示匹配的门来强制计数器重置为 0，如图 6.25 所示。

利用这些工具，我们可以构造一个初始的 n 量子比特电路步骤，如图 6.26 所示。必须重复作用它来模拟一个步行（由不止一步组成）。

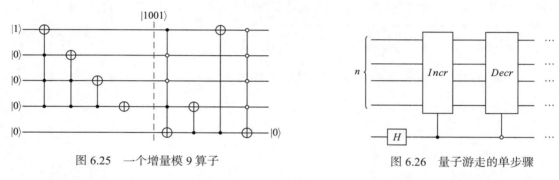

图 6.25　一个增量模 9 算子　　　　　　　图 6.26　量子游走的单步骤

我们可以看到如何将这种模式推广到其他拓扑。例如，对于一个在网格上进行的二维游走，我们可以使用两个 Hadamard 硬币：一个用于左右移动，一个用于上下移动。对于图的遍历，我们将图连通性编码为一个酉算子。可以在（Douglas & Wang，2009）中找到其他几个例子。

6.10.2　付诸行动

为了模拟给定数量的步骤，我们使用以下驱动程序代码。我们将 x 寄存器初始化到状态的数值范围中间位置，对于 n 个量子比特，使用二进制 $0b100\cdots0$。这样，我们避免了立即下溢到零以下，并使可视化图像居中显示。请注意，增量算子由 coin[0] 控制，而减量算子由 [coin[0]] 控制。前者是一个标准的受控 –1 门，后者是一个受控 –0 门，如 4.3.7 节多重受控门中所概述。

```
def simple_walk():
  """Simple quantum walk."""

  nbits = 8
```

```
qc = circuit.qc('simple_walk')
qc.reg(nbits, 0x80)
aux = qc.reg(nbits, 0)
coin = qc.reg(1, 0)    # Add single coin qubit

for _ in range(64):
  qc.h(coin[0])
  incr(qc, 0, nbits, aux, [coin[0]])      # ctrl-by-1
  decr(qc, 0, nbits, aux, [[coin[0]]])    # ctrl-by-0
```

这里到底发生了什么？用 n 个量子比特，我们可以用相应数目的概率振幅来表示 2^n 个状态。当我们一步接一步地执行时，非零振幅将开始在状态空间上传播。看看图 6.27b 和图 6.28b 中的例子，我们可以看到，与经典的量子游走相比，振幅分布扩展得更快，而且形状也非常不同。一系列的 32 步在 64 个状态中产生非零振幅。游走同时在两个方向上进行。离原点越远，振幅越大。这些是量子算法可以用来解决经典难处理的问题的关键特性，例如 Childs 的粘连树算法（Childs et al., 2003）。为了可视化效果，我们将结果振幅绘制成图：

```
for bits in helper.bitprod(nbits):
  idx_bits = bits
  for i in range(nbits+1):
      idx_bits = idx_bits + (0,)
  if qc.psi.ampl(*idx_bits) != 0.0:
    print('{:5.3f}'.format(qc.psi.ampl(*idx_bits0).real))
```

让我们用 8 个量子比特来做实验。起始位置应在状态范围的中间。有 8 个量子比特，就有 256 种可能的状态，我们用 0x80（范围的中间值）初始化。当然，也可以用 0 初始化，但这将导致立即的环绕效果。图 6.27a、图 6.27b 和图 6.28a 显示了 32、64 和 96 步后的振幅。x 轴显示状态空间（8 个量子比特的 256 个唯一状态），y 轴显示每个状态的振幅。

请注意，在这些图中，振幅呈现出一种有偏的方式。可以创建偏向另一边甚至平衡的硬币算子。另外，我们可以从不同于 $|0\rangle$ 的状态开始。在图 6.28b 的示例中，我们将硬币状态简单地初始化为 $|1\rangle$。

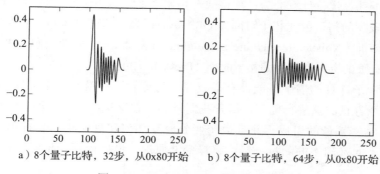

a）8 个量子比特，32 步，从 0x80 开始   b）8 个量子比特，64 步，从 0x80 开始

图 6.27 32 步和 64 步后的传播振幅

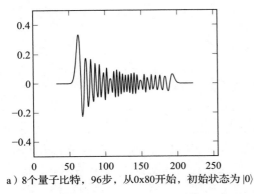
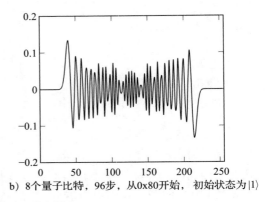

a）8个量子比特，96步，从0x80开始，初始状态为|0⟩ b）8个量子比特，96步，从0x80开始，初始状态为|1⟩

图 6.28　不同初始状态下的传播振幅

使用不同的硬币算子、起始点、初始状态、量子比特数、迭代次数以及更复杂的拓扑结构，你可以进行无数种更多的实验，而不仅限于简单的一维和二维游走。

令人兴奋的是，如果我们能将特定的算法可达性问题表达为量子游走电路，量子游走的快速速度和稠密的状态存储能力使得量子算法的复杂度低于相应的经典算法。例如，2010 年 IARPA（Intelligence Advanced Research Projects Activity）计划公告提出了八个复杂算法的挑战，以推动可扩展量子软件和基础设施的发展（IARPA，2010）。其中三个算法利用了量子游走：三角形找寻算法（Buhrman et al., 2005; Magniez et al., 2005）、布尔公式算法（Childs et al., 2009）和粘连树算法（Childs et al., 2003）。

6.11　变分量子本征求解器

这一部分是对量子仿真领域的简要探讨。我们讨论了变分量子本征求解器（variational quantum eigensolver，VQE），这是一种估计哈密顿量基态能量的算法。

在这个目的上可以使用量子相位估计（quantum phase estimation，QPE）。然而，对于现实的哈密顿量，所需的门的数量可能达到百万级甚至十亿级，这使得保持物理量子机器足够长时间的相干性以进行计算成为一项挑战。相比之下，VQE 是一种混合经典 / 量子算法。量子部分需要较少的门，因此相干时间比 QPE 要短得多。这就是为什么它在今天的噪声中等尺度量子计算机（Noisy Intermediate Scale Quantum，NISQ）时代引起了极大的兴趣，这些计算机拥有有限的资源和短暂的相干时间（Preskill，2018）。

一本关于量子计算的书中不能没有提及薛定谔方程。这就是本书的这一部分。因此，我们首先对这个方程的美进行赞叹，尽管我们将不会在这里解决它。展示它的目的是从特征向量中导出哈密顿量的组成，并且说明变分原理如何实现对最小特征值的近似。接下来，我们讨论不同基础上的测量，然后解释变分原理，最后详细介绍混合经典 / 量子算法本身。

6.11.1 系统演化

在 2.15 节中,我们将一个量子系统在第 2 条假设中描述为 $|\psi\rangle' = U|\psi\rangle$ 的演化。这是我们在本文中迄今为止使用的方法——改变状态时我们将一个酉算子作用于它,并且这种离散时间演化对于前面讨论的所有算法来说都足够了。然而,这只是一个简化,因为据我们所知,或许是我们怀疑的,时间并非以离散的步骤流动。

以下几段描述了一种特定形式的不含时薛定谔方程。在本文的背景下,细节并不是非常重要,我们主要关注最终形式,因为那是 VQE 发挥作用的地方。

系统 ψ 的含时演化通过美丽的薛定谔方程来描述。我们只展示一维版本。我们再次对这个微分方程感到惊叹。我们不需要在这里解决它:

$$i\hbar \frac{\partial \psi}{\partial t} = -\frac{\hbar^2}{2m} \frac{\partial^2 \psi}{\partial x^2} + V\psi \qquad (6.15)$$

这个方程可以被转化为一个不含时的形式:

$$-\frac{\hbar^2}{2m} \frac{\mathrm{d}^2 \psi}{\mathrm{d} x^2} + V\psi = E\psi \qquad (6.16)$$

在经典力学中,一个系统的总能量,即动能加势能 V,被称为哈密顿量,表示为 $\mathcal{H}$,不要与我们的 Hadamard 算子 H 混淆。

$$
\begin{aligned}
\mathcal{H}(x,p) &= \frac{mv^2}{2} + V(x) \\
&= \frac{(mv)^2}{2m} + V(x) \\
&= \frac{p^2}{2m} + V(x)
\end{aligned}
$$

作为旁注,这里出现了因子 $\hbar$(普朗克常量),它来自于著名的海森伯不确定性原理,用于描述粒子的位置 x 和动量 p_x,其中 $\Delta x \Delta p_x \geq \hbar / 2$。通过标准的代换,可以得到一个哈密顿算子,其中包括动量算子。

$$
\begin{aligned}
p &\to -i\hbar \frac{\partial}{\partial x} \\
\hat{\mathcal{H}} &= -\frac{\hbar^2}{2m} \frac{\partial^2}{\partial x^2} + V(x)
\end{aligned}
$$

我们使用这个结果来重写方程(6.16),如下所示,其中 $\hat{\mathcal{H}}$ 是算子,E 是能量特征值。注意与特征向量的定义 $A\bar{x} = \lambda\bar{x}$ 的相似之处:

$$\hat{\mathcal{H}}\psi = E\psi$$

总能量的期望值是:

$$\langle \hat{\mathcal{H}} \rangle = E$$

这个哈密顿算子是埃尔米特的——在测量中，我们会得到实数值。

因此，特征值必须是实数。它具有一组完备的标准正交特征向量：

$$|E_0\rangle, |E_1\rangle, \cdots, |E_{n-1}\rangle$$

对应的是实特征值 $\lambda_0, \lambda_1, \cdots, \lambda_{n-1}$。我们可以将状态描述为特征向量的线性组合

$$|\psi\rangle = c_0 |E_0\rangle + c_1 |E_1\rangle + \cdots + c_{n-1} |E_{n-1}\rangle \tag{6.17}$$

这是我们寻找的结果。需要注意的是，c_i 是复系数，类似于我们描述 $|0\rangle$ 和 $|1\rangle$ 之间的叠加。然而，在这种情况下，基向量是 E_i。有关上述的详细推导见（Fleisch 2020）。

6.11.2　变分原理

假设我们正在寻找由给定哈密顿量描述的系统的基态能量 E_0。基态能量在许多领域都很重要。例如，在热力学中，它描述了温度接近绝对零度的行为。在化学中，它可以得出有关电子能级的结论。

现在我们还假设无法解决不含时的薛定谔方程（6.16）。我们知道测量会将状态投影到一个特征向量上，并且测量结果将是相应的特征值。变分原理将给出 E_0 的一个上界，其期望值为 $\hat{\mathcal{H}}$：

$$E_0 \leqslant \langle \psi | \hat{\mathcal{H}} | \psi \rangle \equiv \langle \hat{\mathcal{H}} \rangle$$

然而，这个状态 $|\psi\rangle$ 是什么呢？答案是，只要这个状态有能力或接近有能力生成一个 $\hat{\mathcal{H}}$ 的特征向量，那么任何状态都可以。这个状态将确定 E_0 估计的剩余误差。我们必须巧妙地构造它。这是 VQE 算法的关键思想。

为了看到这个原理是如何起作用的，让我们取上面假定的状态，并进一步假设 λ_0 是最小的特征值：

$$|\psi\rangle = c_0 |E_0\rangle + c_1 |E_1\rangle + \cdots + c_{n-1} |E_{n-1}\rangle$$

计算 $\langle \psi | \hat{\mathcal{H}} | \psi \rangle$，如下所示，可以证明任何计算得到的期望值都将大于或等于最小特征值：

$$(c_0^* \langle E_0 | + c_1^* \langle E_1 | + \cdots + c_{n-1}^* \langle E_{n-1} |) \hat{\mathcal{H}} (c_0 |E_0\rangle + c_1 |E_1\rangle + \cdots + c_{n-1} |E_{n-1}\rangle))$$
$$= |c_0|^2 \lambda_0 + |c_1|^2 \lambda_1 + \cdots + |c_{n-1}|^2 \lambda_{n-1}$$
$$\geqslant \lambda_0$$

VQE 算法适用于可以表示为 Pauli 算子及其张量积的一系列项的哈密顿量（Peruzzo et al., 2014）。这种类型的哈密顿量被广泛应用于量子化学、海森伯模型、量子 Ising 模型和其他领域。例如，对于一个氦氢化合物 (He-H$^+$)，其键长为 90pm，能量（即哈密顿量）为：

$$\hat{\mathcal{H}} = -3.851 II - 0.229 I\sigma_x - 1.047 I\sigma_z - 0.229\sigma_x I + 0.261\sigma_x\sigma_x +$$
$$0.229\sigma_x\sigma_z - 1.0467\sigma_z I + 0.229\sigma_z\sigma_x + 0.236\sigma_z\sigma_z$$

6.11.3 用 Pauli 基测量

到目前为止，在这本书中，我们已经将测量描述为将状态投影到基态 $|0\rangle$ 和 $|1\rangle$ 上。如果我们回忆起如图 6.29 所示的 Bloch 球表示法，测量将状态投影到 Bloch 球的北极或南极，对应于沿着 z 轴的测量。

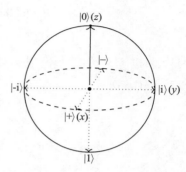

然而，如果当前状态与不同的坐标轴对齐，例如从 $|-\rangle$ 到 $|+\rangle$ 的 x 轴，或者从 $|-i\rangle$ 到 $|i\rangle$ 的 y 轴呢？在这两种情况下，沿 z 轴的测量将导致在 $|0\rangle$ 和 $|1\rangle$ 之间随机选择。

为了在不同的基上进行测量，我们应该将状态旋转到 z 轴上的标准基上，并在那里进行标准测量。结

图 6.29　具有 x、y、z 轴的 Bloch 球表示

果可以解释为在原始基上进行，并且我们还能获得一个额外的好处，即只需要在一个方向上测量设备。

为了获得沿 x 轴的正确测量，我们可以作用 Hadamard 门或绕 y 轴旋转。同样，为了获得沿 y 轴的测量，我们可以绕 x 轴旋转。

为了计算由 Pauli 矩阵组成的状态的期望值，我们需要回忆 X、Y 和 Z 基上的基态。

$$X: \quad |+\rangle = \frac{1}{\sqrt{2}}\begin{bmatrix} 1 \\ 1 \end{bmatrix}, \quad |-\rangle = \frac{1}{\sqrt{2}}\begin{bmatrix} 1 \\ -1 \end{bmatrix}$$

$$Y: \quad |i\rangle = \frac{1}{\sqrt{2}}\begin{bmatrix} 1 \\ i \end{bmatrix}, \quad |-i\rangle = \frac{1}{\sqrt{2}}\begin{bmatrix} 1 \\ -i \end{bmatrix}$$

$$Z: \quad |0\rangle = \begin{bmatrix} 1 \\ 0 \end{bmatrix}, \quad |1\rangle = \begin{bmatrix} 0 \\ 1 \end{bmatrix}$$

Pauli 算子的特征值为 -1 和 $+1$。以下是作用于具有特征值 $+1$ 的基态的算子：

$$Z|0\rangle = |0\rangle$$
$$X|+\rangle = |+\rangle$$
$$Y|i\rangle = |i\rangle$$

这些是作用于具有特征值为 -1 的基态的相同算子：

$$Z|1\rangle = -|1\rangle$$
$$X|-\rangle = -|-\rangle$$
$$Y|-i\rangle = -|-i\rangle$$

现在让我们来谈谈期望值。对于在 Z 基上具有振幅 c_0^z 和 c_1^z 的状态：

$$|\psi\rangle = c_0^z|0\rangle + c_1^z|1\rangle$$

在 Z 基中计算 Z 的期望值，得到如下结果，并且在 X 和 Y 基上也类似：

$$\langle\psi|Z|\psi\rangle = (c_0^{z*}\langle 0| + c_1^{z*}\langle 1|)Z(c_0^z|0\rangle + c_1^z|1\rangle)$$
$$= |c_0^z|^2 - |c_1^z|^2$$

$|c_0^z|^2$ 和 $|c_1^z|^2$ 的值是 $|0\rangle$ 和 $|1\rangle$ 的测量概率。如果我们进行 N 次实验，测量状态 $|0\rangle$ n_0 次，测量状态 $|1\rangle$ n_1 次：

$$|c_0^z|^2 = \frac{n_0}{N}, \quad |c_1^z|^2 = \frac{n_1}{N}$$

那么这就是 Z 的最终期望值，请注意这个方程中的负号。

$$\langle Z\rangle = \frac{n_0 - n_1}{N}$$

举个例子，假设我们有一个非常简单的电路，初始设置为 $|0\rangle$，并且只有一个 Hadamard 门。经过这个门后，状态将变为 $|+\rangle$，位于 x 轴上。如果我们现在在 Z 基下进行 N 次测量，大约 50% 的测量结果将返回 $|0\rangle$，另外 50% 的结果将返回 $|1\rangle$。其中，$|0\rangle$ 对应着特征值 1，$|1\rangle$ 对应着特征值 -1。因此，期望值为 0：

$$\frac{(+1)N/2 + (-1)N/2}{N} = 0$$

如果我们用另一个 Hadamard 门将状态旋转到 Z 基，那么在 Z 基上，现在 $|0\rangle$ 的期望值将是 1.0，这对应于最初在 X 基上的状态 $|+\rangle$ 的期望值。

在我们的基础设施中，我们不需要进行测量来计算概率，因为我们可以直接查看状态向量的振幅。为了计算测量具有特征值 +1 和 -1 的 Pauli 算子的期望值，即测量 $|0\rangle$ 或 $|+\rangle$，我们将此函数添加到我们的量子电路实现 qc 中：

```
def pauli_expectation(self, idx: int):
    """We can compute the Pauli expectation value from probabilities."""

    # Pauli eigenvalues are -1 and +1, hence we can compute the
    # expectation value like this:
    p0, _ = self.measure_bit(idx, 0, False)
    return p0 - (1 - p0)
```

让我们进行几个实验，以熟悉这些概念。如果将一个单一的 Pauli 矩阵乘以一个因子构建的哈密顿量，它的特征向量和特征值会发生什么变化？结果是否依然是酉的，还是埃尔米特的？

```
factor = 0.6
H = factor * ops.PauliY()
eigvals = np.linalg.eigvalsh(H)
print(f'Eigenvalues of {factor} X = ', eigvals)
print(f'is_unitary: {H.is_unitary()}')
print(f'is_hermitian: {H.is_hermitian()}')
>>
Eigenvalues of 0.6 X =  [-0.6  0.6]
is_unitary: False
is_hermitian: True
```

特征值的大小随着因子的变化而变化。哈密顿量是埃尔米特的,但不一定是酉的。让我们创建一个 $|0\rangle$ 状态,显示它在 Bloch 球上的坐标,并计算在 Z 基上的期望值。

```
qc = circuit.qc('test')
qc.reg(1, 0)
qubit_dump_bloch(qc.psi)
print(f'Expectation value for 0 State: {qc.pauli_expectation(0)}')
>>
x: 0.00, y: 0.00, z: 1.00
Expectation value for 0 State: 1.0
```

正如预期的那样,当前位置位于北极顶部,对应于状态 $|0\rangle$,期望值为 1.0。没有状态 $|1\rangle$ 的测量。现在,如果我们只添加一个 Hadamard 门,我们将得到:

```
x: 1.00, y: 0.00, z: -0.00
Expectation value for |0>: -0.00
```

Bloch 球上的位置现在位于 x 轴上,并且在 Z 基上的相应期望值为 0。我们将测量相等数量的状态 $|0\rangle$ 和 $|1\rangle$。当然,要将该状态旋转回 Z 基,我们只需再施加一个 Hadamard 门。

6.11.4 VQE 算法

VQE 算法本身迭代以下步骤:

1. **拟设**。准备一个参数化的初始状态 $|\psi\rangle$,这被称为拟设。

2. **测量**。测量期望值 $\langle\psi|\hat{\mathcal{H}}|\psi\rangle$。

3. **最小化**。调整拟设的参数以减小期望值。

最小值将是最小特征值的最佳近似。这最好通过例子来解释。让我们先专注于单量子比特的情况。我们知道可以通过绕 x 轴和 y 轴的旋转来到达 Bloch 球上的任意点。让我们使用这个简单的参数化电路作为拟设:

$$|0\rangle \boxed{R_x(\theta)} \boxed{R_y(\phi)} \quad |\psi\rangle$$

我们将构建多个拟设实例(这个词发音很有趣,是正确的英语复数形式,而正确的德语复数形式 Ansätze 听起来不太悦耳)。让我们把它包装进代码(保存在文件 src/vqe_simple.py 中):

```
def single_qubit_ansatz(theta: float, phi: float) -> circuit.qc:
  """Generate a single qubit ansatz."""

  qc = circuit.qc('single-qubit ansatz Y')
  qc.qubit(1.0)
  qc.rx(0, theta)
  qc.ry(0, phi)
  return qc
```

我们进一步假设一个这种形式的哈密顿量：

$$H = H_0 + H_1 + H_2 = 0.2X + 0.5Y + 0.6Z$$

在 numpy 的帮助下，我们可以计算出最小特征值 -0.8062：

```
H = 0.2 * ops.PauliX() + 0.5 * ops.PauliY() + 0.6 * ops.PauliZ()
# Compute known minimum eigenvalue.
eigvals = np.linalg.eigvalsh(H)
print(eigvals)
>>
[-0.8062258  0.8062258]
```

为了计算期望值，我们创建一个状态 $|\psi\rangle$，并从 theta 和 phi 两个角度计算期望值 $\langle\psi|\hat{\mathcal{H}}|\psi\rangle$⊖：

```
def run_single_qubit_experiment2(theta: float, phi: float):
  """Run experiments with single qubits."""

  # Construct Hamiltonian.
  H = 0.2 * ops.PauliX() + 0.5 * ops.PauliY() + 0.6 * ops.PauliZ()

  # Compute known minimum eigenvalue.
  eigvals = np.linalg.eigvalsh(H)

  # Build the ansatz with two rotation gates.
  ansatz = single_qubit_ansatz(theta, phi)

  # Compute <psi | H | psi>. Find smallest one, which will be
  # the best approximation to the minimum eigenvalue from above.
  val = np.dot(ansatz.psi.adjoint(), H(ansatz.psi))

  # Result from computed approach:
  print('Minimum: {:.4f}, Estimated: {:.4f}, Delta: {:.4f}'.format(
      eigvals[0], np.real(val), np.real(val - eigvals[0])))
```

让我们实验一下不同的 theta 值和 phi 值：

```
run_single_qubit_experiment2(0.1, -0.4)
run_single_qubit_experiment2(0.8, -0.1)
run_single_qubit_experiment2(0.9, -0.8)
>>
```

⊖ 此代码段与开源版本不同，仅供参考。

```
Minimum: -0.8062, Estimated: 0.4225, Delta: 1.2287
Minimum: -0.8062, Estimated: 0.0433, Delta: 0.8496
Minimum: -0.8062, Estimated: -0.2210, Delta: 0.5852
```

看来我们的方向是正确的。我们越来越接近估算出最小特征值，但距离还很远。这种特殊的解析式非常简单；我们可以在两个角度上逐步迭代，从而精确地逼近最小特征值。在一定程度上，只选随机数也是可行的。显然，我们可以使用梯度下降等技术来更快地找到最佳参数（Wikipedia，2021d）。让我们用随机的单量子比特的哈密顿量进行 10 次实验，以 10 度为增量迭代角度 ϕ 和 θ：

```
[...]
# iterate over all angles in increments of 10 degrees.
for i in range(0, 180, 10):
  for j in range(0, 180, 10):
    theta = np.pi * i / 180.0
    phi = np.pi * j / 180.0
[...]
# run 10 experiments with random H's.
[...]
>>
Minimum: -0.6898, Estimated: -0.6889, Delta: 0.0009
Minimum: -0.7378, Estimated: -0.7357, Delta: 0.0020
[...]
Minimum: -1.1555, Estimated: -1.1552, Delta: 0.0004
Minimum: -0.7750, Estimated: -0.7736, Delta: 0.0014
```

在上面的代码中，我们明确地通过两个点积计算了期望值。成功的关键在于，这个设想有能力创建最小特征值的特征向量（对于两个量子比特）。Shende 等人（2004 年）展示了如何构建通用的双量子比特门。然而，挑战是最小化更大的哈密顿量的门，特别是在今天的较小的机器上。如何构建该模型是一个研究难题。使用哪种特定的学习技术来加速近似是该领域持续关注的另一个主题，尽管机器学习领域的标准技术似乎工作得很好。

6.11.5 测量特征值

在物理场景中，我们不能简单地将状态与哈密顿量相乘。我们必须沿着 Pauli 基进行测量，并从期望值重建特征值，就像上面解释的那样。正如早先提到的，我们假设我们只能在一个方向上进行测量。让我们再次假设如下形式的哈密顿量。因子是重要的，我们必须记住它们：

$$\hat{\mathcal{H}} = 0.2X + 0.5Y + 0.6Z$$

我们借助门等价关系在 Z 基础上表达期望值。注意我们是如何在最后一行中将 Z 分离出来的，它代表了在 Z 基中的测量：

$$\langle\psi\,|\,\hat{\mathcal{H}}\,|\,\psi\rangle = \langle\psi\,|\,0.2X + 0.5Y + 0.6Z\,|\,\psi\rangle$$
$$= 0.2\langle\psi\,|\,X\,|\,\psi\rangle + 0.5\langle\psi\,|\,Y\,|\,\psi\rangle + 0.6\langle\psi\,|\,Z\,|\,\psi\rangle$$

$$= 0.2\langle\psi\,|\,H\,Z\,H\,|\,\psi\rangle + 0.5\langle\psi\,|\,H\,S^{\dagger}Z\,H\,S\,|\,\psi\rangle + 0.6\langle\psi\,|\,Z\,|\,\psi\rangle$$
$$= 0.2\langle\psi H\,|\,Z\,|\,H\psi\rangle + 0.5\langle\psi H\,S^{\dagger}\,|\,Z\,|\,H\,S\psi\rangle + 0.6\langle\psi\,|\,Z\,|\,\psi\rangle$$

在实验代码中，我们首先构建随机哈密顿量：

```
a = random.random()
b = random.random()
c = random.random()
H = (a * ops.PauliX() + b * ops.PauliY() + c * ops.PauliZ())
```

我们必须建立三个电路。第一个是 $\langle\psi\,|\,X\,|\,\psi\rangle$，这需要一个额外的 Hadamard 门：

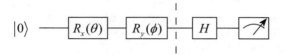

```
# X-Basis
qc = single_qubit_ansatz(theta, phi)
qc.h(0)
val_a = a * qc.pauli_expectation(0)
```

第二个是 $\langle\psi\,|\,Y\,|\,\psi\rangle$，这需要一个 Hadamard 门和一个 $S^{\dagger}$ 门：

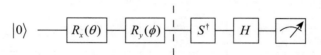

```
# Y-Basis
qc = single_qubit_ansatz(theta, phi)
qc.sdag(0)
qc.h(0)
val_b = b * qc.pauli_expectation(0)
```

第三个是 $\langle\psi\,|\,Z\,|\,\psi\rangle$，用于 Z 基测量。在这个基上，我们可以按原样测量，不需要额外的门：

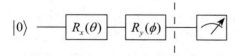

```
# Z-Basis
qc = single_qubit_ansatz(theta, phi)
val_c = c * qc.pauli_expectation(0)
```

和以前一样，我们以 5° 的增量迭代角度 ϕ 和 θ。对于每次迭代，我们取期望值 val_a、val_b 和 val_c，将它们与上面提到的因子相乘，将结果相加，然后寻找最小的值。

```
expectation = val_a + val_b + val_c
if expectation < min_val:
    min_val = expectation
```

值 min_val 应该是我们的估计值。结果在数值上是精确的：

```
Minimum eigenvalue: -0.793, Delta: 0.000
Minimum eigenvalue: -0.986, Delta: 0.000
Minimum eigenvalue: -1.278, Delta: 0.000
Minimum eigenvalue: -0.937, Delta: 0.000
[...]
```

6.11.6 多量子比特

我们如何将测量扩展到不止一个量子比特？我们从我们能想到并从中推断的最简单的双量子比特哈密顿量开始。我们看看这个张量积和算子矩阵：

$$Z \otimes I = \begin{bmatrix} 1 & 0 & 0 & 0 \\ 0 & 1 & 0 & 0 \\ 0 & 0 & -1 & 0 \\ 0 & 0 & 0 & -1 \end{bmatrix}$$

我们知道，对于对角矩阵，对角元素是特征值，在本例中为 +1 和 –1。这个矩阵有两个子空间，分别映射到这些特征值。在测量时，我们会得到 +1 或 –1 的结果。

这个矩阵上的任何双量子比特酉变换 U 都将映射到一个具有相同特征值 +1 和 –1 的空间。这意味着我们可以运用与单量子比特情况类似的技巧作用以下变换。请注意，这些都是矩阵，我们必须从两边进行乘法运算，如下所示：

$$U^{\dagger}(Z \otimes I)U$$

我们可以将任何 Pauli 测量的基变为 $Z \otimes I$。例如，为了将 $X \otimes I$ 的基变为 $Z \otimes I$，我们作用 Hadamard 门，如上所述，使用算子 $U = H \otimes I$。我们在代码中验证这一点：

```
H = ops.Hadamard()
I = ops.Identity()
U = H * I
(ops.PauliZ() * I).dump('Z x I')
(ops.PauliX() * I).dump('X x I')
(U.adjoint() @ (ops.PauliX() * I)).dump('Udag(X x I)')
(U.adjoint() @ (ops.PauliX() * I) @ U).dump('Udag(X x I)U')
>>
Z x I (2-qubits operator)
 1.0       -        -         -
 -         1.0      -         -
 -         -       -1.0       -
 -         -        -        -1.0
X x I (2-qubits operator)
 -         -        1.0       -
 -         -        -         1.0
 1.0       -        -         -
 -         1.0      -         -
```

```
Udag(X x I) (2-qubits operator)
0.7       -         0.7       -
-         0.7       -         0.7
-0.7      -         0.7       -
-         -0.7      -         0.7
Udag(X x I)U (2-qubits operator)
1.0       -         -         -
-         1.0       -         -
-         -         -1.0      -
-         -         -         -1.0
```

由此，可以直接构造第一组 Pauli 测量的算子，其中至少包含一个单位算子，如表 6.1 所示。

但是现在情况变得复杂起来。$Z \otimes Z$ 的算子是受控非门 $U = CX_{1,0}$！这是怎么发生的呢？我们来看看矩阵 $Z \otimes Z$：

$$Z \otimes Z = \begin{bmatrix} 1 & 0 & 0 & 0 \\ 0 & -1 & 0 & 0 \\ 0 & 0 & -1 & 0 \\ 0 & 0 & 0 & 1 \end{bmatrix}$$

表 6.1 包含单位算子的测量算子

Pauli 测量	算子 U
$Z \otimes I$	$I \otimes I$
$X \otimes I$	$H \otimes I$
$Y \otimes I$	$HS^{\dagger} \otimes I$
$I \otimes Z$	$(I \otimes I)SWAP$
$I \otimes X$	$(H \otimes I)SWAP$
$I \otimes Y$	$(HS^{\dagger} \otimes I)SWAP$

需要进行一些置换才能变成我们所需的形式，也就是 $Z \otimes I$。如果我们从左边和右边作用受控非门：

$$CX_{1,0}^{\dagger}(Z \otimes Z)CX_{1,0} = (Z \otimes I)$$

我们确实得到了我们正在寻求的结果：

```
(ops.Cnot(1, 0).adjoint() @ (ops.PauliZ() * ops.PauliZ()) @
        ops.Cnot(1, 0)).dump()
>>
1.0       -         -         -
-         1.0       -         -
-         -         -1.0      -
-         -         -         -1.0
```

$CX_{1,0}$ 的算子矩阵执行所需的置换，我们不应将其视为实际受控算子。有了这些见解，我们现在可以定义表 6.2 所示的其余 4×4 Pauli 测量算子。

表 6.2 不包含单位算子的测量算子

Pauli 测量	算子 U
$Z \otimes Z$	$CX_{1,0}$
$X \otimes Z$	$CX_{1,0}(H \otimes I)$
$Y \otimes Z$	$CX_{1,0}(HS^{\dagger} \otimes I)$
$Z \otimes X$	$CX_{1,0}(I \otimes H)$

（续）

Pauli 测量	算子 U
$X \otimes X$	$CX_{1,0}(H \otimes H)$
$Y \otimes X$	$CX_{1,0}(HS^{\dagger} \otimes H)$
$Z \otimes Y$	$CX_{1,0}(I \otimes HS^{\dagger})$
$X \otimes Y$	$CX_{1,0}(H \otimes HS^{\dagger})$
$Y \otimes Y$	$CX_{1,0}(HS^{\dagger} \otimes HS^{\dagger})$

我们可以将上述的构造推广至超过 2 个量子比特，类似于 Whitfield 等人（2011 年）的哈密顿量模拟（这里并未涵盖）。我们所要做的就是用级联的受控非门来包围多比特 Z 哈密顿量。例如，对于 3 量子比特 ZZZ，我们可以使用下面的代码（也可以通过识别 $CX_{1,0}^{\dagger} = CX_{1,0}$ 来简化）。

```
ZII = ops.PauliZ() * ops.Identity()* ops.Identity()
C10 = ops.Cnot(1, 0) * ops.Identity()
C21 = ops.Identity() * ops.Cnot(2, 1)
C10adj = C10.adjoint()
C21adj = C21.adjoint()
ZZZ = ops.PauliZ() * ops.PauliZ() * ops.PauliZ()

res = C10adj @ C21adj @ ZZZ @ C21 @ C10
self.assertTrue(res.is_close(ZII))
```

注意，X 门的伴随等同于 X 门，而受控非门的伴随也是一个受控非门。对于 $ZZZZ$，甚至更长的 Z 门序列，我们在电路符号中构建了一个级联门序列，如图 6.30 所示。现在我们有了这种方法，我们就可以在任何 Pauli 测量基础上测量了！为了确保无误，你可以使用以下类似的简短代码序列验证 $ZZZZ$ 的构造。

```
op1 = ops.Cnot(1, 0) * ops.Identity() * ops.Identity()
op2 = ops.Identity() * ops.Cnot(2, 1) * ops.Identity()
op3 = ops.Identity() * ops.Identity() * ops.Cnot(3, 2)

bigop = op1 @ op2 @ op3 @ ops.PauliZ(4) @ op3 @ op2 @ op1
op = ops.PauliZ() * ops.Identity(3)
self.assertTrue(bigop.is_close(op))
```

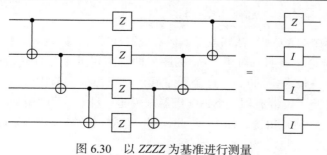

图 6.30　以 $ZZZZ$ 为基准进行测量

6.12 量子近似优化算法

在本节中，我们描述了量子近似优化算法，或 QAOA（发音为"Quah-Wah"）。Farhi 等人（2014 年）的开创性论文中首次介绍了它，该论文还详细介绍了使用 QAOA 实现最大割算法。我们在 6.13 节中探索最大割。

QAOA 技术与 VQE 有关，VQE 可以被视为 QAOA 的一个子程序。在这里，我们只提供一个简短的概述。QAOA 有两个算子：U_C 和 U_B。第一个算子 U_C 将一个相位作用于具有特定问题成本函数 C 的量子比特对，这与下文 6.13.1 节中的 Ising 公式相似，Z_i 是作用于量子比特 i 的 Pauli Z 门，l 是所涉及的量子比特或顶点数：

$$C = \sum_{j,k}^{l} w_{jk} Z_j Z_k$$

算子本身取决于相位角 γ：

$$U_C(\gamma) = e^{-i\gamma C} = \prod_{j,k} e^{i\gamma w_{jk} Z_j Z_k}$$

该算子作用于两个量子比特，因此可用于表示加权图的问题。

第二个算子 U_B 取决于参数 β。它与问题无关，并对每个量子比特施加旋转，具有以下条件，其中每个 X_j 都是 Pauli X 门：

$$U_B(\beta) = e^{-i\beta B} = \prod_j e^{-i\beta X}，其中 B = \sum_j X_j$$

对于深度较高的问题，在 $|+\rangle^{\otimes n}$ 的初始状态下，重复作用这两个算子 U_C 和 U_B，每个算子都有自己的一组超参数 γ_i 和 β_i：

$$U_B(\beta_{n-1}) U_C(\gamma_{n-1}) \cdots U_B(\beta_0) U_C(\gamma_0) |+\rangle^{\otimes n}$$

手头的任务类似于 VQE——找到最好的超参数集，以最小化成本函数 $\langle \gamma, \beta | C | \gamma, \beta \rangle$ 的期望值，使用例如来自机器学习领域的著名优化技术。算子 U_C 和 U_B 可以通过以下电路近似：

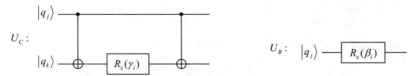

我们从 6.11 节中的 VQE 算法知道了如何实现这种搜索，因此我们将不再展开。

最初的 QAOA 论文表明，对于 3- 正则图，即每个顶点正好有三条边的立方图，该算法产生的切割至少占最大割的 0.7，这个数字我们在下面的实验中大致能够证实。与 VQE 一起，QAOA 对于当今资源有限的 NISQ 机器来说是一种有吸引力的算法，因为相应的电路具有较浅的深度（Preskill，2018）。与此同时，QAOA 在工业规模问题上的效用仍存在争议（Harrigan et al.，2021）。

6.13 最大割算法

前面，我们看到了 VQE 如何找到哈密顿量的最小特征值和特征向量。这是一种令人兴奋的方法，因为如果我们可以成功地将优化问题构建为哈密顿量，我们就可以使用 VQE 来找到最优解。本节简要介绍如何构造一类这样的哈密顿：Ising 自旋玻璃模型，它代表了一个多元优化问题。这里的处理是粗浅的，但足以实现例子——本节中的最大割和最小割算法与 6.14 节的子集和问题。

6.13.1 NP 算法的 Ising 公式

用 Pauli σ_z 算子构造哈密顿量是基于 Ising 自旋玻璃的哈密顿量（Lucas，2014）。这种类型的哈密顿算子被写为无约束二次规划问题（多变量优化问题）。在铁磁性的 Ising 模型中，J_{ij} 是相邻自旋对 i，j 之间的相互作用。$J_{ij} = 0$ 表示没有相互作用，$J_{ij} > 0$ 表示铁磁性，$J_{ij} < 0$ 表示反铁磁性：

$$\sum_i^N h_i x_i + \sum_{i,j} J_{ij} x_i y_j$$

它对应于哈密顿量：

$$H(x_0, x_1, \cdots, x_n) = -\sum_i^N h_i \sigma_i^z - \sum_{i,j} J_{ij} \sigma_i^z \sigma_j^z$$

项 σ_i^z 是 Pauli Z 门在量子比特 i 上的作用。负号说明我们可以通过寻找最小特征值来找到最大解。对于像最大割这样的问题，我们使用 σ^z 是因为我们想要一个特征值为 -1 和 $+1$ 的算子。

在此背景下，Lucas（2014）详细介绍了这种方法可能适用的几个 NP 完全或 NP 困难问题。算法列表包括划分问题、图着色问题、覆盖和包装问题、哈密顿循环（包括旅行商问题）和树问题。在接下来的几节中，我们将研究一个相关的问题，即图的最大割问题。我们还将探索子集和问题的一个稍微修改过的公式。

6.13.2 最大割 / 最小割

对于图，一个割是将图的顶点划分为两个不重叠的集合 L 和 R。最大割是使 L 和 R 之间的边数最大化的切割。通过对图的边进行加权，将问题转化为更一般的加权最大割问题，其目的是找到使集合 L 和 R 之间的边的权最大化的割。这就是我们在本节中试图解决的最大割问题。

权重可以是正的也可以是负的。最大割问题变成一个最小割问题，只需改变每个权的符号。例如，图 6.31a 中的最大割，即四个节点的图，位于集合 $L = \{0,2\}$ 和 $R = \{1,3\}$ 之间。节点的颜色为白色或灰色，具体取决于它们属于哪个集。

对于一个只有 15 个节点的图，如图 6.31b 所示，这个问题很快变得难以处理。一般的最大割问题是 NP 完全的，我们不知道有任何多项式时间算法可以找到最优解。这对量子算法来说似乎是一个巨大的挑战！

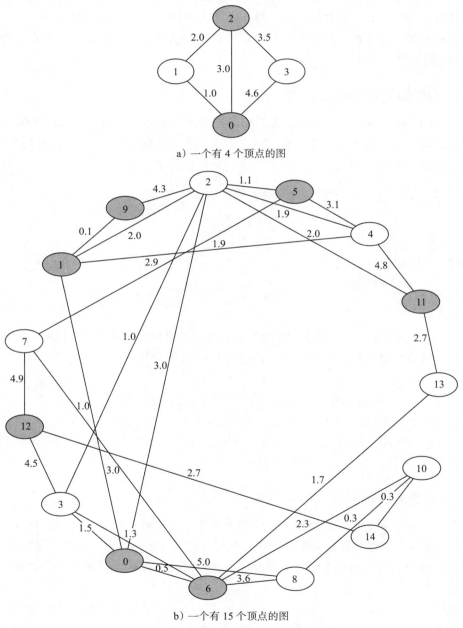

a）一个有 4 个顶点的图

b）一个有 15 个顶点的图

图 6.31　带有标记的最大割集的示例图

6.13.3 构造图

我们开始我们的探索，通过以下代码的帮助构建一个具有 n 个顶点的随机图（实现在文件 src/max_cut.py 中）。像往常一样，代码是为了简单而设计的。我们从 0 到 $n-1$ 对顶点进行编号，并将顶点表示为简单的 Python 元组（from_node，to_node，weight）。图就是这些元组的列表。

代码从一个三个节点的三角形开始，然后随机添加新节点，直到限制 num，以确保没有生成双边。

```python
def build_graph(num: int = 0) -> (int, List[int]):
    """Build a graph of num nodes."""

    if num < 3:
        raise app.UsageError('Must request graph of at least 3 nodes.')
    weight = 5.0
    nodes = [(0, 1, 1.0), (1, 2, 2.0), (0, 2, 3.0)]
    for i in range(num-3):
        l = random.sample(range(0, 3 + i - 1), 2)
        nodes.append((3 + i, l[0],
                        weight*np.random.random()))
        nodes.append((3 + i, l[1],
                        weight*np.random.random()))
    return num, nodes
```

对于调试和直觉，它有助于可视化图形。下面例程的输出可用于使用 Graphviz（graphviz.org，2021）可视化图形。图 6.31 中的曲线就是这样画出来的。

```python
def graph_to_dot(n: int, nodes: List[int], max_cut) -> None:
    """Convert graph (up to 64 nodes) to dot file."""

    print('graph {')
    print('  {\n    node [ style=filled ]')
    pattern = bin(max_cut)[2:].zfill(n)
    for idx, val in enumerate(pattern):
        if val == '0':
            print(f'    "{idx}" [fillcolor=lightgray]')
    print('  }')
    for node in nodes:
        print('  "{}" -- "{}" [label="{:.1f}",weight="{:.2f}"];'
              .format(node[0], node[1], node[2], node[2]))
    print('}')
```

6.13.4 计算最大割

图节点编号从 0 到 $n-1$。我们使用二进制表示来编码切割。例如，图 6.31a 中的节点 0 和 2 在集合 L 中，节点 1 和 3 在集合 R 中。我们将节点 0 与二进制比特串中的索引 0 对齐（从左到右），并将切割表示为二进制串 1010。我们将这种表示扩展到量子态，将量子比特

q_i 与图节点 n_i 相关联:

$$| \quad \underset{n_0}{1} \quad \underset{n_1}{0} \quad \underset{n_2}{1} \quad \underset{n_3}{0} \quad \rangle$$

根据我们所选择的数据结构,我们可以穷尽地计算最大割,但相当低效。对于 n 个节点,我们生成从 0 到 n 的所有二进制比特串。对于每个比特串,我们遍历各个比特并构建两个索引集:比特串中具有 0 的索引和比特串中具有 1 的索引。例如,比特串 11001 将创建集合 $L = \{0,1,4\}$ 和集合 $R = \{2,3\}$。

然后,计算将遍历图中的所有边。对于每条边,如果其中一个顶点在 L 中,另一个在 R 中,则在集合之间存在边。我们将边权重添加到当前计算的最大割,并保持绝对最大割。最后,我们以十进制的形式返回相应的位模式。例如,如果最大割是二进制 11001,则例程返回 25(此例程最多只能处理 64 位或顶点)。

```python
def compute_max_cut(n: int, nodes: List[int]) -> int:
    """Compute (inefficiently) the max cut, exhaustively."""

    max_cut = -1000
    for bits in helper.bitprod(n):
        # Collect in/out sets.
        iset = []
        oset = []
        for idx, val in enumerate(bits):
            iset.append(idx) if val == 0 else oset.append(idx)

        # Compute costs for this cut, record maximum.
        cut = 0
        for node in nodes:
            if node[0] in iset and node[1] in oset:
                cut += node[2]
            if node[1] in iset and node[0] in oset:
                cut += node[2]
        if cut > max_cut:
            max_cut_in, max_cut_out = iset.copy(), oset.copy()
            max_cut  = cut
            max_bits = bits

    state = bin(helper.bits2val(max_bits))[2:].zfill(n)
    print('Max Cut. N: {}, Max: {:.1f}, {}  -  {}, |{}>'
          .format(n, np.real(max_cut), max_cut_in, max_cut_out,
                  state))
    return helper.bits2val(max_bits)
```

当然,这段代码的性能相当糟糕,但也许表明了问题的组合特征。在标准工作站上,计算 20 个节点的最大割大约需要 10s;计算 23 个节点的最大割大约需要 110s。即使考虑到 Python 和 C++ 之间的性能差异以及相对较差的数据结构选择,很明显,对于较大的图,运行时将很快变得难以处理。

注意，该解是对称的。如果最大割是 $L=\{0,1,4\}$ 和 $R=\{2,3\}$，则 $R=\{0,1,4\}$ 和 $L=\{2,3\}$ 也是最大割。

6.13.5 构造哈密顿量

为了构造哈密顿量，我们遍历图的边。我们用不属于边的节点的单位矩阵和由边连接的顶点的 Pauli 矩阵 σ_z 来构建张量积。这遵循上文 6.13.1 节中概述的非常简要的方法。我们也可以利用 Pauli σ_z "容易"测量的直觉，正如我们在 6.11 节概述的关于 Pauli 基的测量。Pauli 矩阵 σ_z 有特征值 +1 和 −1。边可以增加或减少哈密顿量的能量，这取决于顶点落入哪个集合。这种构造增加了同一集合中顶点的能量。

以图 6.31a 中的图形为例，我们将为所有边 $e_{from,to}$ 建立张量积：

$$e_{0,1}=1.0(Z\otimes Z\otimes I\otimes I)$$
$$e_{0,2}=3.0(Z\otimes I\otimes Z\otimes I)$$
$$e_{0,3}=4.6(Z\otimes I\otimes I\otimes Z)$$
$$e_{1,2}=2.0(I\otimes Z\otimes Z\otimes I)$$
$$e_{2,3}=3.5(I\otimes I\otimes Z\otimes Z)$$

我们将这些部分算子相加，构造出最终的哈密顿量，它反映了方程（6.17）。

$$\mathcal{H}=e_{0,1}+e_{0,2}+e_{0,3}+e_{1,2}+e_{2,3}$$

下面是构造完全矩阵形式的哈密顿量的代码。它迭代边缘并构造完整的张量积，如上所示：

```python
def graph_to_hamiltonian(n: int, nodes: List[int]) -> ops.Operator:
    """Compute Hamiltonian matrix from graph."""

    # Full matrix.
    H = np.zeros((2**n, 2**n))
for node in nodes:
    idx1 = node[0]
    idx2 = node[1]
    if idx1 > idx2:
        idx1, idx2 = idx2, idx1
    op = 1.0
    for _ in range(idx1):
        op = op * ops.Identity()
    op = op * (node[2] * ops.PauliZ())
    for _ in range(idx1 + 1, idx2):
        op = op * ops.Identity()
    op = op * (node[2] * ops.PauliZ())
    for _ in range(idx2 + 1, n):
        op = op * ops.Identity()
    H = H + op
return ops.Operator(H)
```

正如我们到目前为止所描述的，对于一个有 n 个节点的图，我们必须构建大小为 $2^n \times 2^n$ 的算子矩阵，这并不能很好地扩展。然而，请注意，单位矩阵和 σ_z 都是对角矩阵。对角矩阵的张量积得到对角矩阵。举例来说：

$$I \otimes I \otimes Z = \begin{bmatrix} 1 & 0 & 0 & 0 & 0 & 0 & 0 & 0 \\ 0 & -1 & 0 & 0 & 0 & 0 & 0 & 0 \\ 0 & 0 & 1 & 0 & 0 & 0 & 0 & 0 \\ 0 & 0 & 0 & -1 & 0 & 0 & 0 & 0 \\ 0 & 0 & 0 & 0 & 1 & 0 & 0 & 0 \\ 0 & 0 & 0 & 0 & 0 & -1 & 0 & 0 \\ 0 & 0 & 0 & 0 & 0 & 0 & 1 & 0 \\ 0 & 0 & 0 & 0 & 0 & 0 & 0 & -1 \end{bmatrix}$$
$$= \mathrm{diag}(1, -1, 1, -1, 1, -1, 1, -1)$$

如果我们将一个因子作用于任何单个算子，该因子在整个对角线上相乘。让我们看看如果我们在张量积的索引 $0, 1, 2, \cdots$ 处作用 σ_z 会发生什么（从右到左）：

$$I \otimes I \otimes Z = \mathrm{diag}(+1, -1, +1, -1, +1, -1, \underbrace{+1}_{2^0}, \underbrace{-1}_{2^0})$$
$$I \otimes Z \otimes I = \mathrm{diag}(+1, +1, -1, -1, \underbrace{+1, +1}_{2^1}, \underbrace{-1, -1}_{2^1})$$
$$Z \otimes I \otimes I = \mathrm{diag}(\underbrace{+1, +1, +1, +1}_{2^2}, \underbrace{-1, -1, -1, -1}_{2^2})$$

这些是 2 的幂的模式，类似于我们在门的快速作用例程中看到的模式。这意味着我们可以优化对角哈密顿量的构造，并且只构造对角张量积！完整的矩阵代码非常慢，只能勉强处理 12 个图节点。下面的对角版本可以轻松处理两倍的节点。 C++ 加速可能有助于进一步提高可伸缩性，尤其是因为对 tensor_diag 的调用可以并行化。

```python
def tensor_diag(n: int, fr: int, to: int, w: float):
    """Construct a tensor product from diagonal I, Z matrices."""

    def tensor_product(w1:float, w2:float, diag):
        return [j for i in zip([x * w1 for x in diag],
                               [x * w2 for x in diag]) for j in i]

    diag = [w, -w] if (0 == fr or 0 == to) else [1, 1]
    for i in range(1, n):
        if i == fr or i == to:
            diag = tensor_product(w, -w, diag)
        else:
            diag = tensor_product(1, 1, diag)
    return diag


def graph_to_diagonal_h(n: int, nodes: List[int]) -> np.ndarray:
```

```
"""Construct diag(H)."""

h = [0.0] * 2**n
for node in nodes:
    diag = tensor_diag(n, node[0], node[1], node[2])
    for idx, val in enumerate(diag):
        h[idx] += val
return h
```

6.13.6　窥视法的 VQE

我们构造了哈密顿量之后，我们通常会运行 VQE（或 QAOA）来找到最小特征值。相应的本征态将以二进制形式对最大割进行编码。然而，在这里的模拟情况下，我们不必运行 VQE，我们可以只看一看哈密顿矩阵。它是对角的，意味着特征值在对角线上。对应的本征态是一个状态向量，在二进制编码中，在同一行或列中有单个 1 作为最小特征值。例如，对于图 6.32 中的图形，哈密顿量为

$$\mathcal{H} = \text{diag}(49.91, -21.91, -18.67, -5.32, 10.67, -2.67, -41.91, 29.91,$$
$$29.91, -41.91, -2.67, 10.67, -5.32, -18.67, -21.91, 49.91)$$

最小值是 -41.91，出现在两个位置：索引 6，即二进制 0110 和互补索引 9，即二进制 1001。这对应于状态 $|0110\rangle$ 和互补 $|1001\rangle$。这正是图 6.32 中的最大割模式。我们通过在一个合适的哈密顿量上应用 VQE 的窥视法找到了最大割！

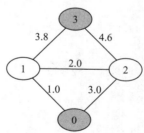

图 6.32　4 个节点的图，最大割是 {0, 3},{1, 2}，二进制集合编码为 0110

下面是运行实验的代码。它构造图并穷举地计算最大割，然后计算哈密顿量，得到最小值及其在对角线上的指数。

```
def run_experiment(num_nodes: int):
    """Run an experiment, compute H, match against Max-Cut."""

    n, nodes = build_graph(num_nodes)
    max_cut  = compute_max_cut(n, nodes)
    #
    # These two lines are the basic implementation, where
    # a full matrix is being constructed. However, these
    # are diagonal, and can be constructed much faster.
    #    H       = graph_to_hamiltonian(n, nodes)
```

```
#    diag      = H.diagonal()
#
diag       = graph_to_diagonal_h(n, nodes)
min_idx    = np.argmin(diag)

# Results...
if flags.FLAGS.graph:
    graph_to_dot(n, nodes, max_cut)

if min_idx == max_cut:
    print('SUCCESS: {:+10.2f} |{}>'.format(np.real(diag[min_idx]),
                    bin(min_idx)[2:].zfill(n)))
else:
    print('FAIL   : {:+10.2f} |{}> '.format(np.real(diag[min_idx]),
                    bin(min_idx)[2:].zfill(n)), end='')
    print('Max-Cut: {:+10.2f} |{}>'.format(np.real(diag[max_cut]),
                    bin(max_cut)[2:].zfill(n)))
```

运行这段代码，我们发现它并不总是成功，它在 20% ～ 30% 的调用中失败。我们的标准非常严格，要将运行标记为成功，我们检查是否找到了最佳割。任何其他情况都被视为失败。然而，即使没有找到最佳割，结果仍然在最佳的 30% 以内，并且通常显著低于 20%。这与 QAOA 论文中的分析相符。

例如，运行具有 12 个节点的图可能会产生如下输出：

```
Max Cut. N: 12, Max: 38.9, [0, 1, 4, 7, 9, 10]-[2, 3, 5, 6, 8, 11],
↪ |001101101001>
SUCCESS :   -129.39 |001101101001>
Max Cut. N: 12, Max: 39.5, [0, 1, 5, 6, 7, 9]-[2, 3, 4, 8, 10, 11],
↪ |001110001011>
SUCCESS :   -117.64 |001110001011>
Max Cut. N: 12, Max: 46.0, [0, 3, 5, 8, 11]-[1, 2, 4, 6, 7, 9, 10],
↪ |011010110110>
FAIL    :   -146.79 |001010110110>  Max-Cut:   -145.05 |011010110110>
[...]
Max Cut. N: 12, Max: 43.7, [0, 1, 3, 4, 7, 8, 9, 10]-[2, 5, 6, 11],
↪ |001001100001>
SUCCESS :   -124.69 |001001100001>
```

用图的最大度进行实验是有教育意义的，因为这似乎是影响该算法失败率的因素之一。

6.14 子集和算法

在 6.13 节中，我们看到了如何使用 QAOA 和 VQE（通过窥视法）来解决优化问题。在本节中，我们将探讨另一种此类算法，即所谓的子集和问题。与最大割类似，这个问题也是 NP 完全的。

这个问题可以用下面的方式来表述。给定一个整数集合 S，S 能被分为两个集合 L 和 $R = S - L$，使得 L 中元素的和等于 R 中元素的和吗？

$$\sum_{i}^{|L|} l_i = \sum_{j}^{|R|} r_j$$

我们也将用一个构造得与最大割非常相似的哈密顿量来表示这个问题，不同的是我们只为 S 中的每个数引入一个加权 Z 门。在最大割中，我们寻找的是最小能态。对于这个平衡和问题，我们必须寻找一个零能态，因为这将表明能量平衡，或者部分和的平衡。我们的实现只决定解决方案是否存在。它没有找到具体的解决办法。

6.14.1 实现

由于该算法需要进行实验，我们将相关参数定义为命令行选项（实现在文件 src/subset_sum.py 中）。S 中的最大整数由参数 nmax 指定。我们将整数编码为比特串中的位置，或者相应地，一个状态。对于最大为 nmax 的整数，我们将需要 nmax 个量子比特。集合 S 的大小 |S| 由参数 nnum 指定。通过参数迭代指定要运行的实验次数。

```
flags.DEFINE_integer('nmax', 15, 'Maximum number')
flags.DEFINE_integer('nnum',  6,
                        'Maximum number of set elements [1-nmax]')
flags.DEFINE_integer('iterations', 20, 'Number of experiments')
```

下一步是获取 nnum 个随机的、唯一的整数，范围从 1 到 nmax（包括 1 和 nmax）。其他范围也是可能的，包括负数，但是考虑到我们使用整数作为比特位置，我们必须将任何这样的范围映射到 0 到 nmax 的范围。

```
def select_numbers(nmax: int, nnum: int) -> List[int]:
    """Select nnum random, unique numbers in range 1 to nmax."""

    while True:
        sample = random.sample(range(1, nmax), nnum)
        if sum(sample) % 2 == 0:
            return sample
```

下一步是计算对角张量积。请注意，我们只需要检查一个数字和一个相应的加权（索引 i）Z 门。

```
def tensor_diag(n: int, num: int):
    """Construct tensor product from diagonal matrices."""

    def tensor_product(w1: float, w2: float, diag):
        return [j for i in zip([x * w1 for x in diag],
                               [x * w2 for x in diag]) for j in i]

    diag = [1, -1] if num == 0 else [1, 1]
    for i in range(1, n):
        if i == num:
            diag = tensor_product(i, -i, diag)
        else:
            diag = tensor_product(1, 1, diag)
    return diag
```

构造哈密顿量的最后一步是将上面步骤中的所有对角张量积相加。该函数与最大割算法中的相同函数相同，除了调用例程来计算对角张量积本身。如果我们实现更多这种类型的算法，我们将清楚地推广这种构造。

```python
def set_to_diagonal_h(num_list: List[int],
                      nmax: int) -> np.ndarray:
    """Construct diag(H)."""

    h = [0.0] * 2**nmax
    for num in num_list:
        diag = tensor_diag(nmax, num)
        for idx, val in enumerate(diag):
            h[idx] += val
    return h
```

6.14.2 实验

现在来做实验。我们在上面的步骤中创建了一个随机数列表。下一步是详尽地计算潜在的划分。与最大割类似，我们在二进制位模式的帮助下将一组数字分成两组。对于每个划分，我们计算这两个集合的两个和。如果结果匹配，那么我们将相应的位模式添加到结果列表中。然后例程返回这个列表，如果没有找到给定的一组数字的解决方案，这个列表可以是空的，示例集划分如图 6.33 所示。

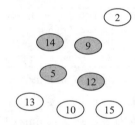

图 6.33　8 个整数的子集划分，白色和灰色集合中所有元素的部分和相等

```python
def compute_partition(num_list: List[int]):
    """Compute partitions that add up."""

    solutions = []
    for bits in helper.bitprod(len(num_list)):
        iset = []
        oset = []
        for idx, val in enumerate(bits):
            (iset.append(num_list[idx]) if val == 0 else
             oset.append(num_list[idx]))
        if sum(iset) == sum(oset):
            solutions.append(bits)
    return solutions
```

当然，我们需要一个小的设施来输出结果：

```python
def dump_solution(bits: List[int], num_list: List[int]):
    iset = []
    oset = []
    for idx, val in enumerate(bits):
        (iset.append(f'{num_list[idx]:d}') if val == 0  else
         oset.append(f'{num_list[idx]:d}'))
    return '+'.join(iset) + ' == ' + '+'.join(oset)
```

最后，我们进行实验。对于每个实验，我们创建一组数字，详尽地计算解决方案，并计算哈密顿量。

```
def run_experiment() -> None:
    """Run an experiment, compute H, match against 0."""

    nmax = flags.FLAGS.nmax
    num_list = select_numbers(nmax, flags.FLAGS.nnum)
    solutions = compute_partition(num_list)
    diag = set_to_diagonal_h(num_list, nmax)
```

我们通过窥视法执行 VQE。对于最大割，我们从对角线上选取了一个已定义的索引和值。但是，在这里要寻找的正确值是什么呢？最终，我们要寻找的是一个零能态，因为这将表明集合 L 和 R 之间是平衡的。因此，我们在哈密顿量的对角线上寻找零。可以有多个零，但只要能找到一个零，我们就知道应该有一个解。如果没有彻底找到解，但我们仍然在对角线上找到零，我们知道我们遇到了错误的正例。相反，如果在对角线上没有找到零，但穷举搜索确实找到了一个解，我们就会遇到错误的反例。下面的代码检查这两个条件。

```
non_zero = np.count_nonzero(diag)
if non_zero != 2**nmax:
    print('Solution should exist...', end='')
    if solutions:
        print(' Found Solution:',
              dump_solution(solutions[0], num_list))
        return True
    raise AssertionError('False positive found.')
if solutions:
    raise AssertionError('False negative found.')
return False
```

当我们运行代码时，我们应该看到 100% 的成功率：

```
for i in range(flags.FLAGS.iterations):
        ret = run_experiment()
[...]
Solution should exist... Found Solution: 13+1+5+3 == 14+8
Solution should exist... Found Solution: 4+9+14 == 12+5+10
Solution should exist... Found Solution: 10+1+14 == 4+12+9
Solution should exist... Found Solution: 12+7+10 == 6+9+14
[...]
Solution should exist... Found Solution: 1+3+11+2 == 5+12
Solution should exist... Found Solution: 13+5+7 == 2+9+14
```

6.15　Solovay-Kitaev 定理与算法

我们现在换个话题讨论 Solovay-Kitaev（SK）定理和相应的算法（Kitaev et al.，2002），其证明了任何酉门都可以近似于一组有限的通用门，在单量子比特门的情况下，只需要 Hadamard 门和 T 门。这个定理是量子计算中的关键结果之一。这个定理的一个适合我们的版本如下：

定理 6.1 （Solovay-Kitaev 定理）设 G 是 $SU(2)$ 中的包含它自己的逆的有限元素集，使得 $\langle G \rangle$ 在 $SU(2)$ 中是稠密的。设 $\epsilon > 0$，则存在一个常数 c，使得对于 $SU(2)$ 中的任何 U，都存在一个长度为 $O(\log^c(1/\epsilon))$ 的门序列使得 $\| S - U \| < \epsilon$。

在英语中，这个定理说，对于给定的西门 U，有一个有限的将 U 近似到任意精度的通用门序列。在某种程度上，这不应使我们感到惊讶，因为如果不是这样，很难说是普遍的。产生的门序列可以相当长，并且似乎该领域已经向前发展（Ross & Selinger, 2016, 2021；Kliuchnikov et al., 2015）。尽管如此，这个算法还是开创性的，而且极其优雅。

我们将使用（Dawson & Nielsen, 2006）的教学评论作为向导来研究它。我们从几个重要的概念和函数开始。然后，我们概述算法的高级结构，然后再深入研究复杂的部分和实现。

6.15.1 通用门

对于单量子比特，一组通用门由 Hadamard 门 H 和 T 门组成。我们称这个集合为"通用的"，因为 Bloch 球面上的任何一点都可以通过这两个门构造的序列到达。我们在下面证明了这一点，即基于这两个门的 SK 算法可以近似任何西矩阵，达到任意精度。我们在这里以零散的方式开发实现，完整的代码可在开放源代码库 src/solovay_kitaev.py 中找到。

6.15.2 $SU(2)$

SK 算法的一个要求是所涉及的通用门是 $SU(2)$ 群的一部分，$SU(2)$ 群是所有由行列式为 1 的 2×2 西矩阵构成的群。Hadamard 门和 T 门的行列式都不是 1。为了将这些门转换为 $SU(2)$ 的成员，我们应用简单的变换：

$$U' = \sqrt{\frac{1}{\det U}} U$$

```python
def to_su2(U):
    """Convert a 2x2 unitary to a unitary with determinant 1.0."""

    return np.sqrt(1 / np.linalg.det(U)) * U
```

我们不会更深入地讨论 $SU(2)$ 和李群的相关数学。为了我们的目的，我们应该简单地从旋转的角度来考虑 $SU(2)$。对于给定的旋转 V，逆旋转是 $V^\dagger$，其中 $VV^\dagger = I$。对于两个旋转 U 和 V，UV 的逆是 $V^\dagger U^\dagger$，其中 $UVV^\dagger U^\dagger = I$。然而，类似于魔方上的两个垂直面如何相互旋转，$UVU^\dagger V^\dagger \neq I$。

6.15.3 Bloch 球的角度和轴

任何 2×2 西矩阵都是这种形式：

$$U = \begin{bmatrix} a & b \\ c & d \end{bmatrix}$$

我们也可以用下面的方式写这样一个酉算子。符号 $\hat{n}$ 是指正交的三维轴。符号 $\vec{\sigma}$ 是指 Pauli 矩阵：

$$U = e^{i\theta\hat{n}\cdot\frac{1}{2}\vec{\sigma}} = I\cos(\theta/2) + i\hat{n}\vec{\sigma}\sin(\theta/2)$$

这意味着任何酉矩阵都可以从指定坐标系中的 Pauli 矩阵的线性组合中构造出来。作用这些酉算子等于绕轴 $\hat{n}$ 旋转角度 θ，只有轴上的元素不受旋转影响。有了这个，我们可以用以下展开式计算给定酉矩阵的角度和轴：

$$\begin{aligned}
U &= e^{i\theta\hat{n}\cdot\frac{1}{2}\vec{\sigma}} = e^{i\theta\hat{n}/2\cdot\vec{\sigma}} \\
&= I\cos(\theta/2) + \hat{n}\cdot i\vec{\sigma}\sin(\theta/2) \\
&= I\cos(\theta/2) + n_1 i\sigma_1\sin(\theta/2) + n_2 i\sigma_2\sin(\theta/2) + n_3 i\sigma_3\sin(\theta/2) \\
&= \begin{bmatrix} \cos(\theta/2) & 0 \\ 0 & \cos(\theta/2) \end{bmatrix} + \begin{bmatrix} 0 & n_1 i\sin(\theta/2) \\ n_1 i\sin(\theta/2) & 0 \end{bmatrix} + \\
&\quad \begin{bmatrix} 0 & n_2\sin(\theta/2) \\ -n_2\sin(\theta/2) & 0 \end{bmatrix} + \begin{bmatrix} n_3 i\sin(\theta/2) & 0 \\ 0 & -n_3 i\sin(\theta/2) \end{bmatrix} \\
&= \begin{bmatrix} \cos(\theta/2) + n_3 i\sin(\theta/2) & n_2\sin(\theta/2) + n_1 i\sin(\theta/2) \\ -n_2\sin(\theta/2) + n_1 i\sin(\theta/2) & \cos(\theta/2) - n_3 i\sin(\theta/2) \end{bmatrix} = \begin{bmatrix} a & b \\ c & d \end{bmatrix}
\end{aligned}$$

我们用简单的代数变换计算相关参数：

$$\theta = 2\arccos\frac{a+d}{2}$$

$$n_1 = \frac{b+c}{2i\sin(\theta/2)}$$

$$n_2 = \frac{b-c}{2\sin(\theta/2)}$$

$$n_3 = \frac{a-d}{2i\sin(\theta/2)}$$

对应的（未优化的）代码是：

```python
def u_to_bloch(U):
  """Compute angle and axis for a unitary."""

  angle = np.real(np.arccos((U[0, 0] + U[1, 1])/2))
  sin = np.sin(angle)
  if sin < 1e-10:
    axis = [0, 0, 1]
  else:
    nx = (U[0, 1] + U[1, 0]) / (2j * sin)
    ny = (U[0, 1] - U[1, 0]) / (2 * sin)
    nz = (U[0, 0] - U[1, 1]) / (2j * sin)
    axis = [nx, ny, nz]
  return axis, 2 * angle
```

6.15.4　相似性度量

迹距离是两个状态的相似性度量。通常，这个概念适用于表示密度矩阵的状态，但我们也可以采用它来衡量算子之间的相似性。对于两个算子 ρ 和 ϕ，迹距离定义为：

$$T(\rho,\phi) = \frac{1}{2}\text{tr}\left[\sqrt{(\rho-\phi)^{\dagger}(\rho-\phi)}\right]$$

在代码中，这看起来很简单：

```python
def trace_dist(U, V):
    """Compute trace distance between two 2x2 matrices."""

    return np.real(0.5 * np.trace(np.sqrt((U - V).adjoint() @ (U - V))))
```

还有其他相似性度量。例如，量子保真度。使用这些措施进行实验以研究它们对我们实现的准确性的影响是有指导意义的：

$$F(\rho,\phi) = \left(\text{tr}\left[\sqrt{\sqrt{\rho}\phi\sqrt{\rho}}\right]\right)^{2}$$

6.15.5　预计算门

SK 算法是递归的。在最里面的步骤，它将给定的酉算子 U 映射到预计算门序列库，挑选最接近 U 的结果门，通过迹距离（或其他相似性度量）测量。

预计算门序列的过程可以变得相当简单。我们只提供了一个最基本的实现，这是缓慢的，但具有易于理解的优势。只有两个基本门，如上所示。我们生成所有的比特串，直到某个长度，例如 0、1、00、01、10、11、000、001 等。我们用单位门 I 初始化一个临时门，并迭代每个比特串，将临时门与两个基本门之一相乘，这具体取决于比特串中的一个比特被设置为 0 还是 1。该函数返回所有预先计算的门的列表。为了简单起见，我们丢弃实际的门序列，我们只保留所得到的酉矩阵，因为知道它是从基本门计算的。

```python
def create_unitaries(base, limit):
    """Create all combinations of all base gates, up to length 'limit'."""

    # Create bitstrings up to bitstring length limit-1:
    #   0, 1, 00, 01, 10, 11, 000, 001, 010, ...
    #
    # Multiply together the 2 base operators, according to their index.
    # Note: This can be optimized, by remembering the last 2^x results
    # and multiplying them with base gates 0, 1.
    #
    gate_list = []
    for width in range(limit):
        for bits in helper.bitprod(width):
            U = ops.Identity()
            for bit in bits:
                U = U @ base[bit]
```

```
        gate_list.append(U)
    return gate_list
```

为了查找最近的门，我们遍历门的列表，计算到每个门的迹距离，并返回具有最小距离的门。同样，为了便于说明，这段代码保持简单。它非常慢，但有一些方法可以显著加快它，例如使用 KD 树（Wikipedia, 2021a）。

```
def find_closest_u(gate_list, u):
    """Find the one gate in the list closest to u."""

    min_dist, min_u = 10, ops.Identity()
    for gate in gate_list:
        tr_dist = trace_dist(gate, u)
        if tr_dist < min_dist:
            min_dist, min_u = tr_dist, gate
    return min_u
```

请注意，我们在这里生成门序列的方式会导致重复的门。例如，当绘制生成的门对状态 $|0\rangle$ 的影响时，我们看到生成的不同门在 Bloch 球上非常稀疏，如图 6.34 所示。

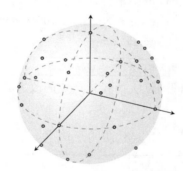

图 6.34　作用于状态 $|0\rangle$ 的 256 个生成门序列的分布，其中有许多重复的门

6.15.6　算法

现在我们准备讨论算法。我们用代码描述它，一行一行地解释它。输入是我们试图近似的酉算子 U 和最大递归深度 n。

```
def sk_algo(U, gates, n):
    if n == 0:
        return find_closest_u(gates, U)
    else:
        U_next = sk_algo(U, gates, n-1)
        V, W   = gc_decomp(U @ U_next.adjoint())
        V_next = sk_algo(V, gates, n-1)
        W_next = sk_algo(W, gates, n-1)
        return (V_next @ W_next @ V_next.adjoint() @ W_next.adjoint() @
                U_next)
```

递归从初始值 n 开始倒计时，当它到达 $n==0$ 的终止情况时停止。在这一点上，算法查找它能找到最近的预计算门。

```
if n == 0:
    return find_closest_u(gates, U)
```

从这个基本近似开始，下面的步骤通过作用其他不精确门的序列来进一步改进近似。这个算法的神奇之处在于，它确实有效！

第一个递归步骤试图找到 U 的近似值。例如，如果 $n==1$，则递归将到达终止子句并返回最近的预计算门。

```
U_next = sk_algo(U, gates, n-1)
```

接下来的关键步骤是定义 $\Delta = UU_{n-1}^{\dagger}$ 和改进 Δ 的近似。我们将 U 和 $U_{n-1}^{\dagger}$ 的两个门序列连接起来，以获得改进的近似。有趣的是我们使用 $U_{n-1}^{\dagger}$。门 U_{n-1} 让我们更接近目标。递归想要找出我们之前为了到达这个门做了什么。

我们将 Δ 分解为一个群交换子，定义为 $\Delta = VWV^{\dagger}W^{\dagger}$，其中有酉门 V 和 W。这样的分解有无穷多个，但我们应用一个精确准则来得到一个平衡的群交换子。这种分解的数学原理超出了本书的范围。我们参考（Dawson & Nielsen，2006；Kitaev et al.，2002）的详细信息。这里我们接受结果并展示如何实现 gc_decomp()。

```
V, W    = gc_decomp(U @ U_next.adjoint())
```

接下来的递归步骤是用相同的算法得到 V，W 的改进的近似，并返回一个新的改进的序列 $UU_{n-1}^{\dagger}$，如下：

$$U_n = V_{n-1}W_{n-1}V_{n-1}^{\dagger}W_{n-1}^{\dagger}U_{n-1}$$

```
V_next = sk_algo(V, gates, n-1)
W_next = sk_algo(W, gates, n-1)
return (V_next @ W_next @
        V_next.adjoint() @ W_next.adjoint() @ U_next
```

6.15.7 平衡的群交换子

对于一个酉算子 U，存在无穷多个群交换子分解。我们要寻找的是这样一个方程：$VWV^{\dagger}W^{\dagger} = U$，但 I 与 V 和 W 之间的距离小于某个误差界。U_n 和 U_{n-1} 之间的差也将接近上述算法中的单位矩阵。该条件可以表示如下，其中 $d()$ 是相似性度量，c 是常数：

$$d(I,V), d(I,W) < c\sqrt{\epsilon}$$

这可以通过将 V 视为围绕 Bloch 球的 x 轴旋转角度 ϕ，W 视为围绕 y 轴的旋转来类似实现。群交换子 $VWV^{\dagger}W^{\dagger}$ 表示围绕 Bloch 球的轴 $\hat{n}$ 旋转角度 θ，满足方程（6.18）：

$$\sin(\theta/2) = 2\sin^2(\phi/2)\sqrt{1 - \sin^4(\phi/2)} \tag{6.18}$$

在接下来的几段中，我们将首先推导方程（6.18），然后求解 ϕ。V 和 W 都被定义为绕

x 轴和 y 轴的旋转：

$$V = R_x(\phi)$$
$$V^\dagger = R_x(\phi)^\dagger = R_x(-\phi)$$
$$U = VWV^\dagger W^\dagger = R_x(\phi)R_y(\phi)R_x(-\phi)R_y(-\phi)$$

类似于我们如何导出酉算子的 Bloch 球的角度和轴，我们将旋转表示为：

$$R_x(\phi) = \cos(\phi/2)I + i\sin(\phi/2)X$$
$$R_y(\phi) = \cos(\phi/2)I + i\sin(\phi/2)Y$$

我们可以把它乘出来，只计算上面的对角元素，因为 $\cos\left(\dfrac{\theta}{2}\right) = \dfrac{a+d}{2}$ 可以得到：

$$\cos(\theta/2) = \cos^4(\phi/2) + 2\cos^2(\phi/2)\sin^2(\phi/2) - \sin^4(\phi/2)$$

我们可以分解出 $\cos^2(\phi/2) + \sin^2(\phi/2)$ 用于：

$$\begin{aligned}
\cos(\theta/2) &= \cos^4(\phi/2) + 2\cos^2(\phi/2)\sin^2(\phi/2) - \sin^4(\phi/2)\\
&= (\cos^2(\phi/2) + \sin^2(\phi/2))^2 - 2\sin^4(\phi/2)\\
&= 1 - 2\sin^4(\phi/2)
\end{aligned}$$

使用勾股定理，我们得到了我们正在寻找的形式：

$$\begin{aligned}
\sin^2(\theta/2) &= 1 - \cos^2(\theta/2)\\
&= 1 - (1 - 2\sin^4(\phi/2))^2\\
&= 4\sin^4(\phi/2) - 4\sin^8(\phi/2)\\
&= 4\sin^4(\phi/2)(1 - \sin^4(\phi/2))\\
\Rightarrow \sin(\theta/2) &= 2\sin^2(\phi/2)\sqrt{1 - \sin^4(\phi/2)}
\end{aligned}$$

现在来求解 ϕ。从我们到目前为止所做的，我们知道如何计算一个算子的 θ。通过对整个方程求平方，我们去掉了方程（6.18）中的平方根。为了便于表达，我们用 x 代替左边：

$$\begin{aligned}
x = \left(\frac{\sin(\theta/2)}{2}\right)^2 &= \left(\sin^2(\phi/2)\sqrt{1 - \sin^4(\phi/2)}\right)^2\\
x &= \sin^4(\phi/2)(1 - \sin^4(\phi/2))\\
&= \sin^4(\phi/2) - \sin^8(\phi/2)\\
\Rightarrow 0 &= \sin^4(\phi/2) - \sin^8(\phi/2) - x\\
&= \sin^8(\phi/2) - \sin^4(\phi/2) + x
\end{aligned}$$

这是一个二次方程，我们可以求解：

$$y^2 - y + x = 0$$
$$\Rightarrow \sin^4(\phi/2) = y = \frac{1 \pm \sqrt{1-4x}}{2}$$

$$sin(\phi / 2) = \sqrt{\sqrt{y}}$$
$$\phi = 2\arcsin(\sqrt[4]{y}) \qquad (6.19)$$

展开 y（并记住 $\cos^2(\phi) + \sin^2(\phi) = 1$）：

$$y = \frac{1 \pm \sqrt{1 - 4x}}{2}$$
$$= \frac{1 \pm \sqrt{1 - 4\sin^2(\theta / 2) / 4}}{2}$$
$$= \frac{1 \pm \cos(\theta / 2)}{2}$$

将其代入方程（6.19），得到 ϕ 的最终结果。我们忽略二次方程中的 + 的情况，因为我们的目标是得到方程（6.18）[⊖]：

$$\phi = 2\arcsin\left(\sqrt[4]{\frac{1 - \cos(\theta / 2)}{2}}\right)$$

构造过程如下。我们假设 U 是绕某个轴 $\hat{x}$ 旋转 θ 角度。角度 ϕ 是方程（6.18）的解。我们将 V，W 定义为旋转角度 ϕ，所以 U 必须与 θ 的旋转共轭，对于某些酉矩阵 S，$U = S(VWV^{\dagger}W^{\dagger})S^{\dagger}$。我们定义 $\hat{V} = SVS^{\dagger}$ 和 $\hat{W} = SWS^{\dagger}$ 以获得

$$U = \hat{V}\hat{W}\hat{V}^{\dagger}\hat{W}^{\dagger}$$

让我们用代码来写这个。首先，我们定义函数 gc_decomp，添加一个辅助函数来对角化酉矩阵。我们计算如上所述的 θ 和 ϕ：

```
def gc_decomp(U):
  """Group commutator decomposition."""

  def diagonalize(U):
    _, V = np.linalg.eig(U)
    return ops.Operator(V)

  # Get axis and theta for the operator.
  axis, theta = u_to_bloch(U)
  # The angle phi comes from eq 6.21 above.
  phi = 2.0 * np.arcsin(np.sqrt(
      np.sqrt((0.5 - 0.5 * np.cos(theta) / 2))))
```

我们计算了 Bloch 球面上的轴，并构造了旋转算子 V 和 W：

```
V = ops.RotationX(phi)
if axis[2] > 0:
  W = ops.RotationY(2 * np.pi - phi)
```

⊖ 我们建议严谨的读者在这里注意。

```
else:
    W = ops.RotationY(phi)
```

最后，我们计算 S 作为从 U 到交换子的变换：

```
Ud = diagonalize(U)
VWVdWd = diagonalize(V @ W @ V.adjoint() @ W.adjoint())
S = Ud @ VWVdWd.adjoint()
```

并计算如上所述的结果：

```
V_hat = S @ V @ S.adjoint()
W_hat = S @ W @ S.adjoint()
return V_hat, W_hat
```

6.15.8　评估

对于一个简短的轶事评估，我们定义了关键参数，并运行了一些实验。要运行的实验数量由 num_experiments 给出。可变深度是我们用于预计算门的比特串的最大长度。对于深度值 x，预计算 $2^x - 1$ 个门。变量递归是 SK 算法的递归深度。使用这些值进行实验，以探索你可以实现的精度和性能，这是很有指导意义的。

```
def main(argv):
  if len(argv) > 1:
    raise app.UsageError('Too many command-line arguments.')

  num_experiments = 10
  depth = 8
  recursion = 4
  print('SK algorithm - depth: {}, recursion: {}, experiments: {}'.
        format(depth, recursion, num_experiments))
```

接下来，我们计算 $SU(2)$ 基本门并创建预计算门。

```
base = [to_su2(ops.Hadamard()), to_su2(ops.Tgate())]
gates = create_unitaries(base, depth)
sum_dist = 0.0
```

最后，我们进行实验。在每个实验中，我们从随机选择的旋转组合中创建一个酉门 U。我们应用该算法并计算和输出结果的距离度量。我们还比较了原始的和近似的酉门对 $|0\rangle$ 状态的影响。我们计算结果状态之间的点积，并显示它偏离 1.0 的程度，以百分比表示。这可以给予对剩余近似误差的影响的直观测量。

```
for i in range(num_experiments):
    U = (ops.RotationX(2.0 * np.pi * random.random()) @
         ops.RotationY(2.0 * np.pi * random.random()) @
         ops.RotationZ(2.0 * np.pi * random.random()))

    U_approx = sk_algo(U, gates, recursion)
    dist = trace_dist(U, U_approx)
    sum_dist += dist
```

```
        phi1 = U(state.zero)
        phi2 = U_approx(state.zero)
        print('[{:2d}]: Trace Dist: {:.4f} State: {:6.4f}%'.
              format(i, dist,
                     100.0 * (1.0 - np.real(np.dot(phi1, phi2.conj())))))
    print('Gates: {}, Mean Trace Dist:: {:.4f}'.
          format(len(gates), sum_dist / num_experiments))
```

这应该会产生如下输出。由于只有 255 个预计算门（包括许多重复的门）和递归深度为 4，近似精度始终低于 1%。

```
$ bazel run solovay_kitaev
[...]
SK algorithm, depth: 8, recursion: 4. experiments: 10
[ 0]: Trace Dist: 0.0063 State: 0.0048%
[ 1]: Trace Dist: 0.0834 State: 0.3510%
[ 2]: Trace Dist: 0.0550 State: 0.1557%
[...]
[ 8]: Trace Dist: 0.1114 State: 0.6242%
[ 9]: Trace Dist: 0.1149 State: 0.6631%
Gates: 255, Mean Trace Dist:: 0.0698
```

6.15.9 随机门序列

下面的问题很有趣。与从基本门的随机序列中挑选最佳近似相比，该算法的性能如何？ 我们可以尝试用分析的方法来回答这个问题，但也可以进行实验，构造基本门的随机序列，并找到与原始门具有最小迹距离的酉算子。我们试试看。

```
def random_gates(min_length, max_length, num_experiments):
    """Just create random sequences, find the best."""

    base = [to_su2(ops.Hadamard()), to_su2(ops.Tgate())]

    U = (ops.RotationX(2.0 * np.pi * random.random()) @
         ops.RotationY(2.0 * np.pi * random.random()) @
         ops.RotationZ(2.0 * np.pi * random.random()))
    min_dist = 1000
    for i in range(num_experiments):
        seq_length = min_length + random.randint(0, max_length)
        U_approx = ops.Identity()
        for j in range(seq_length):
            g = random.randint(0, 1)
            U_approx = U_approx @ base[g]
        dist = trace_dist(U, U_approx)
        min_dist = min(dist, min_dist)
    phi1 = U(state.zero)
    phi2 = U_approx(state.zero)
    print('Trace Dist: {:.4f} State: {:6.4f}%'.
          format(min_dist,
                 100.0 * (1.0 - np.real(np.dot(phi1, phi2.conj())))))
```

用这种方法进行实验是有教育意义的。你可以找到具有小的迹距离的近似门，但似乎对基态的影响比 SK 算法大得多。通过更长的门序列和更多的尝试，门序列可以达到低的迹距离增量。然而，为了达到如上所示的 SK 算法的精度，运行时间可以长几个数量级。为了回答上面关于 SK 算法性能如何的问题——它做得非常好！以下是从一系列随机实验中输出的一个示例：

```
Random Experiment, seq length: 10 - 50, tries: 100
Trace Dist: 0.2218 State: 58.4058%
Trace Dist: 0.2742 State: 39.3341%
[...]
Trace Dist: 0.2984 State: 198.4319%
Trace Dist: 0.2866 State: 102.0065%
```

这就结束了关于复杂量子算法的部分。对于这些算法及其衍生算法的更深入的数学处理，请参阅参考书目和相关出版物。为了进一步阅读已知的算法，Mosca（2008）提供了一个详细的算法分类和归类。Quantum Algorithm Zoo 列出了大量的其他算法以及一个优秀的参考书目（Jordan，2021）。Abhijith 等人（2020）提供了 Qiskit 中大约 50 种算法实现的高级描述。

量子纠错

本章将讨论量子纠错技术，这是量子计算取得成功的绝对必要条件，因为在较大的电路中很可能存在噪声、误差和退相干。到目前为止，我们一直在忽略这个主题，并假设了一个理想的、无错误的执行环境。对于真正的机器，这个假设并不成立。量子纠错是一个有趣而广泛的主题，本章仅介绍几个核心原理。

7.1　量子噪声

建立一个足够大的真实物理量子计算机来执行有用的计算是一个巨大的挑战。一方面，量子系统必须尽可能地与环境隔离，以避免与环境和其他扰动纠缠，这可能会引入错误。例如，分子可能会撞到量子比特并改变它们的相对相位，即使在接近绝对零度的温度下也是如此。另一方面，量子系统不能完全与外界隔离，因为我们想要对机器进行编程（可能是动态的）并进行测量。

以下是（Nielsen & Chuang，2011）提供的可用技术的总结。表 7.1 显示了底层技术、系统在开始与环境纠缠之前可能保持相干的时间 τ_Q、应用西门所需的时间 τ_{op}，以及在仍处于相干态时可以执行的操作数量 n_{op}。

表 7.1　τ_Q、τ_{op} 以及 n_{op} 的估计

系统	τ_Q（s）	τ_{op}（s）	n_{op}
核自旋	$10^{-2} \sim 10^{-8}$	$10^{-3} \sim 10^{-6}$	$10^5 \sim 10^{14}$
电子自旋	10^{-3}	10^{-7}	10^4
离子阱	10^{-1}	10^{-14}	10^{13}
电子 -Au	10^{-8}	10^{-14}	10^6

（续）

系统	τ_Q (s)	τ_{op} (s)	n_{op}
电子 -GaAs	10^{-10}	10^{-13}	10^3
量子点	10^{-6}	10^{-9}	10^3
光腔	10^{-5}	10^{-14}	10^9
微波腔	10^0	10^{-4}	10^4

注：数据来自（Nielsen & Chuang，2011）。

对于几种技术来说，相干可执行的指令数量相当少，不足以执行可能具有数十亿门的非常大的算法。

考虑到量子尺度和环境扰动系统的可能性，错误是不可避免的。为了比较预期的量子计算机和经典计算机出错率——对于现代的 CPU 而言，典型的出错率大约为每年一次错误或者每 10^{17} 次操作中出一次错。实际的出错率可能更高，但有相应的缓解策略。相比之下，IBM 2020 年的数据显示，单量子比特门出错率约为 1000 次 /s，而双量子比特门则为 100 次 /s。根据频率，这可能导致每 200 次操作中出一次错。这是近乎 10 个数量级的差异！

可能的出错条件有哪些，我们如何模拟它们发生的可能性？

比特翻转错误

比特翻转错误会导致量子比特的概率振幅翻转，类似于 X 门的效果：

$$\alpha|0\rangle + \beta|1\rangle \rightarrow \beta|0\rangle + \alpha|1\rangle$$

这也被称为耗散引起的比特翻转错误。耗散是指能量向环境流失的过程。如果我们把一个处于 $|1\rangle$ 态的量子比特视为电子的激发态，当失去能量时，电子可能会跃迁到较低能量的 $|0\rangle$ 态并发射出光子。相应地，它也可能通过吸收光子从 $|0\rangle$ 态跃迁到 $|1\rangle$ 态（在这种情况下，它可能被称为激发引起的错误）。

相位翻转错误

相位翻转错误会导致相对相位从 +1 翻转到 -1，类似于 Z 门的效果：

$$\alpha|0\rangle + \beta|1\rangle \rightarrow \alpha|0\rangle - \beta|1\rangle$$

这也被称为退相干引起的相位偏移错误。在这个例子中，我们将相位偏移了 π，但对于退相干，我们还应考虑到非常小的相位变化以及它们随着时间的累积的潜在趋势。

比特相位翻转错误

这是上述两个出错条件的组合：

$$\alpha|0\rangle + \beta|1\rangle \rightarrow \beta|0\rangle - \alpha|1\rangle$$

这相当于应用 Y 门，就像我们之前看到的那样，忽略了全局相位：

$$Y(\alpha|0\rangle + \beta|1\rangle) = \begin{bmatrix} 0 & -i \\ i & 0 \end{bmatrix} \begin{bmatrix} \alpha \\ \beta \end{bmatrix} = -i\beta|0\rangle + i\alpha|1\rangle = -i(\beta|0\rangle - \alpha|1\rangle)$$

无错误

为了完整起见，我们应该提及这一点，这相当于将一个单位门作用于量子比特或者什么都不做。这些错误将以一定的概率发生。为了正确建模，我们接下来将引入量子操作的概念，这将以一种简洁的方式形式化出错条件的统计分布。

7.1.1 量子操作

到目前为止，我们主要关注以概率振幅的向量形式描述量子态。我们指出，量子态也可以用密度算子来描述，这允许描述混合态。接下来，我们采用（Nielsen & Chuang, 2011）提出的形式化方法。

与状态随 $|\psi'\rangle = U|\psi\rangle$ 的演化类似，状态的密度算子 $\rho = |\psi\rangle\langle\psi|$ 的演化规则如下：

$$\rho' = \varepsilon(\rho)$$

其中，ε 被称为量子操作。本书讨论的两种量子操作是酉变换和测量（注意两边的矩阵乘法）：

$$\varepsilon(\rho) = U\rho U^\dagger \text{和} \varepsilon_M(\rho) = M\rho M^\dagger \qquad (7.1)$$

在与环境没有相互作用的封闭量子系统中，系统演化规则如下：

$$\rho \text{———} \boxed{U} \text{———} U\rho U^\dagger$$

在开放系统中，我们将系统建模为状态和环境的张量积 $\rho \otimes \rho_{\text{env}}$。系统演化如式（7.1）所述：

$$U(\rho \otimes \rho_{\text{env}})U^\dagger$$

我们可以将之可视化为如下电路：

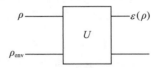

为了描述系统无环境的情况，我们使用 2.14 节中的方法对环境进行求迹处理：

$$\varepsilon(\rho) = \text{tr}_{\text{env}}[U(\rho \otimes \rho_{\text{env}})U^\dagger] \qquad (7.2)$$

现在，可以使用算子和的表示方法来描述量子算子，该表示方法仅基于式（7.2）描述主系统的行为。假设 $|e_k\rangle$ 表示环境的标准正交基，并且 $e_{\text{env}} = |e_0\rangle\langle e_0|$ 表示环境的初始状态。可以证明（Nielsen & Chuang, 2011）：

$$\varepsilon(\rho) = \sum_k E_k \rho E_k^\dagger$$

其中，$E_k = \langle e_k|U|e_0\rangle$。$E_k$ 是量子操作 ε 的操作元素，也被称为 Krauss 算子[⊖]，它们只作用于

⊖ 这种表示不够严谨，因为 U 同时作用于环境和状态。由于在我们的背景中这个细节并不重要，我们允许这种表示。

主系统。现在，让我们看看如何使用这个形式体系来描述各种错误模式。

7.1.2　比特翻转和相位翻转信道

术语"信道"是信息论中的一个抽象概念，用于建模噪声和误差。它假设信息必须以某种方式从源头传递到目的地。"某种方式"通常被描述为一个信道。我们可以用以下方式来描述上述错误模式。

比特翻转信道会以概率 p 将状态从 $|0\rangle$ 翻转为 $|1\rangle$，反之，将以概率 $1-p$ 将状态从 $|1\rangle$ 翻转为 $|0\rangle$。它具有以下操作元素：

$$E_0 = \sqrt{p}\,I = \sqrt{p}\begin{bmatrix} 1 & 0 \\ 0 & 1 \end{bmatrix} \text{和} E_1 = \sqrt{1-p}\,X = \sqrt{1-p}\begin{bmatrix} 0 & 1 \\ 1 & 0 \end{bmatrix}$$

相位翻转信道如上所述以概率 $1-p$ 翻转相位。它具有以下操作元素：

$$E_0 = \sqrt{p}\,I = \sqrt{p}\begin{bmatrix} 1 & 0 \\ 0 & 1 \end{bmatrix} \text{和} E_1 = \sqrt{1-p}\,Z = \sqrt{1-p}\begin{bmatrix} 1 & 0 \\ 0 & -1 \end{bmatrix}$$

最后，比特相位翻转信道具有以下操作元素：

$$E_0 = \sqrt{p}\,I = \sqrt{p}\begin{bmatrix} 1 & 0 \\ 0 & 1 \end{bmatrix} \text{和} E_1 = \sqrt{1-p}\,Y = \sqrt{1-p}\begin{bmatrix} 0 & -i \\ i & 0 \end{bmatrix}$$

7.1.3　去极化信道

去极化信道是描述量子噪声的另一种标准方式。"去极化"意味着将初始状态转化为完全混合态 $I/2$。我们在 2.14 节中只简要讨论了纯态和混合态，但简而言之，最大混合态 $I/2$ 意味着该状态与其他东西（例如环境）最大限度地纠缠在一起。

量子噪声意味着状态以概率 $1-p$ 保持不变。在存在噪声的情况下，以密度矩阵 ρ 表示的状态变为以下形式：

$$\rho' = p\frac{I}{2} + (1-p)\rho$$

对于任意的 ρ，可以用算子和表示法证明以下关系（也可以参见 lib/ops_test.py 文件中的 test_rho 测试）。这个方程与式（2.5）有关。

$$\frac{I}{2} = \frac{\rho + X\rho X + Y\rho Y + Z\rho Z}{4}$$

假设状态保持不受噪声干扰的概率为 $(1-p)$，并且算子 X、Y 和 Z 引入噪声的概率为 $1/3$（其他概率分布也是可能的）。在这种情况下，上述算子和表达式可以变换为：

$$\varepsilon(\rho) = (1-p)\rho + \frac{p}{3}(X\rho X + Y\rho Y + Z\rho Z)$$

这就是我们一直在寻找的结果。它使我们能够通过简单地插入具有给定概率的 Pauli

门来建模量子噪声。假设存在一个门 E，它可以是以下 Pauli 矩阵之一，每个矩阵的概率如下：

$$E = \begin{cases} X & p_x \\ Y & p_y \\ Z & p_z \\ I & 1-(p_x + p_y + p_z) \end{cases}$$

为了模拟噪声，我们引入具有给定概率的错误门 E，注入比特翻转和相位翻转错误。分别在图 7.1 和图 7.2 中显示错误注入前后的示例电路。引入这些错误门并评估它们对各种算法的影响是非常有教育意义的。我们将在 7.2 节中进行这样的实验。

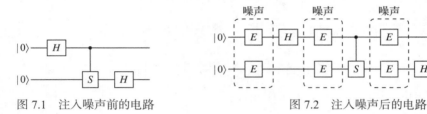

图 7.1 注入噪声前的电路 图 7.2 注入噪声后的电路

7.1.4 振幅阻尼和相位阻尼

为了完整起见，我们需要提一下振幅阻尼和相位阻尼，但我们不会进一步阐述。

振幅阻尼旨在模拟能量耗散，即量子系统中的能量损失。它通过以下两个算子元素描述，其中 γ 表示能量损失（比如物理系统中发射光子）的可能性：

$$E_0 = \begin{bmatrix} 1 & 0 \\ 0 & \sqrt{1-\gamma} \end{bmatrix} \text{和} E_1 = \begin{bmatrix} 0 & \sqrt{\gamma} \\ 0 & 0 \end{bmatrix}$$

相位阻尼描述系统中量子比特之间失去相对相位的过程，从而在依赖于成功的量子干涉的算法中引入错误。算子元素为：

$$E_0 = \begin{bmatrix} 1 & 0 \\ 0 & \sqrt{1-\gamma} \end{bmatrix} \text{和} E_1 = \begin{bmatrix} 0 & 0 \\ 0 & \sqrt{\gamma} \end{bmatrix}$$

需要注意的是，在更为真实的建模环境中，因子 γ 可能被表示为指数函数的形式。

7.1.5 非精确门

门本身可能不完美。制造过程、外部影响、温度和其他条件都可能会影响门的精度。此外，本书中使用的所有软件门可能都无法在物理机器上实现。软件门必须被分解为硬件门或进行近似处理。近似处理会产生残差，详见 6.15 节。

门误差的影响因算法而异。由于我们将算法编写成源代码，因此可以运行实验并注入各种误差分布。在以下简短的示例中，我们通过在相位估计电路中引入 R_k 相位门的误差来修改最终的 QFT 的逆。为了实现这一点，我们在 0.0 ～ 1.0 的范围内挑选一个随机数，并使用它对噪声因子 n_f 进行缩放。例如，$n_f=0.1$ 表示最大误差可达到 10%，实际值将在 0 ～ 10% 的范围内随机变化。这是一个非常简单的模型，你也可以尝试其他的误差分布。

```
def Rk(k):
    return Operator(np.array([(1.0, 0.0),
        (0.0, cmath.exp((1 + (random.random() * flags.FLAGS.noise)) *
        (2.0 * cmath.pi * 1j / 2**k))]))
```

接着，对于从 0.0 到 2.0 的 n_f 值，我们进行了 50 次实验，并统计导致相位估计误差大于 2% 的实验次数。因此，针对 QFT 的逆旋转门中从小误差到大误差，我们进行了相位估计的鲁棒性测试。图 7.3 显示了分布情况。

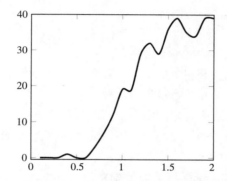

图 7.3　每种设置进行 $N=50$ 次实验时，逐渐增加噪声水平导致的相位估计误差超过 2% 的实验次数统计。横轴表示范围在 0 ～ 200% 之间的噪声，纵轴表示超过误差阈值 2% 的实验次数

我们发现，QFT 的逆对于旋转门中较大的误差具有令人惊讶的鲁棒性，但这只是一种传闻。实际结果将取决于实际误差的统计分布。我们必须承认每个算法都有不同的容忍度和灵敏度。例如，仅以 0.1% 的概率引入去极化噪声会导致求阶算法显著不同的结果，该算法对于这种特定类型的误差非常敏感。

7.2　量子纠错理论

我们需要某种形式的纠错技术来控制噪声的影响。在经典计算中，存在着大量已知的纠错技术。其中，纠错码（Error Correction Code，ECC）存储器（Wikipedia，2021b）可能是最为知名的一种。还有许多其他技术可以防止无效数据、丢失数据或虚假数据。尤其是 NASA 已经开发了令人印象深刻的技术，用于与其越来越远的探测器进行通信。

有一种简单的经典纠错技术基于重复码和多数投票。例如，我们可以将每个二进制数字增加为三倍：

$$0 \to 000$$
$$1 \to 111$$

当我们通过含噪信道接收数据时，我们对其进行测量，并按表 7.2 中所示的方案进行多数投票。这个简单的方案没有考虑丢失比特或比特发生错误的情况，但足以解释基本原理。

表 7.2　简单重复码的多数投票

测量	投票	测量	投票
000	0	111	1
001	0	110	1
010	0	101	1
100	0	011	1

在量子计算中，情况通常更为困难：

❑ 物理量子计算机在原子自旋、光子和电子的量子级别上操作。在长时间运行的计算中，发生错误或退相干的概率非常高。

❑ 错误可能比简单的比特翻转更加微妙。存在多种错误模式。

❑ 诸如相对相位错误等会在执行过程中累积。

❑ 因为受到了量子不可克隆定理的限制，简单的重复码不起作用。

❑ 最棘手的是，我们无法观察到错误，因为那将构成破坏叠加和纠缠的测量，而叠加和纠缠是算法所依赖的。

由于这些困难，特别是由于无法读取受损状态，早期的猜测是纠错码是不存在的。因此，几乎不可能制造出可行的量子计算机（Haroche & Raimond，1996；Rolf，1995）。幸运的是，当 Shor 提出可行的 9 量子比特纠错码（Shor，1995）时，情况发生了变化。这种方法是今天许多量子纠错技术的基础。

7.2.1　量子重复码

这个电路可以用来产生量子重复码。注意它与 2.11.4 节中 GHZ 电路的相似之处。

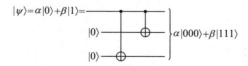

在代码中，我们使用一个随机量子比特进行演示：

```
qbit = state.qubit(random.random())
psi = qbit * state.zeros(2)
psi = ops.Cnot(0, 2)(psi)
psi = ops.Cnot(0, 1)(psi)
psi.dump()
>>
|000> (|0>):  ampl: +0.78+0.00j prob: 0.61 Phase:    0.0
|111> (|7>):  ampl: +0.62+0.00j prob: 0.39 Phase:    0.0
```

注意，这些状态不违反量子不可克隆定理，因为我们没有构造 $(\alpha|0\rangle + \beta|1\rangle))^{\otimes 3}$。

7.2.2 纠正比特翻转错误

这是纠错的主要步骤。它与量子隐形传态有关。首先，我们引入冗余，并将每个量子比特三重化为 GHZ 态。我们让这个 3 量子比特状态和两个辅助比特纠缠在一起，只测量辅助比特，保持原始状态不变。根据测量结果，我们对原始的 3 量子比特状态应用门来进行纠正。

图 7.4 用电路图显示了这个过程，假设在量子比特 0 上发生了单量子比特翻转错误，我们在电路图的左侧表示出来。测量之前的状态 $|\psi_1\rangle$ 是下面这样的（其中底部的两个量子比特已经翻转为 $|10\rangle$）：

$$|\psi_1\rangle = \alpha|10010\rangle + \beta|01110\rangle$$

在测量之后，它就会变成：

$$|\psi_2\rangle = (\alpha|100\rangle + \beta|011\rangle) \otimes |10\rangle$$

测量结果被称为错误综合征。根据综合征，我们可以知道接下来该做什么，以及哪个量子比特需要使用另一个 X 门进行翻转。

❑ 如果测量结果为 $|00\rangle$，不做任何操作。
❑ 如果测量结果为 $|01\rangle$，对量子比特 2 应用 X 门。
❑ 如果测量结果为 $|10\rangle$，对量子比特 0 应用 X 门。
❑ 如果测量结果为 $|11\rangle$，对量子比特 1 应用 X 门。

图 7.4 的绘制方式有些草率，因为门 R 的功能对于每个测量结果而言是不同的。进行物理测量并根据结果做出反应并不现实。在实践中，这很难实现，即使实现了，由于阿姆达尔（Amdahl）定律的影响，这很可能会破坏量子计算机的性能优势。在更大的电路中，我们还应该确保解开纠缠的辅助比特。

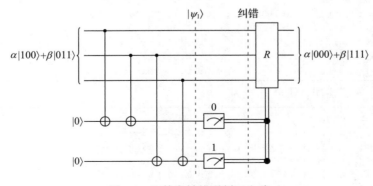

图 7.4 比特翻转错误纠正电路

在图 7.5 的电路中，可以找到一种常见的用于纠正比特翻转错误的方式。噪声信道 E

根据式（7.3）引入错误——比特翻转错误：

$$\varepsilon(\rho) = (1-p)\rho + p(X\rho X) \qquad (7.3)$$

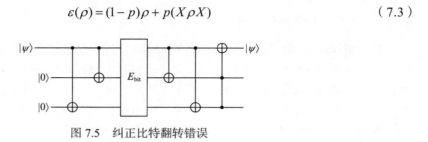

图 7.5　纠正比特翻转错误

在代码中，我们可以通过引入 X 门来注入错误，如下面的代码片段所示：

```python
def test_x_error(self):
  qc = circuit.qc('x-flip / correction')
  qc.qubit(0.6)

  # Replication code setup.
  qc.reg(2, 0)
  qc.cx(0, 2)
  qc.cx(0, 1)
  qc.psi.dump('after setup')

  # Error insertion.
  qc.x(0)

  # Fix.
  qc.cx(0, 1)
  qc.cx(0, 2)
  qc.ccx(1, 2, 0)
  qc.psi.dump('after correction')
```

如果没有注入错误，我们将看到以下输出：

```
|210> 'after setup'
|000> (|0>):  ampl: +0.60+0.00j prob: 0.36 Phase:   0.0
|111> (|7>):  ampl: +0.80+0.00j prob: 0.64 Phase:   0.0
|210> 'after correction'
|000> (|0>):  ampl: +0.60+0.00j prob: 0.36 Phase:   0.0
|100> (|4>):  ampl: +0.80+0.00j prob: 0.64 Phase:   0.0
```

如果确实注入了错误，则状态变为：

```
|210> 'after setup'
|000> (|0>):  ampl: +0.60+0.00j prob: 0.36 Phase:   0.0
|111> (|7>):  ampl: +0.80+0.00j prob: 0.64 Phase:   0.0
|210> 'after correction'
|011> (|3>):  ampl: +0.60+0.00j prob: 0.36 Phase:   0.0
|111> (|7>):  ampl: +0.80+0.00j prob: 0.64 Phase:   0.0
```

注意最终状态中非零概率的小差异。在没有注入错误的情况下，状态恢复为 $|000\rangle$

和 |100⟩，即原始输入状态。在注入错误的情况下，辅助比特的状态在两个结果状态中都是 |11⟩。

7.2.3 纠正相位翻转错误

我们可以使用相同的思路来纠正相位翻转错误。请记住，应用 Hadamard 门会将状态放在 Hadamard 基中。计算基中的相位翻转错误与 Hadamard 基中的比特翻转错误相同。

相应地，我们可以使用图 7.6 中的电路来创建量子重复码和纠错电路，类似于图 7.5，但是周围有 Hadamard 门。

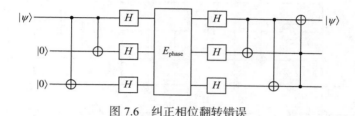

图 7.6　纠正相位翻转错误

对此，我们使用与上述类似的代码序列，但是将其错误注入代码更改为以下形式：

```
[...]
qc.h(0)
qc.h(1)
qc.h(2)

qc.z(0)

qc.h(0)
qc.h(1)
qc.h(2)
[...]
```

最终非零概率状态的概率分布是相同的，但我们会得到一些具有相位的状态。例如，在没有注入错误的情况下：

```
|210> 'after setup'
|000> (|0>):  ampl: +0.60+0.00j prob: 0.36 Phase:    0.0
|111> (|7>):  ampl: +0.80+0.00j prob: 0.64 Phase:    0.0
|210> 'after correction'
|000> (|0>):  ampl: +0.60+0.00j prob: 0.36 Phase:    0.0
|001> (|1>):  ampl: +0.00+0.00j prob: 0.00 Phase:    0.0
|010> (|2>):  ampl: -0.00+0.00j prob: 0.00 Phase:  180.0
|011> (|3>):  ampl: -0.00+0.00j prob: 0.00 Phase:  180.0
|100> (|4>):  ampl: +0.80+0.00j prob: 0.64 Phase:    0.0
|101> (|5>):  ampl: +0.00+0.00j prob: 0.00 Phase:    0.0
|110> (|6>):  ampl: +0.00+0.00j prob: 0.00 Phase:    0.0
```

7.3　9 量子比特 Shor 码

所有这些都导致了最终的 9 量子比特 Shor 码（Shor, 1995），它是上述方法的组合。它将用于检测比特翻转、相位翻转以及比特相位翻转错误的电路组合在一起，形成一个庞大的电路，如图 7.7 所示。

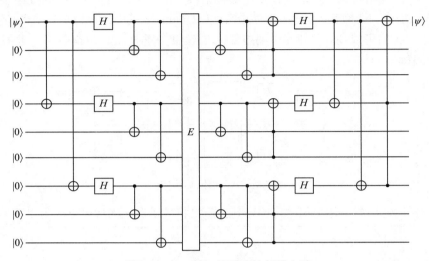

图 7.7　Shor 的 9 量子比特纠错电路

Shor 的 9 量子比特电路能够识别和纠正 9 个量子比特中的比特翻转错误、相位翻转错误或比特相位翻转错误！让我们在代码中验证这一点，并将所有 Pauli 门作用于该电路的每个量子比特。对于这个实验，我们构建了一个 $\alpha=0.60$ 的量子比特（代码可以在 lib/circuit_test.py 文件中找到）：

```python
def test_shor_9_qubit_correction(self):
  for i in range(9):
    qc = circuit.qc('shor-9')
    print(f'Init qubit as 0.6|0> + 0.8|1>, error on qubit {i}')
    qc.qubit(0.6)
    qc.reg(8, 0)

    # Left Side.
    qc.cx(0, 3)
    qc.cx(0, 6)
    qc.h(0); qc.h(3); qc.h(6);
    qc.cx(0, 1); qc.cx(0, 2);
    qc.cx(3, 4); qc.cx(3, 5);
    qc.cx(6, 7); qc.cx(6, 8);

    # Error insertion, use x(i), y(i), or z(i)
    qc.x(i)
```

```
# Fix.
qc.cx(0, 1); qc.cx(0, 2); qc.ccx(1, 2, 0)
qc.h(0)
qc.cx(3, 4); qc.cx(3, 5); qc.ccx(4, 5, 3)
qc.h(3)
qc.cx(6, 7); qc.cx(6, 8); qc.ccx(7, 8, 6)
qc.h(6)

qc.cx(0, 3); qc.cx(0, 6)
qc.ccx(6, 3, 0)

prob0, s = qc.measure_bit(0, 0)
prob1, s = qc.measure_bit(0, 1)
print('            Measured: {:.2f}|0> + {:.2f}|1>'.format(
    math.sqrt(prob0), math.sqrt(prob1)))
```

事实上，我们得到了预期的结果：

```
Initialize qubit as 0.60|0> + 0.80|1>, error on qubit 0
        Measured: 0.60|0> + 0.80|1>
[...]
Initialize qubit as 0.60|0> + 0.80|1>, error on qubit 8
        Measured: 0.60|0> + 0.80|1>
```

量子信息和量子纠错有几种其他技术和形式。这里只提及少数有影响力的作品。从文献（Devitt et al.，2013）中可以找到很好的介绍和概述。Andrew Steane 在文献（Steane，1996）中发表了 7 量子比特的 Steane 码。文献（Cory et al.，1998）讨论了 5 量子比特的纠错码。

第 8 章
量子编程语言、编译器和工具

至此，我们已经了解了量子计算的原理、重要的基础算法和量子纠错的基础知识。我们已经开发出了一个紧凑而相对快速的基础设施，可用于对所提供的材料进行探索和实验。

该基础设施已经在运作，但离实现高效程序员生产力还有很长的距离。组合算法是一项劳动密集型且容易出错的工作。该基础设施支持使用大约 10^6 个门的电路，但有些算法可能需要数万亿门以及数量级更大的量子比特。

在经典计算中，程序的构建通常在更高抽象层次上进行，这使得我们可以以可移植的方式针对几种通用架构进行编程。在高性能 CPU 上，程序在单个内核上每秒执行数十亿条指令。使用 QASM 这样的平面编程模型在这个规模上构建量子程序（将各个门拼接在一起）是不可扩展的。这相当于在今天的机器上使用汇编语言编程，但没有循环结构。

与 20 世纪 50 年代相似，汇编语言是当时编写早期计算机程序的工具。正如 FORTRAN 成为第一批编译语言之一并极大地提升了生产力，今天也有类似的尝试——试图提高量子计算领域的抽象级别。

本章将讨论一些代表性的量子编程语言，简要介绍模拟器或纠缠分析等工具，并讨论量子编译器优化这一独特的迷人话题。在编写本章时，我们清楚地知道工具链之间的比较必然是不完整的，但仍然具有教育意义。

8.5 节将介绍转译，这是一种功能强大且具有多种用途的技术。它可以无缝地将我们的电路移植到其他框架。这样可以进行直接比较，并利用这些平台的特定功能，例如高级错误模型或分布式模拟。转译可以用于生成电路图或 LATEX 源代码。底层的编译器技术还能进一步实现各种编程语言中的一些特性，例如对消计算、纠缠分析和条件块。

8.1 量子编译面临的挑战

量子计算对编译器设计提出了独特的挑战。在本节中，我们将对一些主要挑战进行简要概述。接下来的几节将讨论更多细节和提出的解决方案。

量子计算需要一个编程模型，用于确定什么时候、如何、在何地运行什么？与图形处理器（GPU）等经典协处理器不同，量子计算机不会提供类似于 CPU 的通用功能。相反，经典计算机将完全控制量子计算机。早在量子计算发展的历史初期，人们就提出了名为 QRAM（Quantum Random Access Model，量子随机访问模型）的模型。我们将在 8.2 节中讨论这个模型。

关键问题是这个理想化模型有多现实，或者能有多现实。量子电路在微开尔文温度下运作。即使已经取得了进展（Patra et al., 2020），让标准 CPU 制造工艺在这个温度下运作仍然是一个挑战。CPU 也可以选择在与量子电路相隔较远的地方运作，但经典电路与量子电路之间的带宽可能会受到严重限制。当前的研究见（Xue et al., 2021）。

逐门构造量子电路非常烦琐且容易出错，而且还存在其他挑战，如量子不可克隆定理和自动纠错需求。编程语言提供了更高级别的抽象，对程序员的生产力至关重要。但是，抽象的正确级别是什么？在 8.3 节中，我们对量子编程语言的几种现有方法进行了演示。编译器的构建和中间表示（Intermediate Representation，IR）的设计本身就具有挑战性。很明显，类似于 QASM 的平坦链表形式的 IR 无法扩展到具有数万亿门的程序。

门所需的精度是一个重要的设计参数。我们将不得不通过现有的物理门序列来近似某些酉操作，但这会引入不准确性和噪声。一些算法对噪声具有鲁棒性，而另一些则完全没有。工具链在这个领域也发挥着至关重要的作用。

动态代码生成可能变得必要，例如，在动态环境中近似特定的旋转或减少噪声（Wilson et al., 2020）。门的快速近似、编译时间、精度和近似门序列的最佳性方面也存在挑战。为了对这些问题有所了解，我们已经在 6.15 节中详细介绍了 Solovay-Kitaev 算法。

编译器优化在指数级增长的搜索空间中有一套新颖的变换要考虑。我们目前处于拥有 50～100 个物理量子比特的物理机器——也就是嘈杂中型量子计算机（Preskill, 2018）时代。未来的系统将拥有更多的量子比特，并且这些量子比特可能具有与当前量子比特不同的特性。编译器优化和代码生成技术也将相应地发展。我们将在 8.4 节中讨论几种优化技术。

8.2 量子编程模型

作为我们的标准计算模型，我们假设采用 Knill（1996）提出的 QRAM。该模型建议将通用计算机与量子计算机连接在一起，以将量子计算机用作加速器。寄存器明确分为量子寄存器和经典寄存器。存在用于初始化量子寄存器的函数、用于将门序列编程到量子设备的函数，以及通过测量获取结果的函数。

从表面上看，这个模型与当今的基于 PCIe 连接的加速器（如普遍存在的 GPU 或存储设备）的编程模型没有太大区别。针对 GPU 的优雅的 CUDA 编程模型为在设备或服务器上运行的代码提供了清晰的抽象（Buck et al., 2004; Nickolls et al., 2008）。加速器和主机的源代码可以混合在同一个源文件中，以提高程序员的生产力。

QRAM 是一种理想化的模型。程序的经典部分和量子部分之间的通信可能严重受限。量子电路所处的微开尔文温度可能导致电路附近缺乏足够的计算能力，或者与更远处的 CPU 之间存在带宽受限的通信。

重要的是要牢记将经典部分和量子部分分离。在 QRAM 中，就像在我们的模拟基础设施中一样，经典部分和量子部分错综纠缠，在应用量子门期间会运行经典循环并夹杂着 print 语句。这可能是学习的好方法，但对于真实的机器来说并不现实。从某种程度上说，这种方法更像是一个基础设施，如机器学习平台 TensorFlow。它首先以图的形式构建计算，然后在 CPU、GPU 或 TPU 上分布式地执行该图。

另外，QRAM 期望在目标量子机器使用通用门。文献（Nielsen & Chuang, 2011）中描述了几种通用门的集合。我们在 6.15 节中展示了如何用通用门来近似酉门。基于此，我们假设在理想化的基础设施中可以自由地使用任何门。然而，在实际机器上，门的数量是有限的，并且存在精度和噪声问题。

8.3　量子编程语言

在本节中，我们将讨论一些代表性的量子编程语言及对应的编译器和工具。这里的介绍都是简短而不完整的。最重要的是，不要因为这里选择某些语言而未选其他语言就去评判未被选中的语言的质量。每一种尝试都对先前的技术做出了新的贡献，这些变化在其他相关作品中也可以找到。

以下是定位量子编程语言抽象级别的方法：

❏ 编程语言的抽象级别较高，可能提供自动辅助管理，支持使用先进的类型规则正确构建程序，提供标准操作（如量子傅里叶变换）的库，可能提供元编程技术。

❏ 门级别抽象，这是本书涉及的抽象级别。它涉及单量子比特和门的构建与操作。

❏ 级别较低的抽象使用脉冲和波形直接控制物理设备。这里不讨论相关的基础设施，比如 OpenPulse（Gokhale et al., 2020）。

对于每个平台，都有大量的在线资料可供实验。本节旨在进行教育和激发灵感。例如，我们可以轻松地向基础设施中添加几个建议的功能。此外，尽管取得了一些进展，但量子编程语言及其编译器的发展似乎仍处于初级阶段。

8.3.1　QASM

量子汇编（Quantum Assembly,QASM）语言是早期尝试以文本方式指定量子电路的一种方法（Svore et al., 2006）。在 6.3 节中，我们已经见过 QASM 代码，并且将在 8.5 节中看到更多相关内容。

QASM 程序的结构非常简单。它首先声明量子比特和寄存器，然后逐个应用门。QASM 中没有循环结构、函数调用或其他可以帮助组织和加密代码的结构。例如，一个简单的纠缠电路可能如下所示：

```
qubit x,y;
gate h;
gate cx;
h x;
cx x,y;
```

后来，出现了更多功能更强大的变体，它们增强了 QASM 的功能。Open-QASM 增加了定义新门、控制流结构和障碍物（Cross et al., 2017）的能力。它还提供了循环结构。cQASM 尝试将 QASM 方言统一为单一形式（Khammassi et al., 2018）。它提供了额外的语言特性，如显式并行化、寄存器映射 / 重命名，以及各种测量类型。3 量子比特的 Grover 算法的示例实现大约需要 50 行代码。

8.3.2　QCL

量子计算语言（Quantum Computing Language,QCL）是早期尝试使用经典编程结构来表达量子计算的一种方式（Ömer, 2000, 2005；QCL Online）。算法在控制量子计算机的经典计算机上运行，可能需要多次运行，直到找到解决方案。量子代码和经典代码交叉混合。量子比特被定义为给定长度的寄存器，门直接作用于寄存器：

```
qureg q[l];
qureg f[1];
H(q);
Not(f);
const n=#q;    // length of q register
for i =1 to n {  // classical loop
   Phase(pi/2^(i));
}
```

QCL 定义了几种量子寄存器类型：有无限制的 qureg;quconst 定义了一个不变的量子比特；quvoid 指定了一个空的寄存器，保证处于状态 |0⟩。寄存器类型 quscratch 表示辅助比特寄存器。

代码被组织成量子函数。函数和算子是可逆的。在函数前加上感叹号会生成逆函数，例如 Grover 算法的以下示例[⊖]：

⊖　请注意，Hadamard 门和 X 门都是它们自己的逆。这可能不是最令人信服的例子。

```
operator diffuse(qureg q) {
  H(q);                   // Hadamard transform
  Not(q);                 // Invert q
  CPhase(pi,q);           // Rotate if q=1111...
  !Not(q);                // Undo inversion
  !H(q);                  // Undo Hadamard transform
}
```

QCL 定义了几种函数类型，例如不可逆的 procedure，它可以包含经典代码并允许副作用存在。标记为 operator 和 qufunct 的函数没有副作用且是可逆的。

为了便于对消计算，QCL 支持 fanout（扇出）操作。它恢复临时寄存器和辅助寄存器，同时保留结果，详见 2.13 节：

$$|x,0,0,0\rangle \rightarrow |x,0,f(x),g(x)\rangle$$
$$\rightarrow |x,g(x),f(x),g(x)\rangle$$
$$\rightarrow |x,g(x),0,0\rangle$$

fanout 操作的实现非常优雅：假设有一个函数 $F(x,y,s)$，其中 x 是输入，y 是输出，s 是垃圾量子比特。分配辅助比特 t，并将 F 变换为下面的形式，将 t 添加到函数的签名中：

$$F(x,y,s,t) = F^{\dagger}(x,t,s) \text{ fanout } (t,y)F(x,t,s)$$

这种优雅之处在于 fanout 操作是由 QCL 本身编写的：

```
cond qufunct Fanout(quconst ancilla, quvoid b) {
    int i;
    for i=0 to #ancilla-1 {
        CNot(b[i], ancilla[i]);
    }
}
```

QCL 以有趣的方式支持条件语句。标准受控门也受支持，就像 2.7 节中描述的那样。如果函数的签名中标有关键字 cond，并且其参数是量子比特条件 quconst，QCL 会自动将函数中的算子转换为受控算子：

```
cond qufunct cinc(qureg x, quconst e) { ... }
```

此外，QCL 还支持 if 语句，其中 if e {inc(x);} 等效于上述新函数 cinc(x,e)，if-then-else 语句可以转化为：

```
    if e {
        inc(x);
    } else {
        !inc(x);
    }
=>
  cinc(x, e);
  Not(e);
  !cinc(x, e);
  Not(e)
```

作为一个例子，这是 QFT 在 QCL 中的实现，详见论文（Ömer, 2000）：

```
cond qufunct flip(qureg q) {
  int i;                    // declare loop counter
  for i=0 to #q/2-1 {       // swap 2 symmetric bits
    Swap(q[i],q[#q-i-1]);
  }
}

operator qft(qureg q) { // main operator
  const n=#q;             // set n to length of input
  int i; int j;           // declare loop counters
  for i=1 to n {
    for j=1 to i-1 {      // apply conditional phase gates
      V(pi/2^(i-j),q[n-i] & q[n-j]);
    }
    H(q[n-i]);            // qubit rotation
  }
  flip(q);               // swap bit order of the output
}
```

8.3.3　Scaffold

Scaffold 采用了不同的方法（Javadi-Abhari et al., 2014）。它扩展了开源的 LLVM 编译器以及基于 Clang 的 C/C++ 前端。Scaffold 引入了数据类型 qbit 和 cbit，用于区分量子数据和经典数据。量子门（如 X 门或 Hadamard 门）被实现为内置函数，编译器能够识别并在转换过程中对其进行推理。

Scaffold 通过模块支持分层的代码结构，模块是被特别标记的函数。量子电路不支持模块调用和返回，因此表示子电路的模块需要被实例化，类似于硬件设计中 Verilog 模块的实例化。模块必须是可逆的，可以通过设计或自动编译器转换（如完全展开经典循环）实现。

Scaffold 提供了将经典电路转换为量子门的便捷功能，这通过 CTQC（Classical-To-Quantum-Circuit）工具实现。对于在量子领域执行经典计算的量子算法而言，该工具非常实用。CTQC 生成 QASM 汇编代码。为了实现整个程序的优化，Scaffold 还配备了一个将 QASM 转换为 LLVM IR 的转译器，可用于导入 QASM 模块，进一步实现跨模块优化。

模块是参数化的。这意味着编译器必须管理模块实例化，例如通过 IR 复制。这可能导致代码膨胀并相应地延长编译时间。下面是一段示例代码，其中模块 Oracle 需要被实例化 $N=3000$ 次。很显然，采用参数化的 IR 可以极大地缓解这个问题。

```
#define N 3000 // iteration count
module Oracle (qbit a[1], qbit b[1], int j) {
  double theta = (-1)*pow(2.0, j)/100;
  X(a[0]);
  Rz(b[0], theta);
}
```

```
module main () {
  qbit a[1], b[1];
  int i, j;
  for (i=1; i<=N; i++) {
    for (j=0; j<=3; j++) {
      Oracle(a, b, j);
    }
  }
}
```

因此，Javadi-Abhari 等（2014）报告称，在大小为 *n*=15 的较大三角形查找问题上，编译时间从 24h 到数天不等（Magniez et al., 2005）。

层次化的 QASM

Scaffold 旨在将电路扩展到非常大的电路。现有的模型 QASM 是扁平（flat）的，并不适用于大型电路。Scaffold 的主要贡献之一是引入了层次化的 QASM。另外，编译器采用启发式算法来判断哪些代码序列应该被展开或保留在层次化结构中。例如，编译器区分了 forall 循环和 repeat 循环。forall 循环用于将一个门作用于寄存器中的所有量子比特，而 repeat 循环则用于类似于 Grover 迭代中所需的循环。

纠缠分析

Scaffold 包括了用于纠缠分析的工具。在开发 Shor 算法时，我们观察到在模加法之后，某个辅助比特仍然保持着纠缠状态。如何理解这个现象呢？

Scaffold 会跟踪纠缠门，例如受控非门，并在堆栈上进行记录。当门的逆按照相反的顺序执行时，堆栈中的项会被弹出。对于给定的量子比特，如果在堆栈上找不到更多的纠缠门，那么这个量子比特将被标记为非纠缠状态。通过这种分析，生成的输出可以被修饰以显示估计的纠缠程度：

```
module EQxMark_1_1 ( qbit* b , qbit* t ) {
...
Toffoli ( x[0] , b[1] , b[0] );
// x0, b1, b0
Toffoli ( x[1] , x[0] , b[2] );
// x1, x0, b2, b1, b0
...
}
// Final entanglements:
// (t0, b4, b3, b2, b1, b0);
```

8.3.4 Q 语言

我们可以将这种方法与 Bettelli 等人（2003）提出的纯 C++ 嵌入式方法进行对比。该方法包括一个 C++ 类库，用于建模量子寄存器、算子、算子作用函数以及其他函数，如量子寄存器重新排序函数。类库构建了一个内部数据结构来表示计算过程——类似于我们在这里开发的基础设施。有意思的是思考哪种方法更有意义：

❑ 在 Scaffold 中，通过特定的量子类型和算子扩展 C/C++ 编译器。

❑ 在 Q 语言中，使用 C++ 类库的方法。

从原理上看，这两种方法都具有同样强大的能力。基于编译器的方法的优势在于，可以从一系列已建立的编译器过程（如内联、循环变换、冗余消除，以及许多其他的标量、循环和过程间优化）中获益。C++ 类库的优势在于，IR 的管理、所有优化和最终代码生成方案都在编译器之外进行维护。由于编译器对于非编译器专家来说可能很难理解，因此这种方法可能在维护上具有优势，代价是可能需要重新实现许多优化过程。

8.3.5 Quipper

Haskell 是编程语言理论家和爱好者比较喜欢的语言，因为它拥有强大的类型系统。Haskell 中嵌入的一个量子编程系统的实现示例是 Quantum IO Monad（Altenkirch & Green, 2013）。另一个更为严格的例子是 van Tonder 提出的用 λ 演算表达量子计算的方案（van Tonder, 2004）。

这些方法的共同之处在于通过支持类型系统的构造来保证正确性。这也是 Quipper 的核心设计理念之一（Green et al., 2013;Quipper Online, 2021）。Quipper 是在 Haskell 中嵌入的领域特定语言（Domain-Specific Language,DSL）。在 Quipper 发布时，Haskell 缺乏线性类型（这可能导致对象只被引用一次），并且缺乏依赖类型（即与值结合在一起的类型）。依赖类型可以区分在 n 个量子比特上执行的 QFT 操作和在 m 个量子比特上执行的操作。

Quipper 的设计目标是扩展和处理高达 10^{12} 个算子的大型程序。Quipper 具有辅助范围的概念，可以推断辅助活跃范围。分配辅助量子比特会变成寄存器分配问题。程序员需要明确标记辅助活跃范围。

在语言层面，量子比特被保存在变量中，并且门将作用于这些变量。例如，生成 Bell 态的方式如下：

```
bell :: Qubit -> Qubit -> Circ (Qubit, Qubit)
bell a b = do
  a <- hadamard a
  (a, b) <- controlled_not a b
  return (a, b)
```

为了控制整个门块，Quipper 提供了一个与 QCL 的 if 块类似的 with_controls 结构。另一个块级结构通过 with_ancilla 显式管理辅助量子比特。通过 reverse_simple 结构可以将以这种方式定义的电路反向执行。Quipper 的类型系统区分不同类型的量子数据，例如单量子比特或多量子比特的固定点解释。

自动 oracle

Quipper 提供了用于自动构建 oracle 的工具。通常，oracle 的构建需要以下四个手动步骤。这些技术有可用的开源实现（Soeken et al., 2019）。

1. 构建经典 oracle，例如置换矩阵。

2. 将经典 oracle 转换成经典电路。

3. 将经典电路编译为量子电路，可能需要使用额外的辅助量子比特。我们在 3.3 节中看到过这方面的示例。

4. 最后，使用 XOR 构造另一个辅助量子比特，使 oracle 可逆。

Quipper 利用 Template Haskell 来自动化第二和第三步。这种方法很实用，并已经被用来在一系列基准测试中合成数百万个门。与 Binary Welded Tree 算法的 QCL 相比，QCL 生成的门和量子比特明显多于 Quipper。而 Quipper 似乎生成了更多的辅助量子比特。

尽管有工具、类型检查、自动化的 oracle 和 Haskell 环境，但实现给定基准集中的 11 个算法仍然需要 55 人·月的时间（IARPA, 2010）。相对于在门级别手动构建所有基准测试，这无疑是一种生产力改进，但与传统基础设施上的程序员的生产力相比仍然表现不佳。

Quipper 引发了一系列有趣的后续研究，例如 Proto-Quipper-M（Rios & Selinger, 2018）、Proto-Quipper-S（Ross, 2017），以及 Proto-Quipper-D（Fu et al., 2020）。这些研究尝试都基于类型理论，并通过多种技术提高了程序的正确性，例如利用线性类型来强制执行量子不可克隆定理，利用线性依赖类型来支持构建类型安全的电路族。

8.3.6　Silq

基于 PSI 概率编程语言的分支（PSI Online, 2021），Silq 是量子编程语言演化的又一步，它支持安全和自动对消计算（Bichsel et al., 2020）。

Silq 通过语法结构明确区分经典领域和量子领域。将安全对消计算的责任交给编译器有两个主要好处。首先，代码变得更加紧凑。与 Quipper 和 Q# 的直接比较显示，Silq 的代码量可节省 30% 以上。其次，编译器可以选择最优策略进行对消计算，最小化所需的辅助量子比特数。作为额外的好处，编译器可以选择完全跳过模拟中的对消计算，而只对状态进行归一化处理并对辅助量子比特进行解纠缠。

Haskell 中的许多嵌入式 DSL 对于线性类型的缺失或常量处理难度感到困扰。Silq 通过对非常量值使用线性类型和对常量使用标准类型系统来解决这个问题。这样可以实现安全的语义，甚至在函数调用之间也保持安全，同时也自然地满足了量子不可克隆定理。函数类型注释被用来辅助类型检查器：

❏ 注释 qfree 表示函数可以按经典方式计算。例如，量子 X 门被认为是 qfree 的，而引发叠加的 Hadamard 门则不是。

❏ 标记为 const 的函数参数将被保留，并且不会被函数消耗。在函数调用后，它们仍然可以被访问。未标记为 const 的参数在函数调用后不再可用。只有 const 参数的函数被称为 lifted 函数。

❏ 标记为 mfree 的函数承诺不执行量子测量，并且是可逆的。

Silq 支持其他量子编程语言特性，例如函数调用、测量、通过 reverse 明确反转算子，以及 if-then-else 结构（可以是经典的或者量子的），类似于其他量子编程语言。循环结构必须是经典的。作为对之前方法的改进，Silq 支持使用量子门构建 oracle。

通过注释和相应的操作语义，Silq 可以安全地推断哪些操作可以安全地可逆和对消计算，即使跨函数调用也可以。论文（Bichsel et al., 2020）提供了许多可能存在的危险边界情况的正确处理示例。

作为一个程序示例，下面的代码片段解决了微软 Q# 2018 年暑期编码竞赛中的一个挑战⊖：给定经典二进制字符串 $b \in \{0,1\}^n$，其中 $b[0]=1$，返回状态 $1/\sqrt{2}\,(|b\rangle+|0\rangle)$，用 n 量子比特表示 $|0\rangle$。

该段代码展示了 Silq 语言的几个特性，例如使用 ! 来表示经典值和类型。

```
def solve[n:|N|](bits:|!B|^n){
  // prepare superposition between 0 and 1
  x:=H(0:|!B|);
  // prepare superposition between bits and 0
  qs := if x then bits else (0:int[n]) as |!B|^n;
  // uncompute x
  forget(x=qs[0]); // valid because bits[0]==1
  return qs;
}

def main(){
  // example usage for bits=1, n=2
  x := 1:|!|int[2];
  y := x as |!B|^2;
  return solve(y);
}
```

8.3.7 商业系统

商业系统是由商业实体维护的开源基础设施。最重要的系统似乎是微软的 Q#（Microsoft Q#, 2021）、IBM 的 Qiskit（Gambetta et al., 2019）、Google 的 Cirq（Google, 2021c）和 ProjectQ（Steiger et al., 2018）。微软的 Q# 是一种功能独立的语言，是量子开发者工具包（Quantum Developer Kit,QDK）的一部分。Qiskit、Cirq 和 ProjectQ 都提供了 Python 嵌入。

这些生态系统非常庞大且在不断快速发展，并提供了优秀的学习材料，我们不必在这里进行介绍。如果需要进一步阅读，我们推荐阅读（Garhwal et al., 2021），其中详细介绍了 Q#、Cirq、ProjectQ 和 Qiskit，或者阅读（Chong et al., 2017），其中描述了量子工具流程的一些主要挑战。

8.4 编译器优化

编译器优化是经典编译器构建中的一个迷人话题。对于量子编译器来说，由于变换的指数复杂性和新颖性，它变得更加令人兴奋。编译器优化在以下几个领域中有重要作用：

⊖ http://codeforces.com/blog/entry/60209

❑ 辅助量子比特管理。随着我们使用更高级别的抽象和编程语言，辅助量子比特应该以类似于经典编译器的寄存器分配方式进行自动管理。编译器可以在电路深度和辅助量子比特数量之间进行权衡，以支持将电路压缩到有限资源的目标。在一般情况下，使辅助量子比特最少化似乎是一个尚未解决的问题。

❑ 降低噪声。量子门的应用会受到噪声的影响。有些门比其他门引入更多的噪声。因此，优化器的作用是将门作为一个整体最小化，并发出门序列以积极地降低噪声。

❑ 将门映射到物理机器。真正的量子计算机只支持少量的门类型。编译器必须分解逻辑门，并将它们映射到可用的物理门。此外，至少在短期内，可用的量子比特的数量是极其有限的。编译器的主要职责之一就是将电路映射到这些有限的资源上。

❑ 从逻辑到物理寄存器的映射。量子计算机在量子比特之间的相互作用上有拓扑约束。例如，在某些情况下，只存在相邻量子比特之间的相互作用。因此，跨越非相邻量子比特的多量子比特门必须被分解为相邻量子比特之间的双量子比特门。

❑ 精度调整。对于某些算法来说，单个门可能不够准确，可能需要多个门才能实现期望的结果。编译器在确定所需精度和生成逼近电路方面起着核心作用。

❑ 纠错。自动插入最小化的纠错电路对于编译器来说是一个重要的任务。

❑ 工具链。编译器可以看到整个电路，并且可以进行全程序分析，比如我们在 8.3.3 节中看到的纠缠分析。

❑ 性能。优化也应该考虑电路的深度和复杂性。鉴于真实机器的相干时间很短，电路运行时间越短，需要执行的门越少，得到可靠结果的机会就越大。

这个领域是庞大而复杂的，我们无法穷尽所有内容。相反，我们会提供一些代表性的关键原理和技术的例子，希望能够让读者对这些挑战有所了解。

8.4.1 经典编译器优化

在我们的基础设施和我们在 8.3 节中描述的许多其他平台中，经典代码可以自由地与量子代码交叉使用。这意味着经典优化，如循环展开、函数内联、冗余消除、常量传播以及许多其他标量、循环和过程间优化仍然适用。这是必要的，因为在将电路发送到量子加速器之前，必须消除所有的经典结构。此外，经典技术，如消除死代码和常量折叠，同样适用于量子电路。

Scaffold 是经典和量子世界融合以及经典优化对量子电路性能影响的很好的例子（Javadi Abhari et al., 2014）。Scaffold 使用经典编译器的中间表示（IR）来表示量子操作，并直接受益于 LLVM 中丰富的可用优化通路库（Lattner & Adve, 2004）。

其他已知的经典技术也适用。针对分布式系统开发的通信开销分析和路由策略在量子计算中也可以应用（Ding et al., 2018）。寄存器分配可以实现量子寄存器的最佳分配和复用（Ding et al., 2020）。

8.4.2 简单门变换

最基本的优化是消除没有效果的门。例如，连续出现的两个 X 门，或者连续作用于同一个量子比特的两个对合矩阵，或者两个相加为 0 的旋转，这些都可以被消除掉。

$$Z_i \underbrace{X_i X_i}_{\text{冗余}} Y_i = Z_i Y_i$$

这样的序列可以通过高级别的变换得到，这些变换将不同的电路片段连接在一起。例如，我们在 6.10 节量子随机游走中详细介绍的 4 量子比特减量电路。

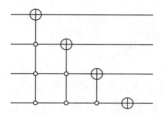

该电路将多重受控门扩展成了一个更长的门序列（不要担心，你不需要能够解读这个）：

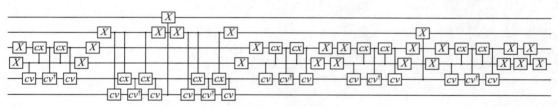

放大到右边，我们可以看到可以消除冗余的 X 门的机会：

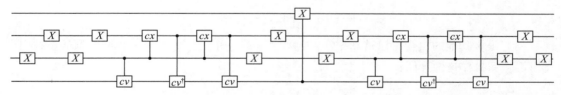

一般来说，对于一个单量子比特算子 U，如果编译器能够证明输入态是 U 的本征态，特征值为 1（即 $U|\psi\rangle = |\psi\rangle$），那么可以直接移除该门。例如，如果量子比特处于 $|+\rangle$ 态，X 门没有任何效果，即 $X|+\rangle = |+\rangle$。

根据算法的数值条件，编译器也可以决定移除只有小效果的门。例如，在近似量子傅里叶变换（Coppersmith, 2002）中，我们已经看到了这一技术的有效性。

8.4.3 门融合

对于仿真，以及具有适当门集的物理机器，我们可以通过简单的矩阵乘法来融合连续的门。一些高性能的模拟器应用了这种技术。融合可以在多个级别以及跨多个量子比特进行。生成的门在物理机器上可能不可用，此时编译器将不得不近似融合的门。这可能会抵消融合的好处，但在需要同时近似两个门 X 和 Y 的情况下，近似组合门 YX 可能是有益的。

$$—\boxed{X}—\boxed{Y}—\quad=\quad—\boxed{YX}—$$

编译器还可以利用量子比特可能没有纠缠的事实。例如，假设已知量子比特 $|\psi\rangle$ 和 $|\phi\rangle$ 没有纠缠，并且必须进行交换，可能是通过跨多个量子比特的 Swap 门。由于这些门没有纠缠并处于纯态，我们可以经典地找到一个酉算子 U，使得 $U|\psi\rangle=|\phi\rangle$ 并且 $U^\dagger|\phi\rangle=|\psi\rangle$。用电路符号表示：

$$|\psi\rangle \quad ×\!\!\!— |\phi\rangle \quad |\psi\rangle —\boxed{U}— |\phi\rangle$$
$$=$$
$$|\phi\rangle \quad ×\!\!\!— |\psi\rangle \quad |\phi\rangle —\boxed{U^\dagger}— |\psi\rangle$$

8.4.4　门调度

我们已经描述了许多门的等价性，在文献中还有更多可用的。具体使用哪种特定的门序列将取决于特定量子计算机的支持能力、拓扑限制，以及特定门的相对成本。例如，T 门的速度可能比其他门慢一个数量级，并且可能需要避免使用。

为了找到最佳的等价，可以使用模式匹配。为了最大化可能的匹配数量，您可能需要重新排序和调度门。因此，有效的和高效的重新排序方法是一个重要研究领域。举一个简单的例子，作用于不同量子比特的单量子比特门可以进行重新排序和并行化，如下：

$$(U\otimes I)(I\otimes V)=(I\otimes V)(U\otimes I)=(U\otimes V)$$

$$—\boxed{U}—\quad=\quad—\boxed{U}—\quad=\quad—\boxed{U}—$$
$$—\boxed{V}—\qquad\quad—\boxed{V}—\qquad\quad—\boxed{V}—$$

还有很多其他的机会可以重新排序。例如，如果一个门后面有一个相同类型的受控门，则可以重新排序这两个门：

$$Y_iCY_{ji}=CY_{ji}Y_i$$

旋转是重新排序的常见目标。例如，S 门、T 门和相位门都代表着旋转，可以以任何顺序作用。Nam 等（2018）提供了许多方法、重写规则和示例，如下所示：

在模拟中，将门并行化可能对性能不会有帮助，至少在我们的实现中是如此。然而，在物理量子计算机上，我们可以安全地假设多个门可以并行操作。将门映射到并行运行的量子比特上将改善设备利用率，并有可能减少电路深度。较短的深度意味着较短的运行时间和在退相干前完成执行的概率更高。

测量通常发生在电路执行的最后阶段。量子比特的寿命有限，因此将量子比特尽可能晚地初始化是一个很好的策略。这是通过尽可能晚地安排门（ALAP）的策略来实现的，在测量结果的基础上逆向工作。这也是 IBM 的 Qiskit 编译器的默认策略。（Ding & Chong, 2020）详细介绍了其他调度策略和降低通信成本的额外技术。

8.4.5　窥孔优化

窥孔优化之所以得名，是因为它只关注代码或电路中的一个小的滑动窗口，希望在这个小窗口中找到可利用的模式。这是经典计算中的一种标准技术，但它同样适用于量子计算（McKeeman, 1965）。

有限窗口模式匹配方法的共同之处是，对于给定的门替换，底层的酉算子不能发生改变。这保证了转换的正确性。

我们可以放宽窥孔优化的约束条件（Liu et al., 2021）。例如，如果一个控制量子比特被确定为处于 $|0\rangle$ 状态，如上所示，我们可以消除受控门。电路在逻辑上仍然等效，但底层运算符已经改变。

我们可以利用这个见解。控制量子比特为 $|0\rangle$ 的受控 U 操作没有作用，可以被消除（编译器必须确定控制位将会是 $|0\rangle$）：

如果其中一个输入已知为 $|0\rangle$，我们还可以压缩交换门：

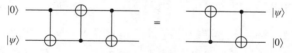

Bernstein-Vazirani 量子电路中的受控非门可以用简单的 Z 门来替代，因为 Hadamard 门将量子比特放入 $|+\rangle$ 基态中。这在图 8.1 中有所展示。这种技术也可以推广到多重受控门。更多关于这种技术的例子以及完整评估可以在文献（Liu et al., 2021）中找到。

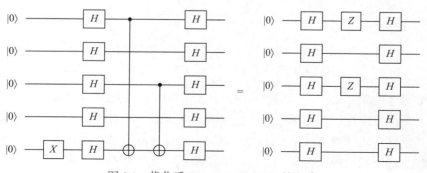

图 8.1　优化后 Bernstein-Vazirani 的电路

8.4.6 高性能模式库

高效地匹配模式与门序列是一个挑战。一种可能的方法是预先计算一个高性能子电路库，然后将非最优和排列的子电路转换为已知的高性能电路。这种方法类似于国际象棋计算机中的终局库。McKeeman（1965）给出了一个建立起数千个高度优化的 4 量子比特子电路库的例子，这些子电路是通过精心设计的自动化搜索找到的。

8.4.7 逻辑到物理的映射

在 3.2 节中，我们已经看到了许多门等价性。选择应用哪些门将取决于底层架构的物理约束。在这种情况下，逻辑到物理的量子比特映射提出了一个优化挑战。

例如，交换门只能作用于相邻的物理量子比特。如果在量子比特 0 和（非常大的）量子比特 n 之间进行交换，将量子比特 n 放在量子比特 0 旁边可能更好。否则，通信开销将非常高。例如，为了在一个 3 量子比特电路中交换量子比特 0 和量子比特 2，需要类似下面的构造。所示电路并不是非常高效，它只是简单地连接了一系列的 2 量子比特交换门。为了进行较长距离的交换，这个梯子必须扩展到更多的量子比特，一直到底部再返回，如图 8.2 中展示的跨越 3 个量子比特的交换门的示例所示。

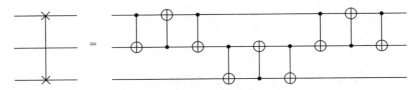

图 8.2　将涉及 3 个量子比特的交换门分解为邻近受控门

如果已经决定了物理量子比特的分配，门可能需要进一步解构以适应拓扑约束。在图 8.3 中显示的示例中，从量子比特 0 到量子比特 2 的受控非门正在被分解为相邻的受控非门。（Garcia-Escartin & Chamorro-Posada, 2011）提出了几种其他类型的受控非门解构方法。

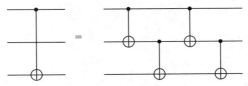

图 8.3　从量子比特 0 到量子比特 2 的受控非门被分解为相邻的受控非门

一个相关的提议技术是线路优化（Paler et al., 2016）。它利用量子比特寿命分析来回收线路和量子比特，即在执行一个完整的电路时，并不需要所有的量子比特。在假设我们可以测量和复用量子比特的情况下，这项工作显示了算法所需量子比特数量的大幅减少，最多可达 90%。这与我们的稀疏实现所发现的结果相一致。然而，在撰写本书时，目前似乎无法有效地执行量子比特的间歇性测量和重新初始化。

8.4.8 物理门的分解

最后，编译器和优化器的一个重要步骤是将高级门分解为实际可用的物理门，遵守连接性约束。例如，IBMQX5 有 5 个量子比特和 u_1、u_2、u_3 门，以及量子受控非门（IBM，2021a），该门只能作用于相邻的门。

$$u_1(\lambda) = \begin{bmatrix} 1 & 0 \\ 0 & e^{i\lambda} \end{bmatrix}$$

$$u_2(\phi, \lambda) = \frac{1}{\sqrt{2}} \begin{bmatrix} 1 & -e^{i\lambda} \\ e^{i\phi} & e^{i(\phi+\lambda)} \end{bmatrix}$$

$$= R_z(\phi + \pi/2) R_x(\pi/2) R_z(\lambda - \pi/2)$$

$$u_3(\theta, \phi, \lambda) = \begin{bmatrix} \cos(\theta/2) & -e^{-i\lambda} \sin(\theta/2) \\ e^{i\phi} \sin(\theta/2) & e^{i(\lambda+\phi)} \cos(\theta/2) \end{bmatrix}$$

其他架构在不同形状的拓扑结构上提供了不同的可用门。将理想化的门映射到物理门是具有挑战性的，尤其是如果物理门具有不寻常的结构。在 Murali 等人（2019）的论文中可以找到更广泛的分析和分类。

我们之前在 8.2 节中也讨论过，在理想化的编程模型中，我们可以使用任何门，知道门可以进行近似。关键问题是：

1. 什么是在硬件上实现的最佳门集合？
2. 这个选择对门的近似或其他设计参数和电路深度有什么影响？
3. 近似对算法的准确性有什么影响？
4. 如果近似需要指数增长的门集合，这不会抵消量子算法的复杂度优势吗？

在给定的物理指令集（例如上述的 IBM 机器）上，某些抽象门会比其他门更容易进行近似。因此，每个目标和算法都需要有针对性的方法和编译技术。

8.5 转译

转译是编译术语的一个有趣的变体。通常情况下，转译指的是将一个使用一种编程语言编写的程序转化为另一种语言，例如将 Java 转换为 Javascript，而在实际机器上运行代码时仍需进行另一步编译。在量子计算中，这个术语通常用于描述将电路映射到物理量子计算机的过程，这种情况下应该称之为编译。命名很困难。

在我们的背景下，我们使用转译这个术语，就像编译器之神所期望的那样：用于描述将我们基础设施中编写的电路转换为其他平台的过程，如 IBM 的 Qiskit、Google 的 Cirq 或我们的稀疏表示 libq。这不是编译，因为从输入到目标机器的转换仍然需要由相应的平台完成。在我们的背景中，转译似乎是一个准确的术语，但我们也可以将各个级别的编译称为分阶段编译。我们还没有提到过命名很困难吗？

在本部分中，我们介绍了一种简单的数据结构，可以将我们的算法转换为其他格式，包括 QASM（Cross et al., 2017），它得到了许多平台的支持，包括 IBM 的 Qiskit。其他的转译器正在开发中，可以在开源库中找到它们。代码生成器相当简单，大部分还处于原型阶段的质量。我们详细展示它们，以鼓励实验和开发其他转译器。

8.5.1　中间表示

为了将程序编译成另一种形式，我们需要一个表示输入的数据结构。在编译器中，这个数据结构通常被称为中间表示（IR）。我们的中间表示非常简单——只是一个节点列表，对应于将门添加到电路的顺序。如前所述，量子计算没有经典的控制流，这使得可以利用这种简单的数据结构来完成许多任务。

在我们的基础设施中，只有三种有意义的操作类型：未定义的操作 UNK、单量子比特门 SINGLE 和受控门 CTL。我们使用枚举类型类 class Op（enum.Enum）来定义它们。为了调试和更好地格式化生成的输出，我们还引入了部分（section）的概念，但现在我们暂时忽略它。

8.5.2　中间表示节点

节点将保存操作的所有可用信息，例如目标量子比特或旋转角度。节点本身由一个简单的 Python 类表示，将所有相关的参数传递给其构造函数。一个类足以表示所有可能的节点类型。此外，我们保持类在这个原型中是容易实现的。

```
class Node:
  """Single node in the IR."""

  def __init__(self, opcode, name, idx0=0, idx1=None, val=None):
    self._opcode = opcode
    self._name = name
    self._idx0 = idx0
    self._idx1 = idx1
    self._val = val
```

我们添加了一些函数来检查节点的属性：

```
def is_single(self):
  return self._opcode == Op.SINGLE

def is_ctl(self):
  return self._opcode == Op.CTL

def is_gate(self):
  return self.is_single() or self.is_ctl()
```

然后，根据特定的节点类型，转换器将查询属性以获取节点属性：

```
@property
def opcode(self):
  return self._opcode
```

```
@property
def name(self):
  if not self._name:
    return '*unk*'
  return self._name


@property
def desc(self):
  return self._name
[...]
```

8.5.3　中间表示基类

中间表示本身现在非常简单。它只是一个节点列表，用于添加单一门和受控门的节点，并有一个管理量子寄存器的函数。

```
class Ir:
  """Compiler IR."""

  def __init__(self):
    self._ngates = 0   # gates in this IR
    self.gates = []    # [] of gates
    self.regs = []     # [] of tuples (global reg index, name, reg index)
    self.nregs = 0     # number of registers
    self.regset = []   # [] of tuples (name, size, reg) for registers


  def reg(self, size, name, register):
    self.regset.append((name, size, register))
    for i in range(size):
      self.regs.append((self.nregs + i, name, i))
    self.nregs += size

  def single(self, name, idx0, val=None):
    self.gates.append(Node(Op.SINGLE, name, idx0, None, val))
    self._ngates += 1

  def controlled(self, name, idx0, idx1, val=None):
    self.gates.append(Node(Op.CTL, name, idx0, idx1, val))
    self._ngates += 1

  @property
  def ngates(self):
    return self._ngates
```

8.5.4　量子电路扩展

为了构建 IR，我们适度扩展了量子电路类。急切模式在构建过程中执行电路。这是默认行为。将急切模式设置为 False 只会构建 IR 而不执行电路。我们还通过扩展构造函数将

IR 添加到量子电路中：

```
def __init__(self, name=None, eager=True):
    self.name = name
    self.psi = 1.0
    self.ir = ir.Ir()
    self.eager = eager
    state.reset()
```

qc 类中只有两个作用门的函数。我们必须在这两个函数中添加 IR 构造调用。这是这种抽象的一个好处，正如在 4.3 节中所提到的那样：

```
def apply1(self, gate, idx, name=None, *, val=None):
    if isinstance(idx, state.Reg):
        for reg in range(idx.nbits):
            self.ir.single(name, idx[reg], val)
            if self.eager:
                xgates.apply1(self.psi, gate.reshape(4), self.psi.nbits,
                              idx[reg], tensor.tensor_width)
        return
    self.ir.single(name, idx, val)
    if self.eager:
        xgates.apply1(self.psi, gate.reshape(4), self.psi.nbits, idx,
                      tensor.tensor_width)

[...] similar for apply_controlled
```

同时，这项操作也支持寄存器。事实上，在撰写本书时，只支持量子寄存器进行代码生成。换句话说，为了生成有效的输出，量子比特必须作为寄存器进行生成和初始化。

8.5.5 电路的电路

IR 为电路提供了一些其他强大的能力。它可以将子电路存储起来，然后以灵活的方式将它们组合起来。这样可以轻松地反转电路，这对于对消计算是有帮助的。此外，只需进行轻微的修改，我们就可以为整个子电路引入控制，类似于 8.3.2 节中的 QCL 构造。

我们可以创建多个电路并将它们添加到一起构建更大的电路。例如，我们可以创建一个主电路和一个子电路，然后使用以下代码将该子电路重复三次进行回放：

```
main = circuit.qc('main circuit, eager execution')
[... add gates to main]

sub1 = circuit.qc('sub circuit', eager=False)
[... gates to sub1, non-eager]

# Now add three copies of sub1 to main (eager),
# all at a different offset:
main.qc(sub1, 0)
main.qc(sub1, 1)
main.qc(sub1, 2)
```

需要注意的是，在构建子电路时，它尚未被执行。门和它们的顺序会被记录下来，以便稍后回放。这是通过将参数 eager 设置为 False 来实现的。

IR 的第二个有用能力是可以反转门的序列。为了实现这个目标，存储的门列表将会被反转。在这个过程中，每个门都会被其伴随门所替代，门的名称会被装饰为 "^–1"。要对上面代码示例中的三个子电路的应用进行反向操作，可以使用以下代码。请注意，使用反转可以以一种优雅的方式进行对消计算。

```
# Create an inverse copy of sub1 (which is still non-eager)
sub1_inv = sub1.inverse()

# Now add three copies of sub1 to main (eagar),
# at the reverted list of offsets:
main.qc(sub1_inv, 2)
main.qc(sub1_inv, 1)
main.qc(sub1_inv, 0)
```

8.5.6 代码生成

现在我们简要讨论几种转译器。它们并没有太多的魔法，从一个基础设施到另一个基础设施的编译大部分是线性的，门的作用逐个进行，只是生成了不同的语法。为了调用任何一个代码生成器，我们为每个生成器定义了一个标识符：

```
flags.DEFINE_string('libq', '', 'Generate libq output file')
flags.DEFINE_string('qasm', '', 'Generate qasm output file')
flags.DEFINE_string('cirq', '', 'Generate cirq output file')
```

例如，要生成一个 QASM 输出文件，可以使用以下标志生成该格式，并将其写入 /tmp/test.qasm 文件中：

```
> ... --qasm=/tmp/test.qasm
```

为了启用这个功能，我们向量子电路类添加了以下函数。函数 dump_to_file 检查是否存在任何标志。如果有一个存在，它会将该标志和相应的代码生成器函数传递给 dump_with_dumper，后者将调用该函数处理中间表示（IR）并生成输出：

```
def dump_with_dumper(self, flag: bool,
                     dumper_func: Callable[ir.Ir]) -> None:
  if flag:
    result = dumper_func(self.ir)

    with open(flag, 'w') as f:
      print(result, file=f)

def dump_to_file(self):
  self.dump_with_dumper(flags.FLAGS.libq, dumpers.libq)
  self.dump_with_dumper(flags.FLAGS.qasm, dumpers.qasm)
  self.dump_with_dumper(flags.FLAGS.cirq, dumpers.cirq)
```

当然，有更好的组织结构方式，特别是在有更多代码生成器和选项可用时。对于这段文字，简单的实现足够了。下面的各个代码生成器还使用了一小部分辅助函数，这些函数也可以在开源存储库中找到。

π 的分数表达式

在生成文本输出时，以分数形式表示 π 的一部分（例如 $3\pi/2$）而不是 4.71238898038 可以极大地提高可读性。例如，复杂算法使用了大量旋转的量子傅里叶变换。将它们表示为 π 的分数形式可以使调试输出和生成的代码更易读。

```python
def pi_fractions(val, pi='pi') -> str:
  """Convert a value in fractions of pi."""

  if val is None:
    return ''
  if val == 0:
    return '0'
  for pi_multiplier in range(1, 4):
    for denom in range(-128, 128):
      if denom and math.isclose(val, pi_multiplier * math.pi / denom):
        pi_str = ''
        if pi_multiplier != 1:
          pi_str = f'{abs(pi_multiplier)}*'
        if denom == -1:
          return f'-{pi_str}{pi}'
        if denom < 0:
          return f'-{pi_str}{pi}/{-denom}'
        if denom == 1:
          return f'{pi_str}{pi}'
        return f'{pi_str}{pi}/{denom}'
  # Couldn't find fractional, just return original value.
  return f'{val}'
```

8.5.7 QASM

我们首先介绍的是最简单的转储器：QASM。它只是遍历节点列表并输出找到的节点及其名称。方便的是，操作符的名称已经与 QASM 规范匹配，这并非巧合。

```python
def qasm(ir) -> str:
  """Dump IR in QASM format."""

  res = 'OPENQASM 2.0;\n'
  for regs in ir.regset:
    res += f'qreg {regs[0]}[{regs[1]}];\n'
  res += '\n'

  for op in ir.gates:
    if op.is_gate():
      res += op.name
      if op.val is not None:
        res += '({})'.format(helper.pi_fractions(op.val))
```

```
    if op.is_single():
        res += f' {reg2str(ir, op.idx0)};\n'
    if op.is_ctl():
        res += f' {reg2str(ir, op.ctl)},{reg2str(ir, op.idx1)};\n'
    return res
```

就是这样！真的是这么简单。下面是一个输出示例：

```
OPENQASM 2.0;
qreg q2[4];
qreg q1[8];
qreg q0[6];
creg c0[8];
h q1[0];
h q1[1];
h q1[2];
[. . .]
cu1(-pi/64) q1[7],q1[1];
cu1(-pi/128) q1[7],q1[0];
h q1[7];
measure q1[0] -> c0[0];
measure q1[1] -> c0[1];
[...]
```

QASM 非常简单，并且受到其他基础设施的支持。因此，它在调试复杂算法和将结果与其他基础设施产生的结果进行比较时非常有用。

8.5.8 LIBQ

生成稀疏的 libq C++ 代码同样非常简单。它生成的是 C++ 代码，在开头和结尾需要更多的 scaffold，但核心功能相似：遍历所有节点并将 IR 节点转换为 C++ 代码。编译 C++ 代码需要正确的包含路径和初始化。下面是对此的示例代码，并且必须根据特定构建系统的要求进行设置：

```
def libq(ir) -> str:
  """Dump IR to a compilable C++ program with libq."""

  # Configure: This code needs to change for specific build/run envs.
  res = ('// This file was generated by qc.dump_to_file()\n\n' +
         '#include <math.h>\n' +
         '#include <stdio.h>\n\n' +
         <setup specific headers>
         <setup specific dir>'quantum/libq/libq.h"\n\n' +

         'int main(int argc, char* argv[]) \n' +
         '  <specific init code>\n\n')

  total_regs = 0
  for regs in ir.regset:
    total_regs += regs[1]
  res += f'  libq::qureg* q = libq::new_qureg(0, {total_regs});\n\n'
```

```
total_regs = 0
for regs in ir.regset:
  for r in regs[2].val:
    if r == 1:
      res += f'  libq::x({total_regs}, q);\n'
    total_regs += 1
res += '\n'

for op in ir.gates:
  if op.is_gate():
    res += f'  libq::{op.name}('
    if op.is_single():
      res += f'{op.idx0}'
      if op.val is not None:
        res += ', {}'.format(helper.pi_fractions(op.val, 'M_PI'))
      res += ', q);\n'
    if op.is_ctl():
      res += f'{op.ctl}, {op.idx1}'
      if op.val is not None:
        res += ', {}'.format(helper.pi_fractions(op.val, 'M_PI'))
      res += ', q);\n'
  [...]
```

下面是一个已生成的输出的示例：

```
int main(int argc, char* argv[]) {
 [...]

 libq::qureg* q = libq::new_qureg(0, 26);
 libq::x(1, q);
 libq::x(13, q);
 libq::cu1(11, 12, M_PI/2, q);
 [...]
 libq::cu1(11, 12, -M_PI/2, q);
 libq::h(12, q);

 libq::flush(q);
 libq::print_qureg(q);
 libq::delete_qureg(q);
 return EXIT_SUCCESS;
}
```

8.5.9　Cirq

最后一个示例是转换为 Google 的 Cirq 库。这个例子很有趣：由于 Cirq 不支持某些门，我们必须在遍历 IR 时构建解决方法。此外，运算符还需要重命名（见下面的 op_map）：

```
def cirq(ir) -> str:
 """Dump IR to a Cirq Python file."""

 res = ('# This file was generated by qc.dump_to_file()\n\n' +
```

```
                'import cirq\n' +
                'import cmath\n' +
                'from cmath import pi\n' +
                'import numpy as np\n\n')

    res += 'qc = cirq.Circuit()\n\n'
    res += f'r = cirq.LineQubit.range({ir.nregs})\n'
    res += '\n'

    # Map to translate gate names:
    op_map = {'h': 'H', 'x': 'X', 'y': 'Y', 'z': 'Z',
              'cx': 'CX', 'cz': 'CZ'}


    for op in ir.gates:
      if op.is_gate():
        if op.name == 'u1':
          res += 'm = np.array([[(1.0, 0.0), (0.0, '
          res += f'cmath.exp(1j * {helper.pi_fractions(op.val)})])]\n'
          res += f'qc.append(cirq.MatrixGate(m).on(r[{op.idx0}]))\n'
          continue

        # [... similar for cu1, cv, cv_adj]

        op_name = op_map[op.name]
        res += f'qc.append(cirq.{op_name}('
        if op.is_single():
          res += f'r[{op.idx0}]'
          if op.val is not None:
            res += ', {}'.format(helper.pi_fractions(op.val))
          res += '))\n'
        if op.is_ctl():
          res += f'r[{op.ctl}], r[{op.idx1}]'
          if op.val is not None:
            res += ', {}'.format(helper.pi_fractions(op.val))
          res += '))\n'

    res += 'sim = cirq.Simulator()\n'
    res += 'print(\'Simulate...\')\n'
    res += 'result = sim.simulate(qc)\n'
    res += 'res_str = str(result)\n'
    res += 'print(res_str.encode(\'utf-8\'))\n'
    return res
```

编写一个转译器并不显得过于复杂。写作时，其他转译器正在开源社区中发展，比如用于 LATEX 的转译器。它们被用于本书中的一些电路，用来评估性能和生成电路图。

8.5.10 开源模拟器

我们讨论了如何构建高效但基本的模拟器的基本原则。借助我们的转码工具，现在我们可以针对其他可用的模拟器进行目标设置，例如利用支持分布式计算或先进噪声模型的模拟器。在本节中，我们提供了一些最常引用和发展最好的模拟器的概览。更详尽的模拟器列表可以在 Quantiki（2021）中找到。

全状态模拟器 qHipster 通过 MPI 和 OpenMP 实现了线程、向量化和分布式计算（Smelyanskiy et al., 2016）。它还在 Intel 平台上使用高度优化的库。撰写本书时，模拟器被重新命名为 Intel Quantum Simulator(Guerreschi et al., 2020)，在 Github 上可获得（Intel, 2021）。该模拟器还允许模拟量子噪声过程，从而模拟受这些噪声过程影响的量子硬件。这也模拟了真实量子硬件所需要的采样过程。

我们目前只知道一个稀疏实现，即 libquantum(Butscher & Weimer, 2013)。我们将其作为我们的 libq 的基础。该库已不再主动维护（最后一次发布是在 2013 年）。它在只有很少一部分可能的状态具有非零振幅的电路中，提供了出色的单线程性能。它还为量子纠错提供了支持，并允许模拟退相干效应。

QX 是一个开源的高性能模拟器实现（Khammassi et al., 2017）。它接受量子代码作为输入，该代码是 QASM 的一个变种，支持门之间的显式并行性、调试打印语句和循环结构。它进行积极的优化，但似乎仍然存储完整的状态向量。QX 还支持使用各种错误模型进行噪声执行。它是来自 Delft 大学的一个更大量子开发环境的一部分。

ProjectQ 是一个嵌入 Python 的、受编译器支持的量子计算框架（Steiger et al., 2018）。它允许针对真实硬件和分发包含的模拟器进行目标定位。该模拟器通过设置昂贵计算的预期结果而不进行模拟，实现了"捷径"。ProjectQ 的分发包含了到其他几种可用框架的转译器。它可以调用 RevKit（Soeken et al., 2012）来自动从经典门构建可逆的 oracle，这是一个非常实用的功能。

QuEST（Quantum Exact Simulation Toolkit）是一个全状态、多线程、分布式和 GPU 加速的模拟器（Jones et al., 2019）。它同时使用了 MPI 和 OpenMP，并在大型超级计算机上展示了令人印象深刻的扩展性。它支持状态向量和密度矩阵模拟、任意大小的一般性退相干信道、任意数量的控制和目标量子比特的一般性单量子比特门，以及 Pauli 小工具和高阶 Trotter 化等其他高级功能。相关的 QuESTlink（Jones & Benjamin, 2020）系统允许从 Mathematica 软件包内部使用 QuEST 的功能。

近期，Cirq 发布了两个高性能模拟器，qsim 和 qsimh（Google, 2021d）。前者 qsim 针对单机，而 qsimh 允许通过 OpenMP 进行分布式计算。这些实现进行了向量化，并进行了诸如门融合等多种优化。qsim 模拟器是一个全状态的薛定谔模拟器。qsimh 模拟器是一个薛定谔 - 费曼模拟器（Markov et al., 2018），以减少内存需求来换取性能。

微软的量子开发工具包提供了几个模拟器，包括一个全状态模拟器、几个资源估计器和一个可以处理数百万个门的 Clifford 门加速模拟器（Microsoft QDK Simulators, 2021）。

Qiskit 生态系统提供了一系列的模拟器，包括全状态模拟器、资源估计工具、噪声模拟器以及 QASM 模拟器（Qiskit, 2021）。

稀 疏 实 现

　　附录详细介绍了 libq 的实现，包括一些优化成功和失败的细节。完整的源代码可以在开源存储库的 src/libq 目录中在线找到。它大约有 500 行 C++ 代码。因此，本部分内容代码量很大。

1　寄存器文件

　　寄存器文件，用于保存量子比特，在 libq.h 中以类型 qureg_t 进行定义。我们再次在 libq 中使用与 libquantum 中相似的名称，以便逐行进行比较。该结构将保存一个包含复数振幅的数组和一个包含状态比特掩码的数组。

```
typedef uint64 state_t;

struct qureg_t {
 cmplx* amplitude;
 state_t* state;
 }
```

　　有趣的小细节是，在 SPEC2006 基准的早期版本中，这两个数组被编写为结构体数组，这对性能来说并不好，因为在迭代数组时，例如在所有状态中翻转一个比特，需要迭代的内存超过所需的内存。该作者在 HP 针对 Itanium 处理器的编译器中实现了相当复杂的数据布局转换，将 structs 数组转换为数组 struct（Hundt et al., 2006）。后来的一个版本的库则修改了源代码本身，消除了复杂的编译器转换的需求和好处。

　　成员 width，可能应该有一个更好的名称，它保存了此寄存器中量子比特的数量。成员 size 保存了非零概率的数量，并且 hash 是实际的哈希表，hashw 是哈希表的分配大小。

```
int width; /* number of qubits in the qureg */
int size;  /* number of non-zero vectors */

int hashw; /* width of the hash array */
int* hash; /* hash table */
```

检查某个比特是否设置和将特定比特与一个值进行异或的操作是常见的，因此我们将它们提取为成员函数：

```
bool bit_is_set(int index, int target) __attribute__ ((pure)) {
  return state[index] & (static_cast<state_t>(1) << target);
}
void bit_xor(int index, int target) {
  state[index] ^= (static_cast<state_t>(1) << target);
}
```

```
typedef struct qureg_t qureg;
```

对于这个量子寄存器，允许执行以下操作。

创建一个给定大小 width 的新量子寄存器，并使用比特掩码 initval 初始化一个初始单一状态，概率为 1.0（必须定义一个状态）。该函数的主要任务是用 calloc() 分配各种数组，并确保没有内存不足的错误。

```
qureg *new_qureg(state_t initval, int width);

.cc:
  libq::qureg* q = libq::new_qureg(0, 2);
```

释放所有已分配的数据结构，将相关指针设置为 nullptr。

```
void delete_qureg(qureg *reg);
```

通过列出所有概率非零的状态，打印当前状态的文本表示形式。

```
void print_qureg(qureg *reg);
```

显示统计信息，例如存储了多少个量子比特，哈希表重新计算的频率以及另一个重要指标，即算法执行过程中达到的最大非零概率状态的数量：

```
void print_qureg_stats(qureg *reg);
```

对于某些实验，我们会缓存内部状态。下一个函数确保所有剩余的状态都会被刷新。这可能意味着一个计算已经完成或某些待处理的打印输出已刷新到标准输出 stdout。

```
void flush(qureg* reg);
```

2 保持叠加态的门

这些门不会创建或销毁叠加态。它们在这种稀疏表示中代表着"简单"的情况。让我们看一下几个代表性的门，完整的实现在 libq/gates.cc 中。

将 X 门作用于特定的量子比特，需要翻转与该量子比特索引对应的比特。请回忆，门的功能由以下因素决定：

$$\begin{bmatrix} 0 & 1 \\ 1 & 0 \end{bmatrix}\begin{bmatrix} \alpha \\ \beta \end{bmatrix} = \begin{bmatrix} \beta \\ \alpha \end{bmatrix}$$

如果系统中存在 n 个非零概率的状态，我们将会有 n 个元组。要根据门来翻转一个量子比特的概率，我们必须在每个元组中翻转该量子比特，因为这代表了该门对所有量子态的作用。通过简单地翻转比特来翻转该量子比特的概率振幅，不需要进行其他数据转移。这段代码非常简单：

```
void x(int target, qureg *reg) {
    for (int i = 0; i < reg->size; ++i) {
        reg->bit_xor(i, target);
    }
}
```

对于另一类算子，我们必须在应用变换之前检查比特是否被设置。例如，将 Z 门作用于一个量子态的操作如下：

$$\begin{bmatrix} 1 & 0 \\ 0 & -1 \end{bmatrix}\begin{bmatrix} \alpha \\ \beta \end{bmatrix} = \begin{bmatrix} \alpha \\ -\beta \end{bmatrix}$$

只有当 β 非零时，门才会产生效果。在稀疏表示中，这意味着必须存在一个元组表示非零概率，它在预期的量子比特位置有一个 1。我们遍历所有的状态元组，检查这个条件，只有在该比特被设置时才取反概率振幅：

```
void z(int target, qureg *reg) {
    for (int i = 0; i < reg->size; ++i) {
        if (reg->bit_is_set(i, target)) {
            reg->amplitude[i] *= -1;
        }
    }
}
```

请注意，如果量子比特处于叠加态，将会有两个元组：一个对应的比特设置为 0，振幅设置为 α，另一个对应的比特设置为 1，振幅设置为 β。对于 Z 门，我们只需要改变第二个元组。类似的例子是 T 门，还有一些类似性质的其他门：

```
void t(int target, qureg *reg) {
    static cmplx z = cexp(M_PI / 4.0);
    for (int i = 0; i < reg->size; ++i) {
        if (reg->bit_is_set(i, target)) {
            reg->amplitude[i] *= z;
        }
    }
}
```

Y 门的复杂程度适中，使用了上述方法的组合。

$$\begin{bmatrix} 0 & -i \\ i & 0 \end{bmatrix} \begin{bmatrix} \alpha \\ \beta \end{bmatrix} = \begin{bmatrix} -i\beta \\ i\alpha \end{bmatrix}$$

首先，我们翻转比特，类似于 X 门，然后根据翻转后比特的情况，设置应用 i 或 –i。

```
void y(int target, qureg *reg) {
    for (int i = 0; i < reg->size; ++i) {
        reg->bit_xor(i, target);
        if (reg->bit_is_set(i, target))
            reg->amplitude[i] *= cmplx(0, 1.0);
        else
            reg->amplitude[i] *= cmplx(0, -1.0);
    }
}
```

3 受控门

受控门是上述方法的逻辑扩展。为了使门受控，我们只需要检查相应的控制比特是否设置为 1。例如，对于受控 X 门：

```
void cx(int control, int target, qureg *reg) {
    for (int i = 0; i < reg->size; ++i) {
        if (reg->bit_is_set(i, control)) {
            reg->bit_xor(i, target);
        }
    }
}
```

对于受控 Z 门：

```
void cz(int control, int target, qureg *reg) {
    for (int i = 0; i < reg->size; ++i) {
        if (reg->bit_is_set(i, control)) {
            if (reg->bit_is_set(i, target)) {
                reg->amplitude[i] *= -1;
            }
        }
    }
}
```

这甚至适用于双重受控门，我们只需要检查两个控制比特是否都被设置。以下是双重受控 X 门的实现：

```
void ccx(int control0, int control1, int target, qureg *reg) {
    for (int i = 0; i < reg->size; ++i) {
        if (reg->bit_is_set(i, control0)) {
            if (reg->bit_is_set(i, control1)) {
                reg->bit_xor(i, target);
            }
        }
    }
}
```

4 叠加门

困难的情况是涉及创建或销毁叠加态的门。我们在 apply.cc 中提供了一个单一的实现，用于 libq_gate1 函数处理这种情况。该函数需要传入一个 2×2 的门矩阵作为参数。

例如，对于 Hadamard 门：

```
void h(int target, qureg *reg) {
    static cmplx mh[4] = {sqrt(1.0/2), sqrt(1.0/2), sqrt(1.0/2),
                          -sqrt(1.0/2)};
    libq_gate1(target, mh, reg);
}
```

这个实现本身使用了之前在 4.5 节加速门作用中看到的相同技术：线性遍历状态，但它适应了稀疏表示。此外，它通过过滤接近零的状态来管理内存。让我们深入了解一下。这个实现大约有 175 行代码。

5 哈希表

首先，如上所述，状态存储在哈希表中，其哈希函数如下：

```
static inline unsigned int hash64(state_t key, int width) {
    unsigned int k32 = (key & 0xFFFFFFFF) ^ (key >> 32);
    k32 *= 0x9e370001UL;
    k32 = k32 >> (32 - width);
    return k32;
}
```

哈希查找函数 get_state 用于检查指定的状态是否存在，具有非零的概率。它计算状态 a 的哈希索引，并在密集数组上迭代，希望找到实际的状态。如果找到了 0 状态（表示未填充的条目）或搜索超过了一轮，表示未找到任何状态，则返回 −1；否则，返回哈希表中的位置。

```
state_t get_state(state_t a, qureg *reg) {
  unsigned int i = hash64(a, reg->hashw);
  while (reg->hash[i]) {
    if (reg->state[reg->hash[i] - 1] == a) {
      return reg->hash[i] - 1;
    }
    i++;
    if (i == (1 << reg->hashw)) {
      break;
    }
  }
  return -1;
}
```

当然，在哈希表中添加状态的函数是必不可少的：

```
void libq_add_hash(state_t a, int pos, qureg *reg) {
  int mark = 0;
```

```
int i = hash64(a, reg->hashw);
while (reg->hash[i]) {
  i++;
  if (i == (1 << reg->hashw)) {
    if (!mark) {
      i = 0;
      mark = 1;
    }
  }
}
reg->hash[i] = pos + 1;
// -- Optimization will happen here (later).
}
```

从性能角度来看，最有趣的是重建哈希表的功能。由于门的作用函数将过滤掉概率接近 0.0 的状态，在门作用之后，我们需要重建哈希表以确保它只包含有效条目。这是整个 libq 实现中最昂贵的操作。我们在下面展示了一些优化方法，其中第一个循环被替换为 memset()，并且在附录的第 8 节中也做了一些优化。

```
void libq_reconstruct_hash(qureg *reg) {
    reg->hash_computes += 1;    // count invocations.

    for (int i = 0; i < (1 << reg->hashw); ++i) {
        reg->hash[i] = 0;
    }
    for (int i = 0; i < reg->size; ++i) {
        libq_add_hash(reg->state[i], i, reg);
    }
}
```

首先需要注意的是第一个循环，它将哈希数组重置为全零状态。

```
for (int i = 0; i < (1 << reg->hashw); ++i) {
    reg->hash[i] = 0;
}
```

你可能会期望编译器将这个循环转换为向量化的 memset 操作。然而，实际情况并非如此。循环边界 reg->hashw 与循环体有别名，这意味着编译器无法推断循环体是否会修改循环的边界。将这部分代码手动更改为 memset 会使整个模拟的速度加快约 20%。

```
memset(reg->hash, 0, (1 << reg->hashw) * sizeof(int));
```

memset 仍然是实现中最慢的部分。稍后，我们将展示如何进一步优化它。

6 门的作用

以下是作用门的程序。它假设自上次调用以来有所更改，因此第一个任务是重建哈希表：

```
void libq_gate1(int target, cmplx m[4], qureg *reg) {
    int addsize = 0;
    libq_reconstruct_hash(reg);
```

```
        [...]
    }
```

对于给定的量子比特，叠加意味着在给定的比特位置上同时存在 0 和 1 的状态。因此，该函数会进行迭代，并计算缺失的状态数以及需要添加的状态数：

```
/* calculate the number of basis states to be added */
for (int i = 0; i < reg->size; ++i) {
    /* determine whether XORed basis state already exists */
    if (get_state(reg->state[i] ^
        (static_cast<state_t>(1) << target), reg) == -1)
        addsize++;
}
```

如果需要添加新的状态，该函数将重新分配数组。它还会进行记录管理，并记住具有非零概率的最大状态数：

```
/* allocate memory for the new basis states */
if (addsize) {
    reg->state = static_cast<state_t *>(
        realloc(reg->state, (reg->size + addsize) * sizeof(state_t)));
    reg->amplitude = static_cast<cmplx *>(
        realloc(reg->amplitude, (reg->size + addsize) * sizeof(cmplx)));

    memset(&reg->state[reg->size], 0, addsize * sizeof(int));
    memset(&reg->amplitude[reg->size], 0, addsize * sizeof(cmplx));
    if (reg->size + addsize > reg->maxsize) {
        reg->maxsize = reg->size + addsize;
    }
}
```

这都是与状态和内存管理有关的内容。现在我们来讨论如何作用门。我们会分配一个名为 done 的数组来记录我们已经处理过的状态。在函数结束时，将变量 limit 用于移除概率接近零的状态。

```
char *done =
    static_cast<char *>(calloc(reg->size + addsize, sizeof(char)));
int next_state = reg->size;
float limit = (1.0 / (static_cast<state_t>(1) << reg->width))
              * 1e-6;
```

然后，我们遍历所有的状态，并检查一个状态是否已经被处理过。我们检查目标比特是否已经设置，并获取另一个基态在变量 xor_index 中的索引。基态 $|0\rangle$ 和 $|1\rangle$ 的振幅分别存储在 tnot 和 t 中。

```
/* perform the actual matrix multiplication */
for (int i = 0; i < reg->size; ++i) {
    if (!done[i]) {
        /* determine if the target of the basis state is set */
        int is_set = reg->state[i] & (static_cast<state_t>(1) <<
        ↪ target);
        int xor_index =
```

```
            get_state(reg->state[i] ^
            (static_cast<state_t>(1) << target), reg);
        cmplx tnot = xor_index >= 0 ? reg->amplitude[xor_index] : 0;
        cmplx t = reg->amplitude[i];
    }
    [...]
}
```

矩阵乘法遵循我们在 4.5 节中看到的加速门作用的模式。如果找到了状态，我们就作用门。如果 XOR 操作后的状态未找到，这意味着我们需要添加一个新的状态并进行乘法操作：

```
if (is_set) {
    reg->amplitude[i] = m[2] * tnot + m[3] * t;
} else {
    reg->amplitude[i] = m[0] * t + m[1] * tnot;
}

if (xor_index >= 0) {
    if (is_set) {
        reg->amplitude[xor_index] = m[0] * tnot + m[1] * t;
    } else {
        reg->amplitude[xor_index] = m[2] * t + m[3] * tnot;
    }
} else { /* new basis state will be created */
    if (abs(m[1]) == 0.0 && is_set) break;
    if (abs(m[2]) == 0.0 && !is_set) break;

    reg->state[next_state] =
        reg->state[i] ^ (static_cast<state_t>(1) << target);
    reg->amplitude[next_state] = is_set ? m[1] * t : m[2] * t;
    next_state += 1;
}

if (xor_index >= 0) {
    done[xor_index] = 1;
}
```

最后，我们将概率接近于 0 的状态过滤掉。这段代码通过将所有非零元素上移来使数组变得密集，最后将振幅和状态数组重新分配到更小的大小（实际上这是一个多余的操作）：

```
reg->size += addsize;
free(done);

/* remove basis states with extremely small amplitude */
if (reg->hashw) {
    int decsize = 0;
    for (int i = 0, j = 0; i < reg->size; ++i) {
        if (probability(reg->amplitude[i]) < limit) {
            j++;
            decsize++;
        } else if (j) {
            reg->state[i - j] = reg->state[i];
            reg->amplitude[i - j] = reg->amplitude[i];
```

```
      }
    }

    if (decsize) {
      reg->size -= decsize;

      # Note that these 2 realloc's are redundant and not needed.
      // reg->amplitude = static_cast<cmplx *>(
      //   realloc(reg->amplitude, reg->size * sizeof(cmplx)));
      // reg->state = static_cast<state_t *>(
      //   realloc(reg->state, reg->size * sizeof(state_t)));
    }
  }
```

7　过早优化，第二步

这是一个可能作为一个教训的轶事。在实现代码并进行初始基准测试之后，很明显重复迭代内存必然会成为一个瓶颈。一种类似迷你 JIT（即时编译）的方法可能会有所帮助，它首先收集所有操作，然后将门的作用融合到同一次循环迭代中。目标是显著减少对状态的重复迭代，以避免内存开销，这似乎再次成为问题。该代码在网上可以获取。作为其他性能瓶颈被解决，它可能在未来变得有价值。

主程序的目标是执行类似以下内容的操作，只有一个外部循环和一个针对所有保持叠加态的门的切换语句：

```
[...]
void Execute(qureg *reg) {
  for (int i = 0; i < reg->size; ++i) {
    for (auto op : op_list_) {
      switch (op.op()) {
        case op_t::X:
          reg->bit_xor(i, op.target());
          break;

        case op_t::Y:
          reg->bit_xor(i, op.target());
          if (reg->bit_is_set(i, op.target()))
            reg->amplitude[i] *= cmplx(0, 1.0);
          else
            reg->amplitude[i] *= cmplx(0, -1.0);
          break;

        case op_t::Z:
          if (reg->bit_is_set(i, op.target())) {
            reg->amplitude[i] *= -1;
          }
          Break;
[...] }}}}
```

令人完全惊讶的是，运行经 JIT 编译的版本并没有带来性能提升，仍然保持 0%。简单的性能分析显示，大约 96% 的执行时间用于重建哈希表。门的作用根本不是性能瓶颈。这是一个教训——直觉是好的，但验证更重要。我们之前没有提到过吗？

8　实际性能优化

正如上文所述，重建哈希表是该库中最昂贵的操作。哈希表的大小根据量子比特的数量来存储所有潜在状态。然而，即使对于复杂算法，具有非零概率的实际最大状态数量可能非常小。例如，对于从量子算术（Arith）和求阶（Order）中提取的两个基准测试，我们展示了达到的非零状态的最大数量（8192），以及给定涉及的量子比特数量，即理论上的最大状态数量。Order 的百分比为 3.125%，而 Arith 仅为 0.012%。它具有更多的量子比特，因此具有非常大的潜在状态数量。

```
Arith:  Maximum of states: 8192, theoretical: 67108864, 0.012%
Order:  Maximum of states: 8192, theoretical: 262144, 3.125%
```

在执行过程中，状态数量以 2 的幂动态变化，因为 libq 会删除非常接近 0.0 的状态。因此，有机会扩展哈希表并跟踪或缓存已设置的元素的地址，最多到达给定阈值，例如最多 64 000 个元素。

为了重置哈希表，我们遍历哈希缓存并将哈希表中已填充的元素清零，如图 1 所示。会有一个交叉点。对于某些哈希缓存的大小，线性扫描哈希表比自缓存的随机内存访问模式更快，这是由于硬件预取动态特性的影响。我们选择了 64KB 作为缓存大小，对于我们给定的示例，可以显著提高运行效率。这是一个有趣的实验空间，可以尝试寻找更好的启发式算法和数据结构。

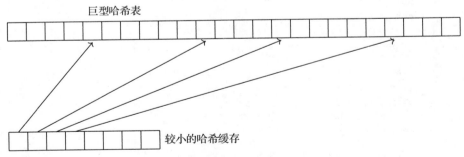

图 1　加速哈希表归零的缓存方案

在函数 libq_reconstruct_hash 中，我们还要维护一个名为 hash_hits 的数组，该数组存储主哈希表中状态的地址，以及这些状态的计数器 reg->hits。然后，我们选择性地只清零哈希表中我们缓存的那些内存地址。如果哈希缓存不够大，我们就不得不将整个哈希表清零：

```
void libq_reconstruct_hash(qureg *reg) {
  reg->hash_computes += 1;

  if (reg->hash_caching && reg->hits < HASH_CACHE_SIZE) {
    for (int i = 0; i < reg->hits; ++i) {
      reg->hash[reg->hash_hits[i]] = 0;
      reg->hash_hits[i] = 0;
    }
    reg->hits = 0;
  } else {
    memset(reg->hash, 0, (1 << reg->hashw) * sizeof(int));
    memset(reg->hash_hits, 0, reg->hits * sizeof(int));

    reg->hits = 0;
  }
  for (int i = 0; i < reg->size; ++i) {
    libq_add_hash(reg->state[i], i, reg);
  }
}
```

在 libq_add_hash 中，只需要在添加新元素时，使用以下代码来填充 hash_hits 数组即可，代码放置在最底部：

```
[...]
reg->hash[i] = pos + 1;
if (reg->hash_caching && reg->hits < HASH_CACHE_SIZE) {
  reg->hash_hits[reg->hits] = i;
  reg->hits += 1;
}
```

这种优化带来的性能提升可能非常大，具体取决于算法的特性。根据个别证据，只要非零状态适合哈希缓存，Arith 和 Order 算法的性能可以提升 20% ～ 30%。

参 考 文 献

S. Aaronson and D. Gottesman. Improved simulation of stabilizer circuits. *Physical Review A*, 70(5), 2004. doi: 10.1103/physreva.70.052328.

J. Abhijith, A. Adetokunbo, J. Ambrosiano, et al. Quantum algorithm implementations for beginners, 2020. arXiv:1804.03719v2 [cs.ET].

T. Altenkirch and A. Green. The quantum IO monad. *Semantic Techniques in Quantum Computation*, 2013. doi: 10.1017/CBO9781139193313.006.

E. Altman, K. R. Brown, G. Carleo, et al. Quantum simulators: Architectures and opportunities. *PRX Quantum*, 2(1), 2021. doi: 10.1103/prxquantum.2.017003.

S. Anders and H. J. Briegel. Fast simulation of stabilizer circuits using a graph-state representation. *Physical Review A*, 73(2), 2006. doi: 10.1103/physreva.73.022334.

D. L. Applegate, R. E. Bixby, V. Chvátal, and W. J. Cook. The Traveling Salesman Problem: A Computational Study. Princeton University Press, 2006. URL www.jstor.org/stable/j.ctt7s8xg.

F. Arute, K. Arya, R. Babbush, et al. Quantum supremacy using a programmable superconducting processor. *Nature*, 574(7779):505–510, 2019. doi: 10.1038/s41586-019-1666-5.

F. Arute, K. Arya, R, Babbush, et al. Supplementary information: Quantum supremacy using a programmable superconducting processor. https://arxiv.org/pdf/1910.11333.pdf, 2020.

A. Barenco, C. H. Bennett, R. Cleve, et al. Elementary gates for quantum computation. *Physical Review A*, 52(5):3457–3467, 1995. doi: 10.1103/physreva.52.3457.

S. Beauregard. Circuit for Shor's algorithm using 2n+3 qubits. *Quantum Information and Compututation*, 3(2):175–185, 2003.

J. S. Bell. On the Einstein Podolsky Rosen paradox. *Physics Physique Fizika*, 1:195–200, 1964. doi: 10.1103/PhysicsPhysiqueFizika.1.195.

C. H. Bennett. Logical reversibility of computation. *IBM Journal of Research and Development*, 17(6):525–532, 1973. doi: 10.1147/rd.176.0525.

C. H. Bennett, G. Brassard, C. Crépeau, R. Jozsa, A. Peres, and W. K. Wootters. Teleporting an unknown quantum state via dual classical and Einstein–Podolsky–Rosen channels. *Physical Review Letters*, 70:1895–1899, 1993. doi: 10.1103/PhysRevLett.70.1895.

D. W. Berry and B. C. Sanders. Quantum teleportation and entanglement swapping for systems of arbitrary spin. In *2002 Summaries of Papers Presented at the Quantum Electronics and Laser Science Conference*, pp.265, 2002. doi: 10.1109/QELS.2002.1031404.

S. Bettelli, T. Calarco, and L. Serafini. Toward an architecture for quantum programming. *The

European Physical Journal D – Atomic, Molecular and Optical Physics, 25(2):181–200, 2003. doi: 10.1140/epjd/e2003-00242-2.

B. Bichsel, M. Baader, T. Gehr, and M. T. Vechev. Silq: a high-level quantum language with safe uncomputation and intuitive semantics. In A. F. Donaldson and E. Torlak, eds., *Proceedings of the 41st ACM SIGPLAN International Conference on Programming Language Design and Implementation, PLDI 2020, London, UK, June 15–20, 2020*, pp. 286–300. ACM, 2020. doi: 10.1145/3385412.3386007.

S. Boixo, S. V. Isakov, V. N. Smelyanskiy, et al. Characterizing quantum supremacy in near-term devices. *Nature Physics*, 14(6):595–600, 2018. doi: 10.1038/s41567-018-0124-x.

G. Brassard, P. Høyer, M. Mosca, and A. Tapp. Quantum amplitude amplification and estimation. *Quantum Computation and Information*, pp. 53–74, 2002. doi: 10.1090/conm/305/05215.

I. Buck, T. Foley, D. Horn, et al. Brook for GPUs: Stream computing on graphics hardware. *ACM Transactions on Graphics*, 23:777–786, 2004. doi: 10.1145/1186562.1015800.

H. Buhrman, R. Cleve, J. Watrous, and R. de Wolf. Quantum fingerprinting. *Physical Review Letters*, 87(16), 2001. doi: 10.1103/physrevlett.87.167902.

H. Buhrman, C. Dürr, M. Heiligman, et al. Quantum algorithms for element distinctness. *SIAM Journal on Computing*, 34(6):1324–1330, 2005. doi: 10.1137/s0097539702402780.

B. Butscher and H. Weimer. libquantum. www.libquantum.de/, 2013. Accessed: 2021-02-10.

A. M. Childs, R. Cleve, E. Deotto, E. Farhi, S. Gutmann, and D. A. Spielman. Exponential algorithmic speedup by a quantum walk. *Proceedings of the Thirty-Fifth ACM Symposium on Theory of Computing – STOC '03*, 2003. doi: 10.1145/780542.780552.

A.M. Childs, R. Cleve, S. P. Jordan, and D. Yonge-Mallo. Discrete-query quantum algorithm for nand trees. *Theory of Computing*, 5(1):119–123, 2009. doi: 10.4086/toc.2009.v005a005.

F. T. Chong, D. Franklin, and M. Martonosi. Programming languages and compiler design for realistic quantum hardware. *Nature*, 549(7671):180–187, 2017. doi: 10.1038/nature23459.

D. Coppersmith. An approximate Fourier transform useful in quantum factoring. *arXiv e-prints*, art. quant-ph/0201067, Jan. 2002.

D. G. Cory, M. D. Price, W. Maas, et al. Experimental quantum error correction. *Physical Review Letters*, 81(10):2152–2155, 1998. doi: 10.1103/physrevlett.81.2152.

A. W. Cross, L. S. Bishop, J. A. Smolin, and J. M. Gambetta. Open quantum assembly language, 2017. arXiv:1707.03429.

C. M. Dawson and M. A. Nielsen. The Solovay–Kitaev algorithm. *Quantum Information and Computation*, 6(1):81–95, 2006.

H. De Raedt, F. Jin, D. Willsch, et al. Massively parallel quantum computer simulator, eleven years later. *Computer Physics Communications*, 237:47–61, 2019. doi: 10.1016/j.cpc.2018.11.005.

W. Dean. Computational complexity theory. In E. N. Zalta, ed., *The Stanford Encyclopedia of Philosophy*. Metaphysics Research Lab, Stanford University, 2016.

D. Deutsch. Quantum theory, the Church–Turing principle and the universal quantum computer. *Proceedings of the Royal Society of London Series A*, 400(1818):97–117, 1985. doi: 10.1098/rspa.1985.0070.

D. Deutsch and R. Jozsa. Rapid solution of problems by quantum computation. *Proceedings of the Royal Society of London. Series A*, 439(1907):553–558, 1992. doi: 10.1098/rspa.1992.0167.

S. J. Devitt, W. J. Munro, and K. Nemoto. Quantum error correction for beginners. *Reports on Progress in Physics*, 76(7):076001, 2013. doi: 10.1088/0034-4885/76/7/076001.

Y. Ding and F. T. Chong. Quantum computer systems: Research for noisy intermediate-scale quantum computers. *Synthesis Lectures on Computer Architecture*, 15(2):1–227, 2020. doi: 10.2200/S01014ED1V01Y202005CAC051.

Y. Ding, A. Holmes, A. Javadi-Abhari, D. Franklin, M. Martonosi, and F. Chong. Magic-state functional units: Mapping and scheduling multi-level distillation circuits for fault-tolerant quantum architectures. *2018 51st Annual IEEE/ACM International Symposium on Microarchitecture (MICRO)*, 2018. doi: 10.1109/micro.2018.00072.

Y. Ding, X.-C. Wu, A. Holmes, A. Wiseth, D. Franklin, M. Martonosi, and F. T. Chong. Square: Strategic quantum ancilla reuse for modular quantum programs via cost-effective uncomputation. *2020 ACM/IEEE 47th Annual International Symposium on Computer Architecture (ISCA)*, 2020. doi: 10.1109/isca45697.2020.00054.

B. L. Douglas and J. B. Wang. Efficient quantum circuit implementation of quantum walks, *Physical Review A*, 79:1050–2947, 2009. doi: 10.1103/PHYSREVA.79.052335.

T. G. Draper. Addition on a quantum computer. *arXiv e-prints*, art. quant-ph/0008033, 2000.

A. Einstein, B. Podolsky, and N. Rosen. Can quantum-mechanical description of physical reality be considered complete? *Physical Review*, 47:777–780, 1935. doi: 10.1103/PhysRev.47.777.

E. Farhi, J. Goldstone, and S. Gutmann. A quantum approximate optimization algorithm, 2014. URL https://arxiv.org/abs/1411.4028.

J. Faye. Copenhagen interpretation of quantum mechanics. In E. N. Zalta, ed., *The Stanford Encyclopedia of Philosophy*. Metaphysics Research Lab, Stanford University, 2019.

R. Feynman. *The Character of Physical Law*. MIT Press, 1965.

D. A. Fleisch. *A Student's Guide to the Schrodinger Equation*. Cambridge University Press, 2020.

M. P. Frank, U. H. Meyer-Baese, I. Chiorescu, L. Oniciuc, and R. A. van Engelen. Space-efficient simulation of quantum computers. *Proceedings of the 47th Annual Southeast Regional Conference on – ACM-SE 47*, 2009. doi: 10.1145/1566445.1566554.

P. Fu, K. Kishida, N. J. Ross, and P. Selinger. A tutorial introduction to quantum circuit programming in dependently typed Proto-Quipper, 2020. URL https://arxiv.org/abs/2005.08396.

J. Gambetta, D. M. Rodríguez, A. Javadi-Abhari, et al. Qiskit/qiskit-terra: Qiskit Terra 0.7.2, 2019.

J. C. Garcia-Escartin and P. Chamorro-Posada. Equivalent quantum circuits, 2011. https://arxiv.org/abs/1110.2998.

S. Garhwal, M. Ghorani, and A. Ahmad. Quantum programming language: A systematic review of research topic and top cited languages. *Archives of Computational Methods in Engineering*, 28(2):289–310, 2021. doi: 10.1007/s11831-019-09372-6.

G. Ghirardi and A. Bassi. Collapse theories. In E. N. Zalta, ed., *The Stanford Encyclopedia of Philosophy*. Metaphysics Research Lab, Stanford University, 2020.

C. Gidney. Asymptotically Efficient Quantum Karatsuba Multiplication, 2019. https://arxiv.org/abs/1904.07356.

C. Gidney. Quirk online quantum simulator. https://algassert.com/quirk, 2021a. Accessed: 2021-02-10.

C. Gidney. Breaking down the quantum swap. https://algassert.com/post/1717, 2021b. Accessed: 2021-02-10.

P. Gokhale, A. Javadi-Abhari, N. Earnest, Y. Shi, and F. T. Chong. Optimized quantum compilation for near-term algorithms with OpenPulse. In *2020 53rd Annual IEEE/ACM International Symposium on Microarchitecture (MICRO)*, pp. 186–200, 2020. doi: 10.1109/MICRO50266.2020.00027.

Google. Quantum supremacy using a programmable superconducting processor. 2019. Accessed: 2021-02-10.

Google. C++ style guide. http://google.github.io/styleguide/cppguide.html, 2021a. Accessed: 2021-02-10.

Google. Python style guide. http://google.github.io/styleguide/pyguide.html, 2021b. Accessed: 2021-02-10.

Google. Cirq. https://cirq.readthedocs.io/en/stable/, 2021c. Accessed: 2021-02-10.

Google. qsim and qsimh. 2021d. Accessed: 2021-02-10.

Graphviz.org. Graphviz, 2021. Accessed: 2021-02-10.

A. S. Green, P. L. Lumsdaine, N. J. Ross, P. Selinger, and B. Valiron. Quipper: A scalable quantum programming language. In *Proceedings of the 34th ACM SIGPLAN Conference on Programming Language Design and Implementation*, p. 333–342, Seattle, Washington, USA, 2013. Association for Computing Machinery. doi: 10.1145/2491956.2462177.

D. M. Greenberger, M. A. Horne, and A. Zeilinger. Going beyond Bell's theorem, 2008. doi: 10.1007/978-94-017-0849-4_10.

L. K. Grover. A fast quantum mechanical algorithm for database search. In *Proceedings of the Twenty-Eighth Annual ACM Symposium on Theory of Computing*, STOC '96, pp. 212–219, New York, NY, 1996. Association for Computing Machinery. doi: 10.1145/237814.237866.

G. G. Guerreschi, J. Hogaboam, F. Baruffa, and N. P. D. Sawaya. Intel quantum simulator: A cloud-ready high-performance simulator of quantum circuits. *Quantum Science and Technology*, 5(3):034007, 2020. doi: 10.1088/2058-9565/ab8505.

T. Häner and D. S. Steiger. 0.5 petabyte simulation of a 45-qubit quantum circuit. *Proceedings of the International Conference for High Performance Computing, Networking, Storage and Analysis*, Nov 2017. doi: 10.1145/3126908.3126947.

S. Haroche and J.-M. Raimond. Quantum computing: Dream or nightmare? *Physics Today*, 49:51–52, 1996.

M. P. Harrigan, K. J. Sung, M. Neeley, et al. Quantum approximate optimization of non-planar graph problems on a planar superconducting processor. *Nature Physics*, 17(3):332–336, 2021. doi: 10.1038/s41567-020-01105-y.

A. W. Harrow and A. Montanaro. Quantum computational supremacy. *Nature*, 549(7671): 203–209, 2017. doi: 10.1038/nature23458.

R. Hundt, S. Mannarswamy, and D. Chakrabarti. Practical structure layout optimization and advice. In *International Symposium on Code Generation and Optimization, CGO 2006*, 2006. doi: 10.1109/CGO.2006.29.

IARPA. Quantum Computer Science (QCS) Program Broad Agency Announcement (BAA). 2010. Accessed: 2021-02-10.

IBM. IBM Q 16 Rueschlikon V1.x.x. 2021a. Accessed: 2021-02-10.

IBM. Quantum Computation Center. 2021b. Accessed: 2021-02-10.

Intel. Intel quantum simulator. 2021. Accessed: 2021-02-10.

A. Javadi-Abhari, S. Patil, D. Kudrow, et al. ScaffCC: A framework for compilation and analysis of quantum computing programs. In *Proceedings of the 11th ACM Conference on Computing Frontiers*, CF '14, New York, NY, 2014. Association for Computing Machinery. doi: 10.1145/2597917.2597939.

T. Jones and S. Benjamin. QuESTlink—Mathematica embiggened by a hardware-optimised quantum emulator. *Quantum Science and Technology*, 5(3):034012, 2020. doi: 10.1088/2058-9565/ab8506.

T. Jones, A. Brown, I. Bush, and S. C. Benjamin. Quest and high performance simulation of quantum computers. *Scientific Reports*, 9(1):10736, 2019. doi: 10.1038/s41598-019-47174-9.

S. Jordan. Quantum algorithm zoo. https://quantumalgorithmzoo.org/, 2021. Accessed: 2021-02-10.

P. Kaye, R. Laflamme, and M. Mosca. *An Introduction to Quantum Computing*. Oxford University Press, Inc., 2007.

J. Kempe. Quantum random walks: An introductory overview. *Contemporary Physics*, 44(4):307–327, 2003. doi: 10.1080/00107151031000110776.

N. Khammassi, I. Ashraf, X. Fu, C. G. Almudever, and K. Bertels. QX: A high-performance quantum computer simulation platform. In *Design, Automation Test in Europe Conference Exhibition, 2017*, pp. 464–469, 2017. doi: 10.23919/DATE.2017.7927034.

N. Khammassi, G. G. Guerreschi, I. Ashraf, et al. cQASM v1.0: Towards a common quantum assembly language, 2018.

A. Y. Kitaev, A. H. Shen, and M. N. Vyalyi. *Classical and Quantum Computation*. American Mathematical Society, 2002.

V. Kliuchnikov, A. Bocharov, M. Roetteler, and J. Yard. A framework for approximating qubit unitaries, 2015. arXiv:1510.03888v1 [quant-ph]

E. Knill. Conventions for quantum pseudocode, 1996. doi: 10.2172/366453.

D. E. Knuth. Computer science and its relation to mathematics. *The American Mathematical Monthly*, 81(4):323–343, 1974. doi: 10.1080/00029890.1974.11993556.

D. Landauer. Wikipedia: Landauer's principle, 1973. [Online; accessed 09-Jan-2021].

C. Lattner and V. Adve. LLVM: A compilation framework for lifelong program analysis & transformation. In *Proceedings of the International Symposium on Code Generation and Optimization: Feedback-Directed and Runtime Optimization*, CGO '04, p. 75, 2004. IEEE Computer Society.

T. Leao. Shor's algorithm in Qiskit. https://github.com/ttlion/ShorAlgQiskit, 2021. Accessed: 2021-02-10.

J. Liu, L. Bello, and H. Zhou. Relaxed peephole optimization: A novel compiler optimization for quantum circuits. *2021 IEEE/ACM International Symposium on Code Generation and Optimization (CGO)*, 2021, pp. 301–314, doi: 10.1109/CGO51591.2021.9370310.

A. Lucas. Ising formulations of many NP problems. *Frontiers in Physics*, 2, 2014. doi: 10.3389/fphy.2014.00005.

F. Magniez, M. Santha, and M. Szegedy. Quantum algorithms for the triangle problem. In *Proceedings of SODA'05*, pp. 1109–1117, 2005.

I. L. Markov, A. Fatima, S. V. Isakov, and S. Boixo. Quantum supremacy is both closer and farther than it appears, 2018. arXiv:1807.10749v3 [quant-ph]

W. M. McKeeman. Peephole optimization. *Communications of the ACM*, 8(7):443–444, 1965. doi: 10.1145/364995.365000.

Mermin, N. David. What's wrong with this pillow? *Physics Today*, 42(4):9, 1989. doi: 10.1063/1.2810963.

N. D. Mermin. *Quantum Computer Science: An Introduction.* Cambridge University Press, 2007. doi: 10.1017/CBO9780511813870.

Microsoft Q#. Q#. https://docs.microsoft.com/en-us/quantum/, 2021. Accessed: 2021-02-10.

Microsoft QDK Simulators. Microsoft QDK Simulators. https://docs.microsoft.com/en-us/azure/quantum/user-guide/machines/, 2021. Accessed: 2021-02-10.

M. Mosca. Quantum algorithms, 2008. arXiv:0808.0369v1 [quant-ph]

P. Murali, N. M. Linke, M. Martonosi, et al. Full-stack, real-system quantum computer studies: Architectural comparisons and design insights, Association for Computing Machinery, New York, NY, USA 2019. doi: 10.1145/3307650.3322273.

Y. Nam, N. J. Ross, Y. Su, A. M. Childs, and D. Maslov. Automated optimization of large quantum circuits with continuous parameters. *npj Quantum Information*, 4(1), 2018. doi: 10.1038/s41534-018-0072-4.

J. Nickolls, I. Buck, M. Garland, and K. Skadron. Scalable parallel programming with CUDA: Is CUDA the parallel programming model that application developers have been waiting for? *Queue*, 6(2):40–53, 2008. doi: 10.1145/1365490.1365500.

M. A. Nielsen and I. L. Chuang. *Quantum Computation and Quantum Information: 10th Anniversary Edition.* Cambridge University Press, 10th edition, 2011.

T. Norsen. *Foundations of Quantum Mechanics.* Springer International Publishing, 2017.

Oak Ridge National Laboratory. Summit Supercomputer. 2021. Accessed: 2021-02-10.

B. Ömer. QCL – A programming language for quantum computers, Unpublished Master's thesis, Technical University of Vienna, 2000. http://tph.tuwien.ac.at/~oemer/doc/quprog.pdf.

B. Ömer. Classical concepts in quantum programming. *International Journal of Theoretical Physics*, 44(7):943–955, 2005. doi: 10.1007/s10773-005-7071-x.

A. Paler, R. Wille, and S. J. Devitt. Wire recycling for quantum circuit optimization. *Physical Review A*, 94(4), 2016. doi: 10.1103/physreva.94.042337.

F. Pan and P. Zhang. Simulating the Sycamore quantum supremacy circuits, 2021. arXiv:2103.03074v1 [quant-ph].

R. B. Patel, J. Ho, F. Ferreyrol, T. C. Ralph, and G. J. Pryde. A quantum Fredkin gate. *Science Advances*, 2(3), 2016. doi: 10.1126/sciadv.1501531.

B. Patra, J. P. G. van Dijk, S. Subramanian, et al. A scalable cryo-CMOS 2-to-20GHz digitally intensive controller for 4x32 frequency multiplexed spin qubits/transmons in 22nm FinFET technology for quantum computers. In *2020 IEEE International Solid-State Circuits Conference – (ISSCC)*, pp. 304–306, 2020. doi: 10.1109/ISSCC19947.2020.9063109.

E. Pednault, J. A. Gunnels, G. Nannicini, L. Horesh, and R. Wisnieff. Leveraging secondary storage to simulate deep 54-qubit Sycamore circuits, 2019. arXiv:1910.09534.

A. Peruzzo, J. McClean, P. Shadbolt, et al. A variational eigenvalue solver on a photonic quantum processor. *Nature Communications*, 5(1):4213, 2014. doi: 10.1038/ncomms5213.

J. Preskill. Quantum computing and the entanglement frontier, 2012. arXiv:1203.5813v3 [quant-ph].

J. Preskill. Quantum computing in the NISQ era and beyond. *Quantum*, 2:79, 2018. doi: 10.22331/q-2018-08-06-79.

PSI Online. PSI. http://psilang.org/, 2021. Accessed: 2021-02-10.

QCL Online. QCL. http://tph.tuwien.ac.at/~oemer/qcl.html, 2021.

I. Qiskit. IBM qiskit simulators. https://qiskit.org/documentation/tutorials/simulators/1_aer_

provider.html, 2021. Accessed: 2021-02-10.

Quantiki. List of simulators. https://quantiki.org/wiki/list-qc-simulators, 2021. Accessed: 2021-02-10.

Quipper Online. Quipper. www.mathstat.dal.ca/~selinger/quipper/, 2021. Accessed: 2021-02-10.

F. Rios and P. Selinger. A categorical model for a quantum circuit description language (extended abstract). *Electronic Proceedings in Theoretical Computer Science*, 266:164–178, 2018. doi: 10.4204/eptcs.266.11.

R. L. Rivest, A. Shamir, and L. Adleman. A method for obtaining digital signatures and public-key cryptosystems. *Communications of the ACM*, 21:120–126, 1978.

L. Rolf. Is quantum mechanics useful? *Philosophical Transactions of the Royal Society of London. Series A: Physical and Engineering Sciences*, 353:367–376, 1995. doi: 10.1098/rsta.1995.0106.

N. J. Ross. Algebraic and logical methods in quantum computation, 2017. URL https://arxiv.org/abs/1510.02198.

N. J. Ross and P. Selinger. Optimal ancilla-free Clifford+T approximation of z-rotations. *Quantum Information and Computation*, 11–12:901–953, 2016.

N. J. Ross and P. Selinger. Exact and approximate synthesis of quantum circuits. www.mathstat.dal.ca/~selinger/newsynth/, 2021. Accessed: 2021-02-10.

B. Rudiak-Gould. The sum-over-histories formulation of quantum computing. *arXiv e-prints*, art. quant-ph/0607151, 2006.

V. V. Shende, I. L. Markov, and S. S. Bullock. Minimal universal two-qubit controlled-NOT-based circuits. *Physical Review A*, 69(6):062321, 2004. doi: 10.1103/physreva.69.062321.

P. W. Shor. Algorithms for quantum computation: Discrete logarithms and factoring. In *Proceedings 35th Annual Symposium on Foundations of Computer Science*, pp. 124–134, 1994. doi: 10.1109/SFCS.1994.365700.

P. W. Shor. Scheme for reducing decoherence in quantum computer memory. *Physics Review A*, 52:R2493–R2496, 1995. doi: 10.1103/PhysRevA.52.R2493.

D. Simon. On the power of quantum computation. In *Proceedings 35th Annual Symposium on Foundations of Computer Science*, pp. 116–123, 1994. doi: 10.1109/SFCS.1994.365701.

M. Smelyanskiy, N. P. D. Sawaya, and A. Aspuru-Guzik. qHiPSTER: The quantum high performance software testing environment, 2016. arXiv:1601.07195v2 [quant-ph].

M. Soeken, S. Frehse, R. Wille, and R. Drechsler. RevKit: An open source toolkit for the design of reversible circuits. In *Reversible Computation 2011*, vol. 7165 of *Lecture Notes in Computer Science*, pp. 64–76, 2012. RevKit is available at www.revkit.org.

M. Soeken, H. Riener, W. Haaswijk, et al. The EPFL logic synthesis libraries, 2019. arXiv:1805.05121v2.

A. Steane. Multiple particle interference and quantum error correction. *Proceedings of the Royal Society of London. Series A: Mathematical, Physical and Engineering Sciences*, 452(1954):2551–2577, 1996. doi: 10.1098/rspa.1996.0136.

D. S. Steiger, T. Häner, and M. Troyer. ProjectQ: An open source software framework for quantum computing. *Quantum*, 2:49, 2018. doi: 10.22331/q-2018-01-31-49.

K. M. Svore, A. V. Aho, A. W. Cross, I. Chuang, and I. L. Markov. A layered software architecture for quantum computing design tools. *Computer*, 39(1):74–83, 2006. doi: 10.1109/MC.2006.4.

A. van Tonder. A lambda calculus for quantum computation. *SIAM Journal on Computing*,

33(5):1109–1135, 2004. doi: 10.1137/s0097539703432165.

J. D. Whitfield, J. Biamonte, and A. Aspuru-Guzik. Simulation of electronic structure Hamiltonians using quantum computers. *Molecular Physics*, 109(5):735–750, 2011. doi: 10.1080/00268976.2011.552441.

Wikipedia. KD-Trees. https://en.wikipedia.org/wiki/K-d_tree, 2021a. Accessed: 2021-02-10.

Wikipedia. ECC, Error correction code memory. https://en.wikipedia.org/wiki/ECC_memory, 2021b. Accessed: 2021-02-10.

Wikipedia. Extended Euclidean algorithm. https://en.wikipedia.org/wiki/Extended_Euclidean_algorithm, 2021c. Accessed: 2021-02-10.

Wikipedia. Gradient descent. https://en.wikipedia.org/wiki/Gradient_descent, 2021d. Accessed: 2021-02-10.

C. P. Williams. *Explorations in Quantum Computing*. Springer-Verlag, London, 2011. doi: 10.1007/978-1-84628-887-6.

E. Wilson, S. Singh, and F. Mueller. Just-in-time quantum circuit transpilation reduces noise, 2020. DOI: 10.1109/QCE49297.2020.00050.

W. K. Wootters and W. H. Zurek. A single quantum cannot be cloned. *Nature*, 299(5886):802–803, 1982. doi: 10.1038/299802a0.

X. Xue, B. Patra, J. P. G. van Dijk, et al. Cmos-based cryogenic control of silicon quantum circuits. *Nature*, 593(7858):205–210, 2021. doi: 10.1038/s41586-021-03469-4.

现代CPU性能分析与优化

我们生活在充满数据的世界，每日都会生成大量数据。日益频繁的信息交换催生了人们对快速软件和快速硬件的需求。遗憾的是，现代CPU无法像以往那样在单核性能方面有很大的提高。以往40多年来，性能调优变得越来越重要，软件调优是未来提高性能的关键因素之一。作为软件开发者，我们必须能够优化自己的应用程序代码。

本书融合了谷歌、Facebook等多位行业专家的知识，是从事性能关键型应用程序开发和系统底层优化的技术人员必备的参考书，可以帮助开发者理解所开发的应用程序的性能表现，学会寻找并去除低效代码。